『十二五』国家重点图书出版规划项目

国家出版基金资助项目

晏阳初

民国乡村建设

华西实验区档案选编

经济建设实验

⑫

拾贰

目录

三、乡村手工业（续）

机织生产合作社·往来公文（续）

造纸生产合作社

公文

五、土地实验

农地减租

统租分佃

华西实验区秘书室主任郭准堂为增设织布机致卢子英信函　9-1-98（66）

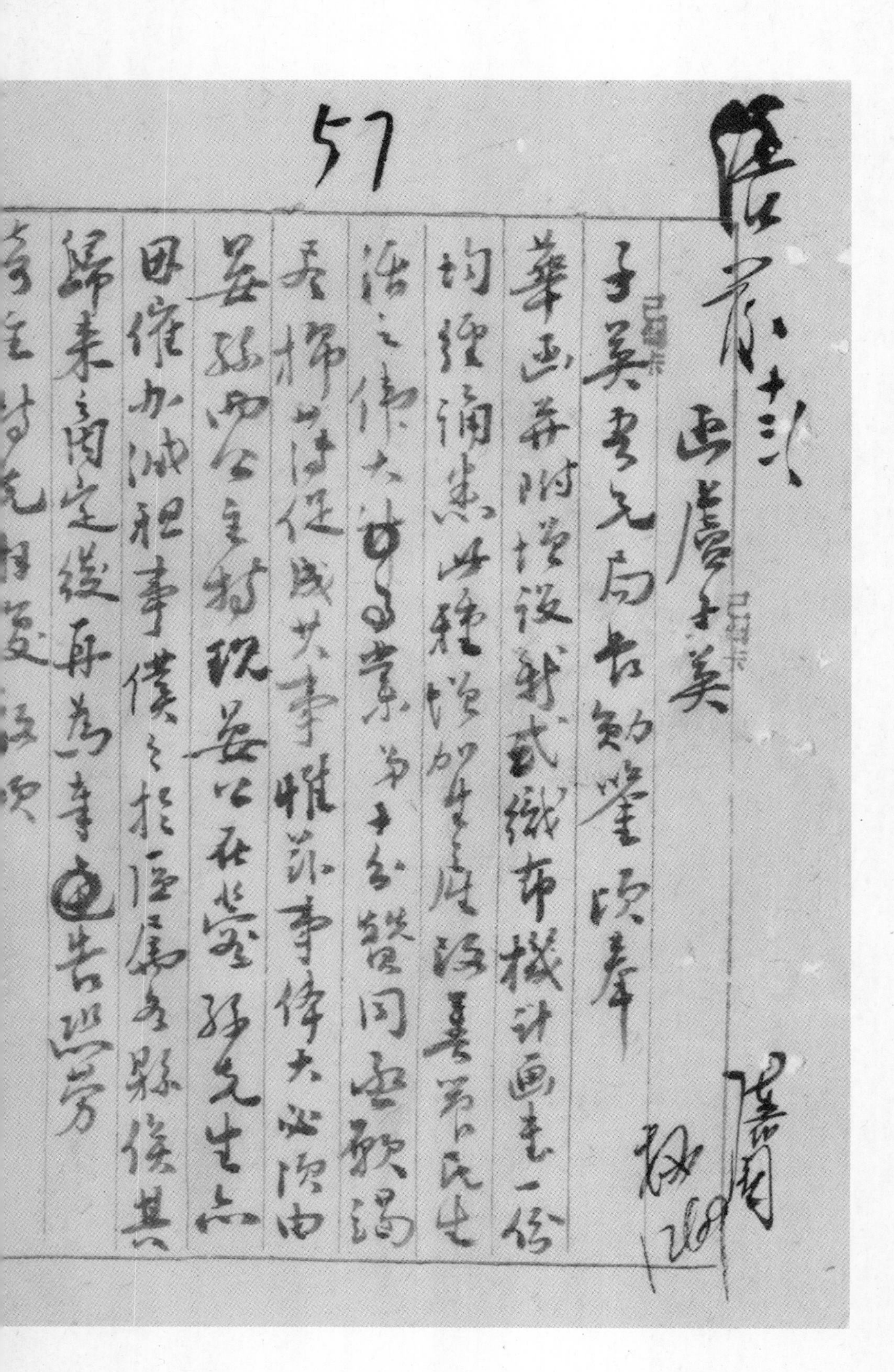

华西实验区秘书室主任郭准堂为增设织布机致卢子英信函　9-1-98（67）

时绥

弟郭 10十三

中央合作金库四川省分库为抄送合办机织社贷实收实会议记录致华西实验区办事处代电（附会议记录）　9-1-100（160）

中央合作金庫四川省分庫代電

事由：為抄送合办機織社貸實收實會議紀錄一份電請查照惠復由

附件

華西實驗區公鑒：本庫為配合貴區鄉建合作實驗工作，發展第三行政區各縣局產銷合作業務起見，曾會同輔設合作社物品供銷處有案。茲為展開璧山北碚机織產銷合作社業務，並經會商以貸實收實方式扶助其經營，相應抄送產談會紀錄全份，电請貴區查照辦理，并希賜復為荷。中央合作金庫四

中華民國卅八年二月廿二日

中央合作金库四川省分库为抄送合办机织社贷实收实会议记录致华西实验区办事处代电（附会议记录） 9-1-100（161）

108

中央合作金庫四川省分庫代電

事由

川省分庫輔

附送座談會議紀錄一份

件

字第 號

年 月 日發

第二頁（共 頁）本頁共 字

仁樵38.1.10000張

中央合作金库四川省分库为抄送合办机织社贷实收实会议记录致华西实验区办事处代电（附会议记录） 9-1-100（162）

華西實驗區合辦機織社貸實收實座談會
中合庫川分庫

時間　三十八年二月廿一日午前十時

地點　陝西路中合庫

出席人　李國楨　喻林夫　周洪昌
　　　　毛子城　周景倫　李國殷

討論決議事項

一、對機織社貸周轉紗數量如何決定案

決議：暫定周轉紗貳佰伍拾件，金庫供實，
　　　縣區撥三七紗搭配貸放

二、紗換布處理辦法案

中央合作金库四川省分库为抄送合办机织社贷实收实会议记录致华西实验区办事处代电（附会议记录） 9-1-100（163）

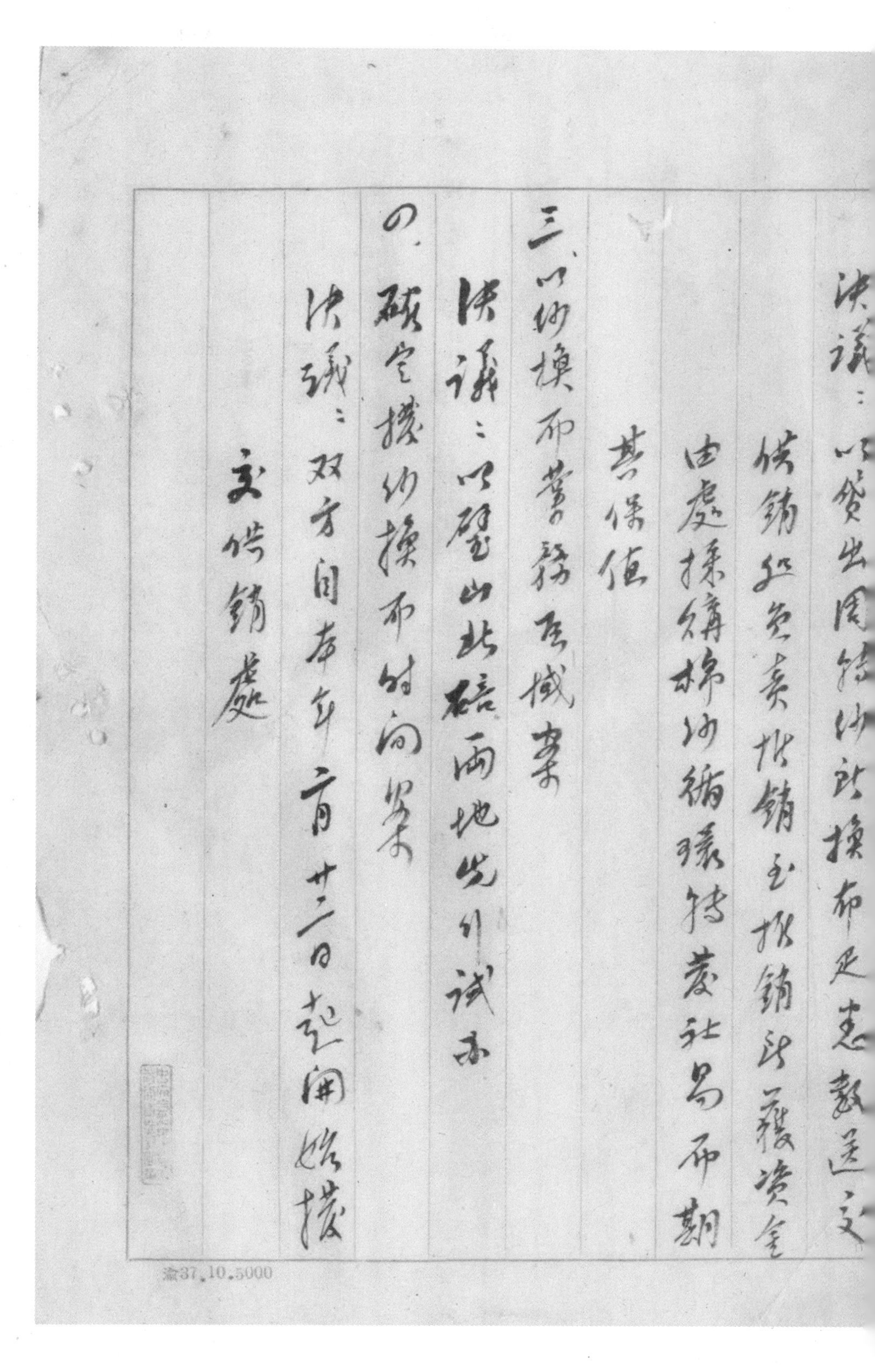

決議：以貸出同等紗數換布足惠數送交

供銷處負責推銷，至推銷所獲資金

由處採購棉紗循環轉發社写布期

甚保值

三、以紗換布業務應試案

決議：以璧山北碚兩地先行試辦

四、確定撥紗換布時間案

決議：雙方自本年六月廿二日起開始撥

交供銷處

渝37.10.5000

璧山县政府为该县正兴乡三官殿机织生产合作社成立登记一事致华西实验区总办事处函及机织生产合作社创立会议记录、业务计划书、章程、社员名册 9-1-123（102）

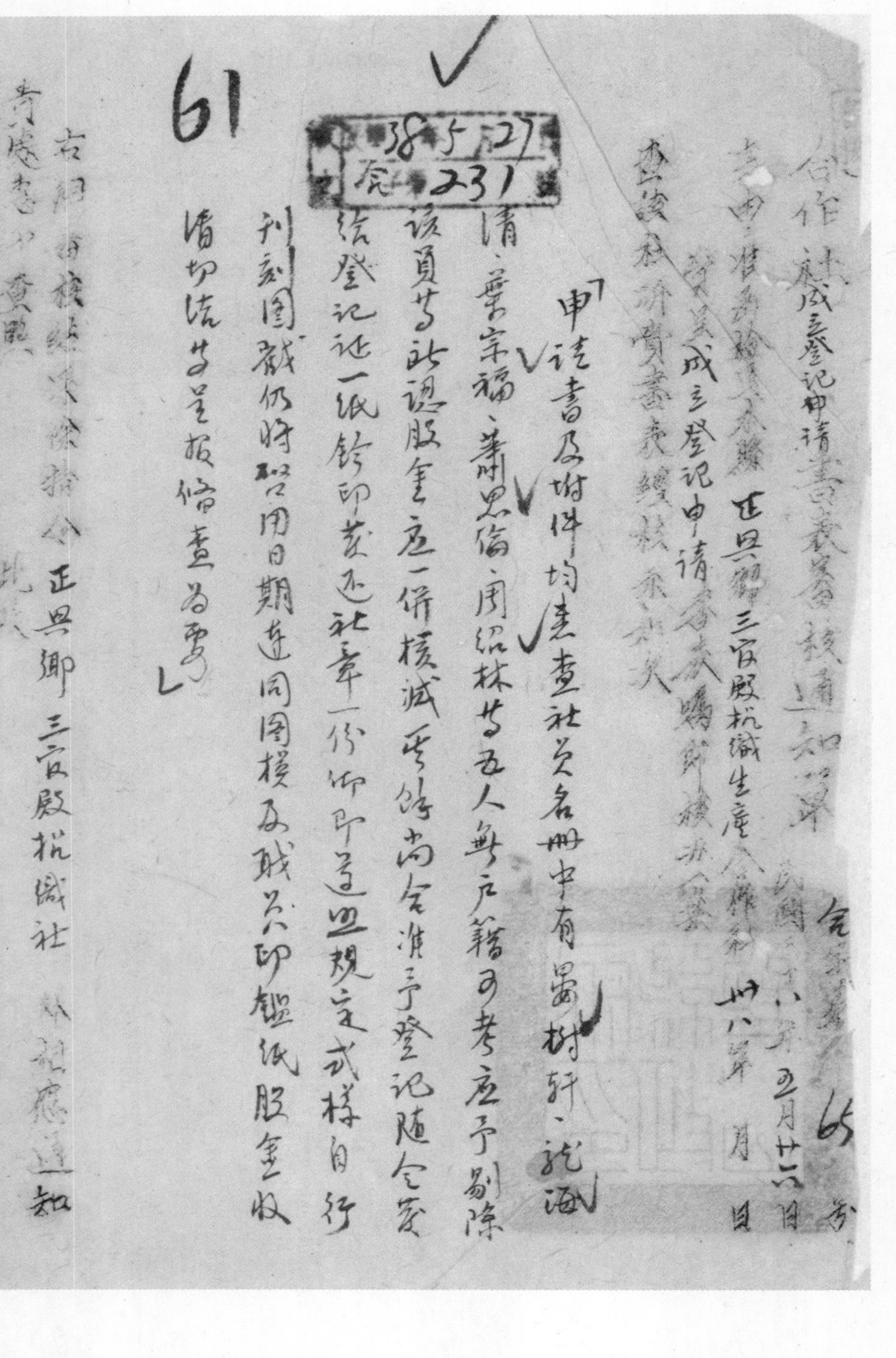

61

合作社成立登记申请书表等件核通知[illegible]

民国卅八年五月廿六日

[illegible]正兴乡三官殿机织生产合作社

[illegible]成立登记申请书表[illegible]

查该社[illegible]书表[illegible]

申请书及附件均悉。查社员名册中有罢树轩、龙海清、叶宗福、萧思儒、周绍林等五人无户籍可考，应予剔除，该员等所认股金应一并核减。兹尚合准予登记，随令发给登记证一纸，钤印发还社章一份，仰即遵照规定式样自行刊刻图戳，仍将启用日期连同图模及职员印鉴纸、股金收据等件呈报备查为要。

右[illegible]正兴乡三官殿机织社 林祖德通知

[illegible]此致

附发合字第65号登记证一件、章程一份

璧山县政府为该县正兴乡三官殿机织生产合作社成立登记一事致华西实验区总办事处函及机织生产合作社创立会议记录、业务计划书、章程、社员名册　9-1-123（104）

62

正興鄉三官殿機織社

成立登記申請書表

組織表　業務計劃表

璧山县政府为该县正兴乡三官殿机织生产合作社成立登记一事致华西实验区总办事处函及机织生产合作社创立会议记录、业务计划书、章程、社员名册 9-1-123（105）

社名	保證責任璧山縣正興鄉三官殿機織生產合作社
業務	織布整理
責任	保證責任二十倍
社址	璧山縣正興鄉第十一保辦公處
社員人數	（七〇人）六十五人
業務區域	華西實驗區第三區正興鄉十一保
創立會日期	民國三十八年三月十日
通訊處	璧山縣丁家鄉郵轉
每股金額	金元券伍十元正
繳納方法	社員分兩次繳納，庫存 行
共認股數	（二百股）一九四股
股金總數	（金元券壹萬元正）9700元
已繳金額	（金元券四千五百五十元）4850元

職員	姓名	任期	性別	年齡	籍貫	職業	住所
理事	主席 朱璧	三	男	三九	璧山	農	正興鄉十一保
理事	鍾華重	二	男	三六	璧山	農	仝
理事	何玉成	二	男	四〇	璧山	商	仝
理事	蕭中錯	一	男	三四	璧山	政	仝
理事	歐文明	一	男	三〇	璧山	學	仝
監事	主席 朱次江	一	男	五六	璧山	政	正興鄉十一保
監事	周海清	一	男	六二	璧山	農	仝
監事	周慶北	一	男	三五	璧山	農	仝

附：本社創立會決議錄二份　個人、法人社員名冊二份　業務計劃書各三份　章程四份

63

謹呈

華西實驗區總辦事處

保證責任璧山縣正興鄉三官殿機織合作社理事主席朱璧

璧山县政府为该县正兴乡三官殿机织生产合作社成立登记一事致华西实验区总办事处函及机织生产合作社创立会议记录、业务计划书、章程、社员名册　9-1-123（107）

正興鄉三官殿機織合作社創立會決議錄

一　開會日期　三八年三月十日上午九時

二　開會地點　三官殿

三　出席人數　五九

四　缺席人

五　列席人　二

六　推舉臨時主席及書記　推劉保三為臨時主席　蕭中緒為書記

七　報告事項

八　決議事項　機織合作社創立會成立

64

1　討論章程草案　決議　照章通過

2　選舉理事

3 當選者 朱次江 周海清 周慶北

4 討論收納第一次應繳社股期限

決議 限三月底交齊

5 討論呈請登記日期

決議限於三月二十日內呈報登記交由理事會辦理

6 業務計劃

決議 提倡主席生產由理監事聯席会決定之

7 其他

九 臨時動議

十 散會

臨時主席 劉保三

臨時書記 蕭中緒

璧山县政府为该县正兴乡三官殿机织生产合作社成立登记一事致华西实验区总办事处函及机织生产合作社创立会议记录、业务计划书、章程、社员名册 9-1-123（108）

璧山县政府为该县正兴乡三官殿机织生产合作社成立登记一事致华西实验区总办事处函及机织生产合作社创立会议记录、业务计划书、章程、社员名册　9-1-123（109）

保證責任璧山縣正興鄉三官殿機織生產合作社　三八　年度業務計劃

自三八年三月十日起
至三八年十二月三一日止

（一）業務部門	（二）業務科目	（三）辦法	（四）預定進度	（五）預定需款總額及還款辦法	（六）審核意見
機織生產	織布	本社織布採副業經營方式生產工作分散于各社員家庭內進行之以社員家庭自行提供全部農閒時間之剩餘勞力為主以減低生產品之成本	各社員每天出長四丈八尺寬一尺一寸布一疋計六七八每月出一五〇〇疋	每人需周轉紗兩八斤另一四〇〇斤合作金庫[illegible]所[illegible]還款	
	整裝	整理等加工業務劃由本社統籌辦理之以劃一出品標準并加強合作事業之功能	每天兩人工作可整理三十疋每月可整理二〇〇〇疋		
65					

65

中華平民教育促進會華西實驗區

保證責任璧山縣正興鄉三官殿機織生産合作社章程

璧山县政府为该县正兴乡三官殿机织生产合作社成立登记一事致华西实验区总办事处函及机织生产合作社创立会议记录、业务计划书、章程、社员名册　9-1-123（110）

保證責任璧山縣正興鄉三官殿機織生產合作社章程

璧山县政府为该县正兴乡三官殿机织生产合作社成立登记一事致华西实验区总办事处函及机织生产合作社创立会议记录、业务计划书、章程、社员名册　9-1-123（111）

璧山县政府为该县正兴乡三官殿机织生产合作社成立登记一事致华西实验区总办事处函及机织生产合作社创立会议记录、业务计划书、章程、社员名册　9-1-123（111）

65.2

保證責任璧山縣正興鄉三官殿機織生產合作社章程

（本章程於民國三十八年三月十日經社員大會通過）

第一條　定名　本社定名為保證責任璧山縣正興鄉三官殿機織生產合作社

第二條　宗旨　本社以發展工業增加生產改善社員生活建設經濟國防為宗旨

第三條　責任　本社為保證責任各社員之保證金額為其所認股額之二十倍並以其所認股額及保證金額為限負其責任

第四條　業務區域　本社以正興鄉十一保為業務區域

第五條　社址　本社社址設於正興鄉三官殿

第六條　年限　本社成立年限定為十年但經社員大會之議決得縮短或延長

第七條　公告　本社應公告之事項在本社揭示處公佈之

第八條　社員資格　本社社員以本國人民年滿二十歲或未滿二十歲而有行為能力且有正當職業品行端正並無吸食鴉片或其他代用品宣告破產及褫奪公權之形情而對本社事業確有經營之技能與經驗並不加入其他任何工業合作

一

璧山县政府为该县正兴乡三官殿机织生产合作社成立登记一事致华西实验区总办事处函及机织生产合作社创立会议记录、业务计划书、章程、社员名册　9-1-123（112）

312

社者爲合格

第九條　入社　本社社員之入社依左列規定：

一、凡在本社成立後入社者須填具入社願書經社員二人以上之介紹或直接以書面請求理事會之同意及社員大會之追認方得入社

二、本社社員以每家一人入社爲限如社員家屬有願參加本社工作者得由理事會依實際需要准許之工資按其工作效力計算並得將其工資數目或工作成績分數併入該社員名下享受年終盈餘分配

三、本社社員入社時得以書面指定一人爲其繼承人經理事會之核准遇該社員死亡或不能繼續工作時得由其繼承人照章入社繼承其權利義務各社員入社後亦得隨時更易其繼承人

第十條　出社　本社社員出社之規定如左：

一、社員因自請退社除名死亡或喪失本章程第八條之社員資格者均得出社

二、社員自請退社須於本年度終了時並應在三個月前向理事會以書面請求經核准者始得退社

三、社員如有不遵服本社章則及決議履行者或有妨害本社業務與利益者

二

璧山县政府为该县正兴乡三官殿机织生产合作社成立登记一事致华西实验区总办事处函及机织生产合作社创立会议记录、业务计划书、章程、社员名册　9-1-123（113）

65.3

告社員大會

四、出社社員對於出社前本社所負債務之保證責任自出社決定日起經過二年始得解除但本社於該社員出社後六個月內解散時得以該社員爲未出社論

五、出社社員得請求退回其所繳股金之一部或全部但須於年度終了結算後由理事會決定之

第十一條　社股　本社關於社股之規定如左：

一、每股定爲金圓五十元

二、社員入社時至少須認購一股嗣後可隨時添認但最多不得超過本社股金總額百分之二十第一次所交股金不得少認股額四分之一其餘股金之繳納日期由理事會決定但應自認股之日起一年內繳足之

三、社員如無力繳納股款之一部或全部者得按月由其應得之工資內扣繳或於年終由其應得之股息或盈餘分配金內扣充之

四、社員除以現款繳納股金外並可以機器工具及原料或其他財產物等經

三

璧山县政府为该县正兴乡三官殿机织生产合作社成立登记一事致华西实验区总办事处函及机织生产合作社创立会议记录、业务计划书、章程、社员名册　9-1-123（114）

四

理監事出席三分之二以上之社務會議評定折價抵充其應繳股金

五、社員轉讓社股須經本社理監事出席二分之二以上之社務會議之通過方可出讓其承繼人如非社員時須照本章程第八條及第九條之規定始可繼承其原讓人之社股及其權利義務如為本社社員則其所有社股金額應受不得超過本社股金總額百分之二十之限制

六、社員利息定為月息八釐按實交之股款計算由理事會於每年度終了時決定之

七、社員不得以其對於本社社員或他人之債權抵繳其已認未繳之股金亦不得以其所繳之股金抵償其對於本社社員或他人之債務非經本社之同意亦不得以其社股為人之債務作担保

第十二條　理事　本社由社員大會就社員中選任理事五人組織理事會互推主席經理司庫各一人掌理事主席對內總理社務對外代表本社經理專掌本社業務之經營司庫專司本社款項之保管與出納

監事　本社由社員大會就社員中選任監事三人組織監事會互選主席

第十三條　一人監事不得兼任本社其他職員曾任理事之社員其任內之責任未清了前

第十四條 僱員 本社因業務發展於必要時得由理事會任用副經理一人[illegible]事務員助理員或練習生及臨時僱工若干人練習生及臨時僱工應先儘社員之家屬選用其辦法另定之

第十五條 任期 本社職員之任期除聘僱人員另行規定外所有理監事之任期規定如左：

一、理事之任期為二年每年改選二分之一得連選連任

二、監事之任期為一年亦得連選連任

三、理事在任期內非有正當理由不得辭職其確因故辭職或其他原因缺額時得召集臨時社員大會舉行補缺選舉其產生之理監事以前任之任期為任期

四、本社由理事會提經社員大會推選出席聯合社之代表其任期為一年

第十六條 待遇 本社監理事均以義務職為原則必要時得經社員大會決議酌支津貼或生活補助費其他聘僱員工得經理事會之議決酌給薪資

第十七條 細則 理事會辦事細則由理事會另訂之監事會辦事細則由監事會另訂之其他員工之服務規則分別另訂之

五

璧山县政府为该县正兴乡三官殿机织生产合作社成立登记一事致华西实验区总办事处函及机织生产合作社创立会议记录、业务计划书、章程、社员名册　9-1-123（115）

璧山县政府为该县正兴乡三官殿机织生产合作社成立登记一事致华西实验区总办事处函及机织生产合作社创立会议记录、业务计划书、章程、社员名册 9-1-123（116）

六

第十八條 社員大會 本社以社員大會爲最高權力機關由全體社員組織之

一、社員大會之職權如左：

(一)理監事之選任或罷免

(二)決定業務進行方針及業務實施計劃

(三)通過本社預算決算各種報告書表以及各項規章之製定或修正

(四)選任社員之入社或出社

(五)決定本社社員職員待遇之標準

(六)決定本社內外借款之限度

(七)其他重要事項及理監事或社員之提議事項之決定

二、社員大會分常會臨時會兩種常會於每業務年度終了後一個月內由理事會召集之臨時會於理事會認爲必要時或監事會對執行職務爲必要時召集之全體四分之一以上社員認爲必要時以書面說明提議事項及其理由亦得請求理事會召集臨時會此項請求提出十日內如理事會不召集時爲社員得呈請主管機關自行召集之

三、社員大會之召集應於七日前以書面或載明事理及提議事項通知各社員

65.5

四、社員大會應有社員過半數之出席始得開會出席社員過半數之同意始得決議但對理監事之罷免須有全體社員過半數之同意始得決議對本社解散或與他社之合併應有全體社員四分之三以上之出席出席社員三分之二以上之同意始得決議

五、社員大會以理事主席爲主席理事主席缺席時以監事主席爲主席社員召集之臨時會議公推一人爲主席

六、社員僅有一表決權或選舉權社員不能出席時得以書面委託其他社員代理之但同一代理人以不得代管兩個以上之社員爲限表決時如雙方票數相等主席有投決定票之權

七、社員大會流會二次以上時理事會得以書面載明應議事項函由全體社員於一定期限內通信表決之但以期限不得少於十日

第十九條　社務會　由理事會於每三個月召集常會一次必要時得召集臨時會議均爲討論理事會或監事會不能單獨解決而無須舉行社員大會之重要事項

一、社務會開會時其主席由理監事互選之

二、社務會應有全體理監事二分之二以上出席始得開會出席理監事過半之數同意始得決議

七

璧山县政府为该县正兴乡三官殿机织生产合作社成立登记一事致华西实验区总办事处函及机织生产合作社创立会议记录、业务计划书、章程、社员名册 9-1-123（118）

三、社務會開會時副經理技師技術員及事務員均得列席陳述意見

第二十條 理事會及監事會 由各該會主席至少於每月召集會議一次

一、理事會及監事會應有理事或監事過半數以上之出席始得開會出席理事或監事過半數之同意始得決議

二、理事會之職權如左：

(一)執行社員大會決議案及一切社務

(二)擬定業務進行方針及實施計劃

(三)編造預算及決算

(四)編製各項報告書表及規章

(五)向外借款及其事項

(六)購置應須之原料及一切設備或其他不動產

(七)辦理本社產品之運銷

(八)會同本社監事對內對外簽訂各種契約或於訴訟時為本社代表

三、監事會之職權

監查本社所有財務狀況

監查本社業務執行狀況

璧山县政府为该县正兴乡三官殿机织生产合作社成立登记一事致华西实验区总办事处函及机织生产合作社创立会议记录、业务计划书、章程、社员名册　9-1-123（119）

（三）審查本社年終决算編造之各項書表

（四）會同理事對內對外簽訂各種契約或於訴訟行爲時爲本社代表

第二十一條　記錄　本社舉行各種會議均應具備會議記錄其格式項目另定之

第二十二條　業務種類　本社經營業務如左：

（一）織布

（二）整漿

（三）

第二十三條　業務管理　本社應需原料工具及設備所有產品之製造與運銷均以統籌集總辦理爲原則

（一）本社社員如能供給前項原料工具或設備時得儘先徵收之按當地時價付款

（二）本社除應設立工廠外并得於必要時設置倉庫其辦法另定之

（三）本社遇有特殊情形時得經社務會議之決議准許社員領用原料工具在其家中製造但成品須交社中集總運銷其詳細辦法另定之

（四）其他一切管理辦法悉依工廠法之規定辦理

第二十四條　年度　本社以國歷一月一日至十二月三十一日爲業務年度六月底爲半年

璧山县政府为该县正兴乡三官殿机织生产合作社成立登记一事致华西实验区总办事处函及机织生产合作社创立会议记录、业务计划书、章程、社员名册　9-1-123（120）

一〇

第二十五條　結算期十二月底爲全年總決算期
書表　每年度總決算時由理事會造具左列各項書表送經監事會審查後連
同監事會報告書提請社員大會承認并呈報主管機關備案另須具備一份存
置社中以供本社社員及債權人查閱
（一）財產目錄　（二）資產負債表　（三）損益計算書　（四）業務
報告書　（五）盈餘分配案

第二十六條　盈餘　本社年終決算有盈餘時除依次彌補累計損失償付對外借款息還本
息并付股息外如有餘額作爲一百分按照下列規定分配之
（一）以百分之二十爲公積金經社員大會之決定存儲於殷實之銀行或存
款機關與商號或以穩妥之方法運用生息除彌補損失外不得移作別用
但公積金超過股金總額二倍時其超過部份得由社員大會決定作爲撥
充業務或供公共事業之用
（二）以百分之十爲公益金由社員大會議決以爲協助本社附近居民
之教育衛生及其他公益事業及社福利事業之用
（三）以百分之十爲理事及職員聘僱員工之酬勞金其酬勞分配辦
法由理事會決定之

（四）以百分之六十為社員分配金按社員之工作效率成績及工資等比例分配之

第二十七條　虧損　本社年終決算有虧損時以公益金及股金順次抵補之如仍不足由各社員按所負之保證金額分担之

第二十八條　解散　本社遇有左列情事之一而解散

（一）社員大會議決解散或與他社合併時

（二）社員不足法定人數或成立期滿時

（三）破產或有解散之命令時

第二十九條　清算　本社解散時呈由主管機關或法院派清算員二人依合作社法之規定清理本社債權及債務清算後尚有資產金額時由清算人擬定分配案呈准主管機關并提交社員大會決定處理

第三十條　附則　本章程附則附左：

一、本章程未規定事項悉依合作社法及同法施行細則或其他有關法令之規定辦理

二、本章程由社員大會通過呈請主管機關核准後施行

一一

璧山县政府为该县正兴乡三官殿机织生产合作社成立登记一事致华西实验区总办事处函及机织生产合作社创立会议记录、业务计划书、章程、社员名册　9-1-123（121）

璧山县政府为该县正兴乡三官殿机织生产合作社成立登记一事致华西实验区总办事处函及机织生产合作社创立会议记录、业务计划书、章程、社员名册 9-1-123（122）

全體社員簽名蓋章或按斗於後：

姓名	蓋章或按斗	姓名	蓋章或按斗	姓名	蓋章或按斗	姓名	蓋章或按斗
潘樹清		朱孟明		王守臣		時子貽	
朱樂君		鍾俊良		肖采林		刘鴻君	
金澤彬		鍾富昌		肖汉臣		曾憲奎	
朱謝氏		鍾李氏		金祖春		曾述鳳	
金夏氏		何明書		孫明學		徐勤高	
鍾吳氏		周朝樑		孙文光		陳澤南	
金祖德		吴海云		罗吉武		陳四丙	
朱謝氏		周慶兆		刘钧普		潘明軒	

姓名	盖章或按斗	姓名	盖章或按斗	姓名	盖章或按斗	姓名	盖章或按斗
潘汉洲		汪奉先		汪俊禄		楊述清	
胡祖章		刘孝臣		王台州		楊紹卿	
胡祖華		王继贵		刘述秀		祝森林	
胡祖銘		欧文明		全映奎		鍾華重	
胡祖州		龍錫州		何玉成		朱紹珍	
曾質彬		晏樹軒		金慶久		朱紹卿	
曾述先		龍海清		熊子輝		葉宗福	
楚占心		龍正衡		廖海林		肖思倫	

璧山县政府为该县正兴乡三官殿机织生产合作社成立登记一事致华西实验区总办事处函及机织生产合作社创立会议记录、业务计划书、章程、社员名册　9-1-123（123）

璧山县政府为该县正兴乡三官殿机织生产合作社成立登记一事致华西实验区总办事处函及机织生产合作社创立会议记录、业务计划书、章程、社员名册　9-1-123（124）

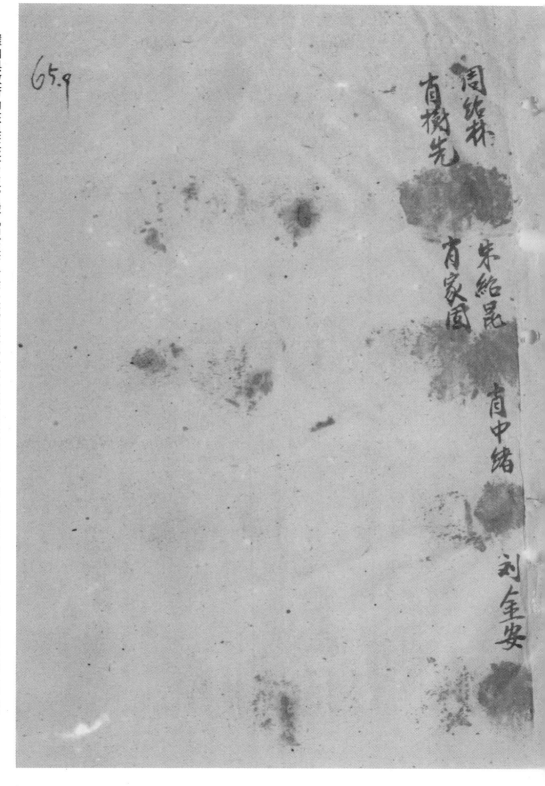

65.9

周绍林
肖树先
朱绍昆
肖家国
肖中绪
刘金安

璧山县正兴乡三官殿机织生产合作社为呈送图模及职员印鉴纸一事呈璧山第三辅导区办事处函　9-1-123（101）

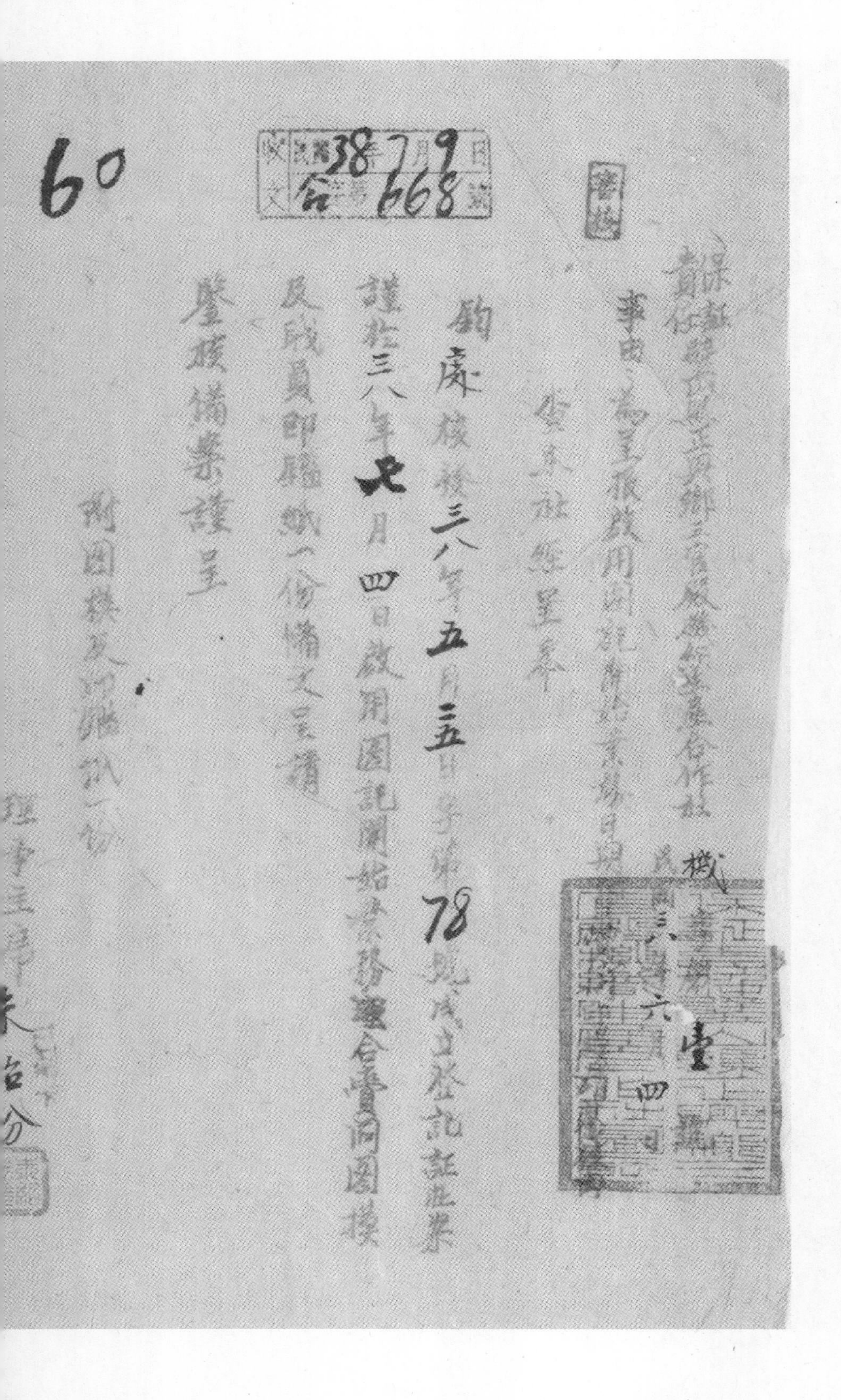
60

收文　民國38年7月9日　合字第668號

審核

保證責任璧山縣正興鄉三官殿機織生產合作社　民國三十八年六月四日

事由：為呈報啟用圖記開始業務日期

查本社經呈奉

鈞處核發三八年五月三五日字第78號成立登記證並業

謹於三八年七月四日啟用圖記開始業務並檢同圖模

及職員印鑑紙一份備文呈請

鑒核備案謹呈

附圖模及印鑑紙一份

理事主席

华西实验区璧山第三辅导区办事处为该区机织生产合作社申请贷纱一事呈华西实验区总办事处报告　9-1-123（94）

報告　驛字第零七九号　民國卅八年八月二日

案奉

鈞處合字第七三四號通知為限期辦理機社申請貸紗一案當遵照通知督飭各鄉輔導員䞉速辦理茲以各社多不願提出抵押品雖經一再解説仍多甘願放棄除正興鄉三官殿機社申請貸紗書表業經報處外謹將鹿鳴鄉双堰塘正興正興街中興黑財门來鳳學堂门四社借紗申請書表借紗細數表職員印鑑表各三份賫請

鑒核批示祇遵

謹呈

主任秘書郭　轉呈

主任孫

職魏西河

华西实验区璧山第三辅导区办事处为该区机织生产合作社申请贷纱一事呈华西实验区总办事处报告　9-1-123（96）

华西实验区璧山第三辅导区办事处为请予派员莅区完成各机织生产合作社贷纱事宜呈华西实验区总办事处报告 9-1-123（97）

58

民国38年9月16日 合字第2018号

報告

驛字第一二〇號

民國三十八年九月十五日

竊於驛字第一〇一號報請從速派員莅區完成各機織生產合作社貸紗事迄無覆示，查方今鄉村農忙已過，正是編織時節，並配合農地減租、加強農户副業口号下亟應加緊推行貸紗工作，至懇

鈞座飭速仿效前第四區貸紗辦法，總處二人會同縣府合作指導員二人馳日莅臨是爲佇盼

謹呈

主任 秘書 郭 轉呈

主 任 [illegible]

[illegible]

华西实验区璧山第三辅导区办事处为请予派员莅区完成各机织生产合作社贷纱事宜呈华西实验区总办事处报告 9-1-123（98）

查本区六甲请贷纱社均经审核完竣，因本处机织部份人员均系兼本区生产工作，拟请李永璧同志会同璧山县政府合作指导室派员一人就近调查办理，俾便贷纱事宜，

如拟办理 九、十九

本社派员指导，并商同 会同 办理 九、十九

謹呈 魏西河

华西实验区总办事处为办理鹿鸣乡方家石坝机织社社员户籍登记申请书一事与璧山县政府、华西实验区璧山第三辅导区办事处的往来公文　9-1-123（75）

45

38.5.26
合 209

合字第 59 号

民国卅八年三月四日

合作社成立登记申请书表等核通知案

事由：[illegible]鹿鸣乡方家石坝机织生产合作社[illegible]

[illegible]成立登记申请[illegible]

[illegible]

「申请书及附件均悉。查申请书所列监事主席魏廷厚及理事田中玉未据载入社员名册，显属非社员，应无资格当选。惟该二人如确系该社业务区域内之住户，因事实上之需要，既经大会选出，仍应依法取得社员资格，补具社员名册呈报来府，如核符合，其当选为理监事仍属有效。复查册列社员无户籍者有杜汉江、田汉中、罗荣辉、魏江霖、魏国先、魏玉厚、王盛厚、董树清等八人，该员等为系新迁入住户或分居新户，仍应根据本县卅七年度整编户籍之保甲表切实查明申复，以凭核办。」

右开笺核签照，除指令鹿鸣乡方家石坝机织社外，相应通知

贵处查照备案。此致

华西实验区总办事处

附送合字第59号指令一件

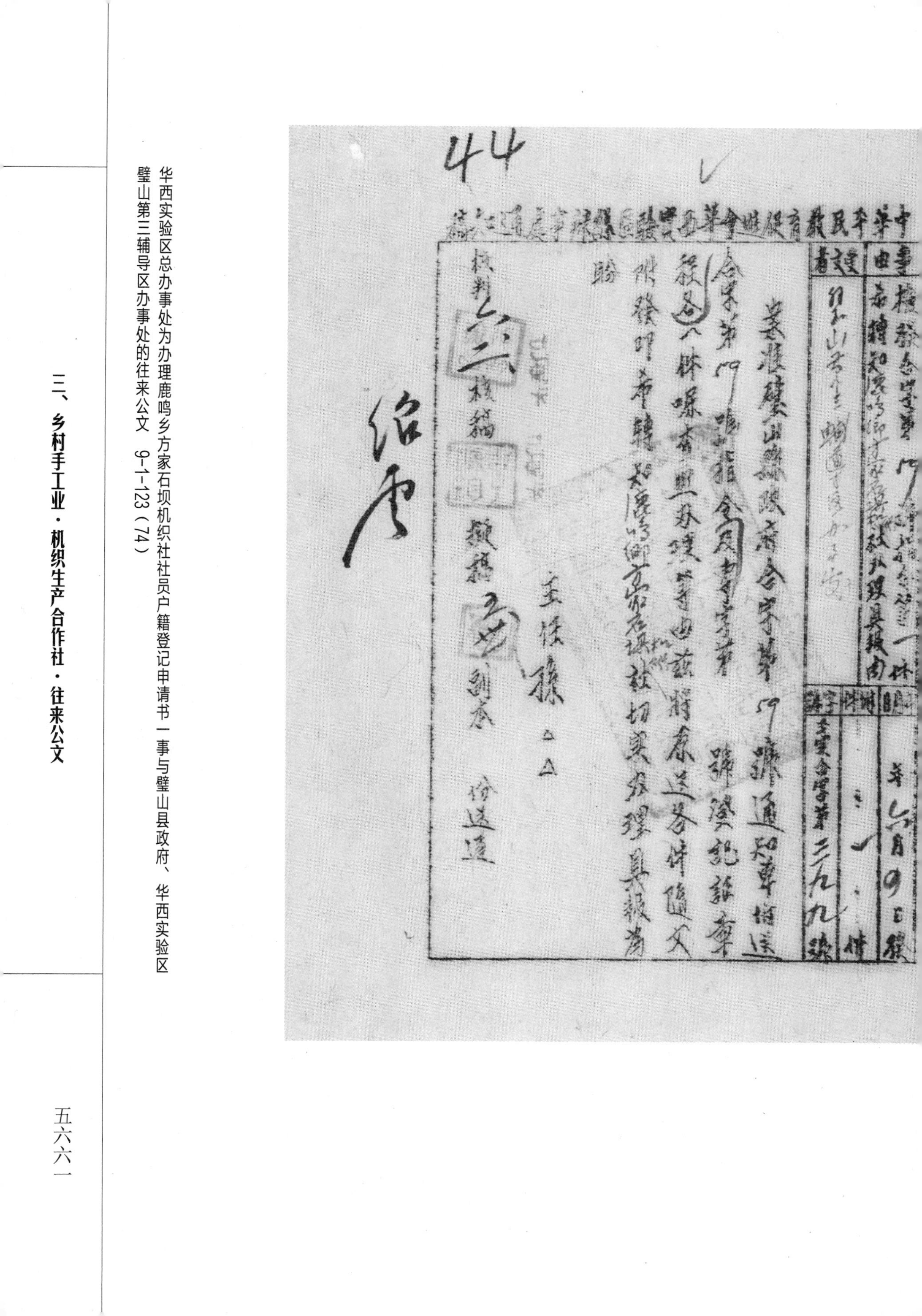

华西实验区总办事处为办理鹿鸣乡方家石坝机织社社员户籍登记申请书一事与璧山县政府、华西实验区璧山第三辅导区办事处的往来公文　9-1-123（74）

华西实验区总办事处为办理鹿鸣乡方家石坝机织社社员户籍登记申请书一事与璧山县政府、华西实验区璧山第三辅导区办事处的往来公文 9-1-123（72）

報告 驛字第零六零號
民三十八年七月五日

事由 報轉鹿鳴鄉方家石塡機社復請填發登記證由

案奉

總處平賣合字第三九九號通知內開：「檢發合字第五九號指令等一件希轉知鹿鳴鄉方家石塡機織合作社辦理具報由」等因當經轉知該社遵辦具報去後茲據該社依照縣府指令辦理完竣報請轉送縣府核發登記證等情前來理合檢同該社原報告一件附十四份備文敬乞轉縣府核辦賜復 謹呈

主任秘書郭 轉呈

华西实验区总办事处为办理鹿鸣乡方家石坝机织社社员户籍登记申请书一事与璧山县政府、华西实验区璧山第三辅导区办事处的往来公文　9-1-123（73）

主任孫

則如文

職魏西河　呈

华西实验区总办事处为办理鹿鸣乡方家石坝机织社社员户籍登记申请书一事与璧山县政府、华西实验区璧山第三辅导区办事处的往来公文 9-1-123（70）

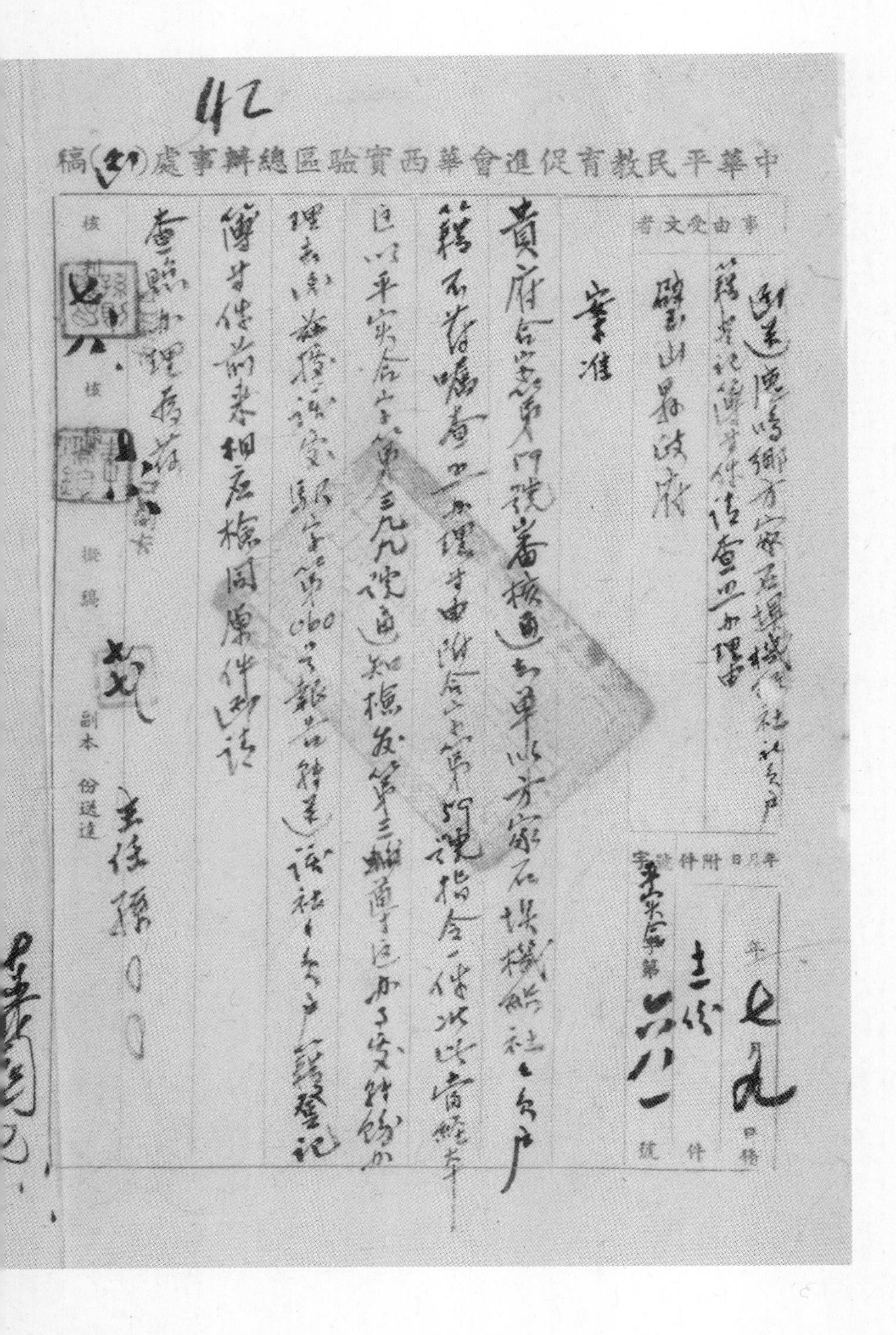
412

中華平民教育促進會華西實驗區總辦事處稿

事由：送鹿鳴鄉方家石壩機織社社員戶籍登記簿等件請查照辦理由

受文者：璧山縣政府

案准
貴府合字第[illegible]號審核通知單以方家石壩機織社社員戶籍不符囑查明辦理等由附合字第57號指令一件准此查該本區以平字第三九號通知檢發第三輔導區辦事處案件飭令理去後茲據該處平字第060號報告轉送該社社員戶籍登記簿等件前來相應檢同原件函請
查照辦理為荷

核　擬稿　副本　份送達

年月日附件號：年 七月 九日　字第 四八一 號

华西实验区总办事处为办理鹿鸣乡方家石坝机织社社员户籍登记申请书一事与璧山县政府、华西实验区璧山第三辅导区办事处的往来公文　9-1-123（69）

41

38年7月21日 收文 令字第858號

「報告暨附件均悉。查户籍登記依法定程序應由該管鄉公所登記後將申請書等轉報本府以憑核備。該社所呈户籍登記申請書等既未經該管鄉保長簽註意見，復未鈐蓋印信，礙難核办，原件發還，仰即遵照法定程序另案报核为要」

右開簽核結果除指令鹿鳴鄉方家石堤机織社外相應通知

貴處查照為荷。此致

華西實驗區璧山第三輔導區辦事處

附送令户字第1533号指令一件

縣長 徐

华西实验区总办事处为办理鹿鸣乡方家石坝机织社社员户籍登记申请书一事与璧山县政府、华西实验区璧山第三辅导区办事处的往来公文　9-1-123（68）

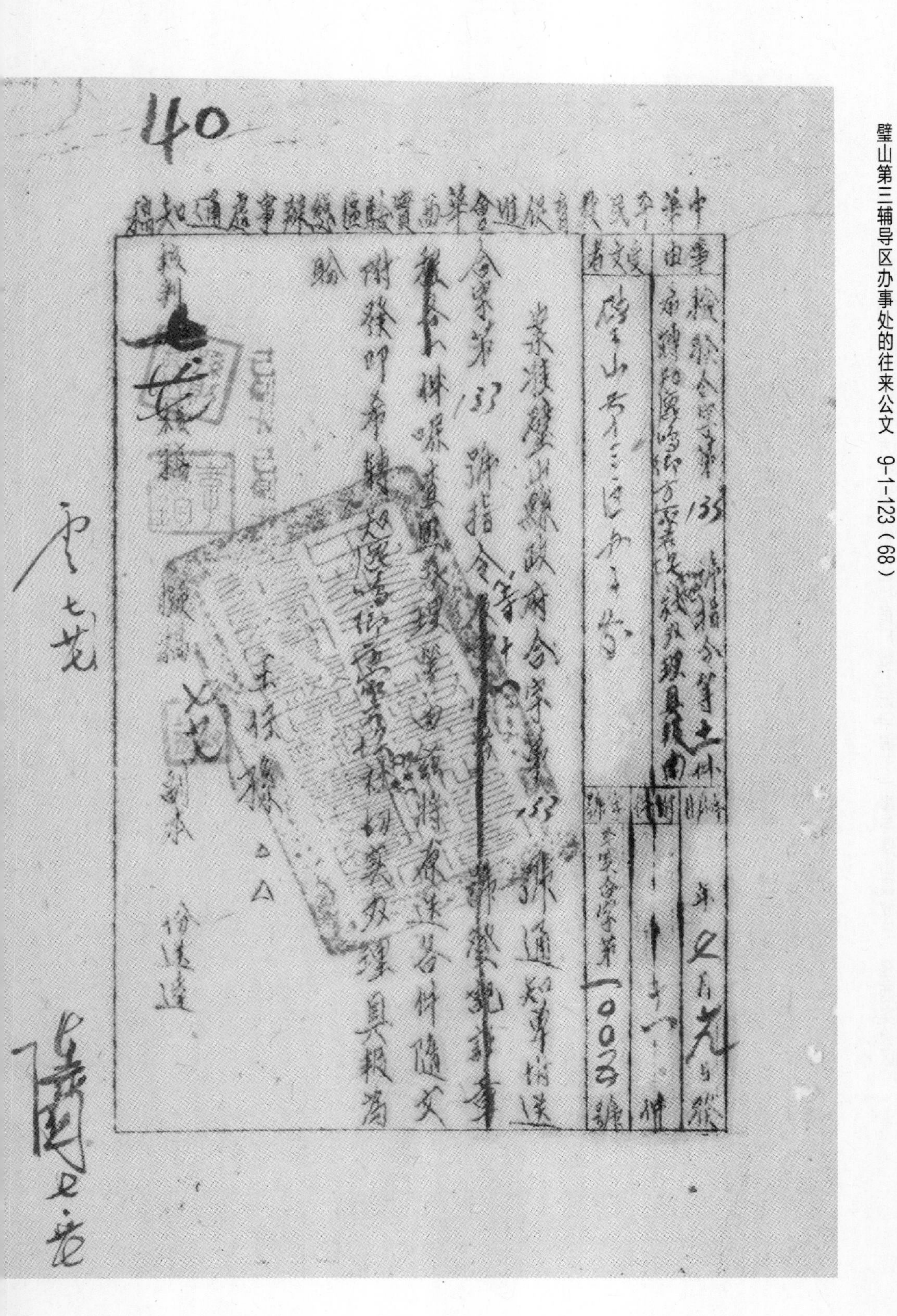

中華平民教育促進會華西實驗區總辦事處通知稿

华西实验区总办事处为办理鹿鸣乡方家石坝机织社社员户籍登记申请书一事与璧山县政府、华西实验区璧山第三辅导区办事处的往来公文　9-1-123（67）

29

收文　38.10.18　會字第2472號

报告　驿字第一〇六號　三十八年十月十七日

事由：為申復鹿鳴鄉方家石垻機織社社員戶籍一案由

轉奉縣府合字第一三三號通知單為龍國元等龍江霖等五人之戶籍登記申請書漏蓋鄉公所鈐記囑轉補蓋等由當依所示轉飭蓋訖謹檢同原申請書五份備文報請核轉縣府核辦賜復

謹呈

主任秘書郭轉呈

主任孫

職魏西河

魏西河印

华西实验区总办事处为办理鹿鸣乡方家石坝机织社社员户籍登记申请书一事与璧山县政府、华西实验区璧山第三辅导区办事处的往来公文　9-1-123（65）

38

中華平民教育促進會華西實驗區辦事處（公函稿）

事由：函送鹿鸣乡方家石坝机织社社员户籍登记申请书请查照办理由

受文者：璧山县政府

年月日附件字號

核判　核稿　擬稿　副本　份送達

巴县梁滩河灌溉工程处为归还所借棉纱一事与华西实验区合作社物品供销处的往来函 9-1-131（73）

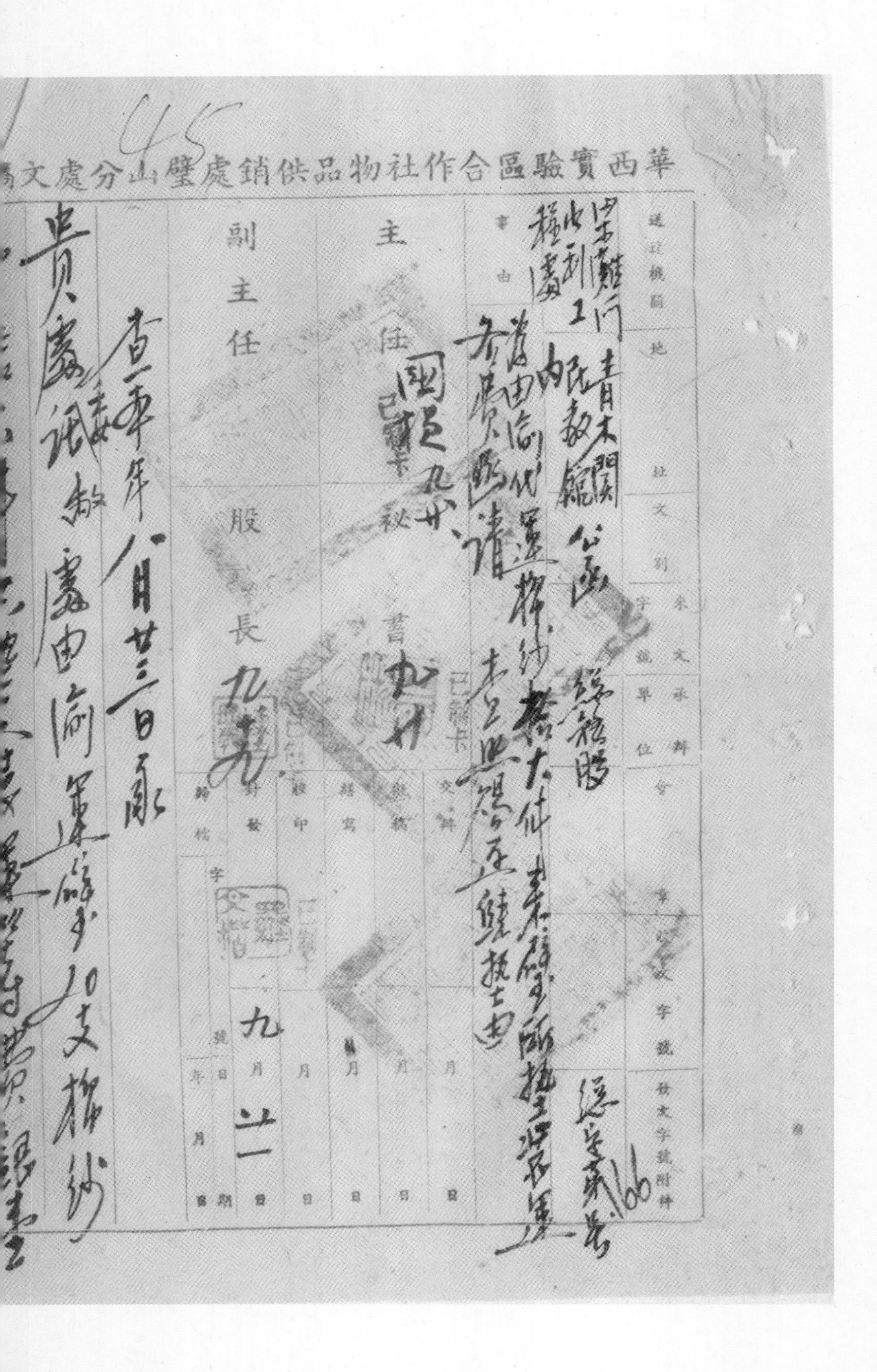

45

華西實驗區合作社物品供銷處璧山分處文稿

送達機關	巴縣梁灘河灌溉工程處
地址	青木關民教館內
文別	公函
來文字號單位	
承辦	總務股
會章	
收文字號	
發文字號附件	[illegible]
事由	為由渝代運棉紗大件來璧[illegible]請查照提運[illegible]
主任	
主任秘書	九廿
副主任	
股長	九廿
交辦	月 日
擬稿	月 日
繕寫	月 日
校印	月 日
封發	九月廿一日
歸檔字號	年 月 日期

查本年八月廿三日貴處[illegible]由渝運棉紗[illegible]

巴县梁滩河灌溉工程处为归还所借棉纱一事与华西实验区合作社物品供销处的往来函　9-1-131（74）

何专任之正除已据交孙德甫君代收还
贵银捌拾伍元外尚欠付银弍拾元整
将捌拾代垫装运棉纱用费清单一份
函请
贵处查照将款赐还续垫为荷！！
此致
梁滩河水利工程处
附代垫装运棉纱用费清单一份
主任
副主任

费清单　38年8月25日

佣）　45.00

40.00

10.00

10.00

银元105.00

巴县梁滩河灌溉工程处为归还所借棉纱一事与华西实验区合作社物品供销处的往来函　9-1-131（75）

巴县梁滩河灌溉工程处为归还所借棉纱一事与华西实验区合作社物品供销处的往来函　9-1-131（75）

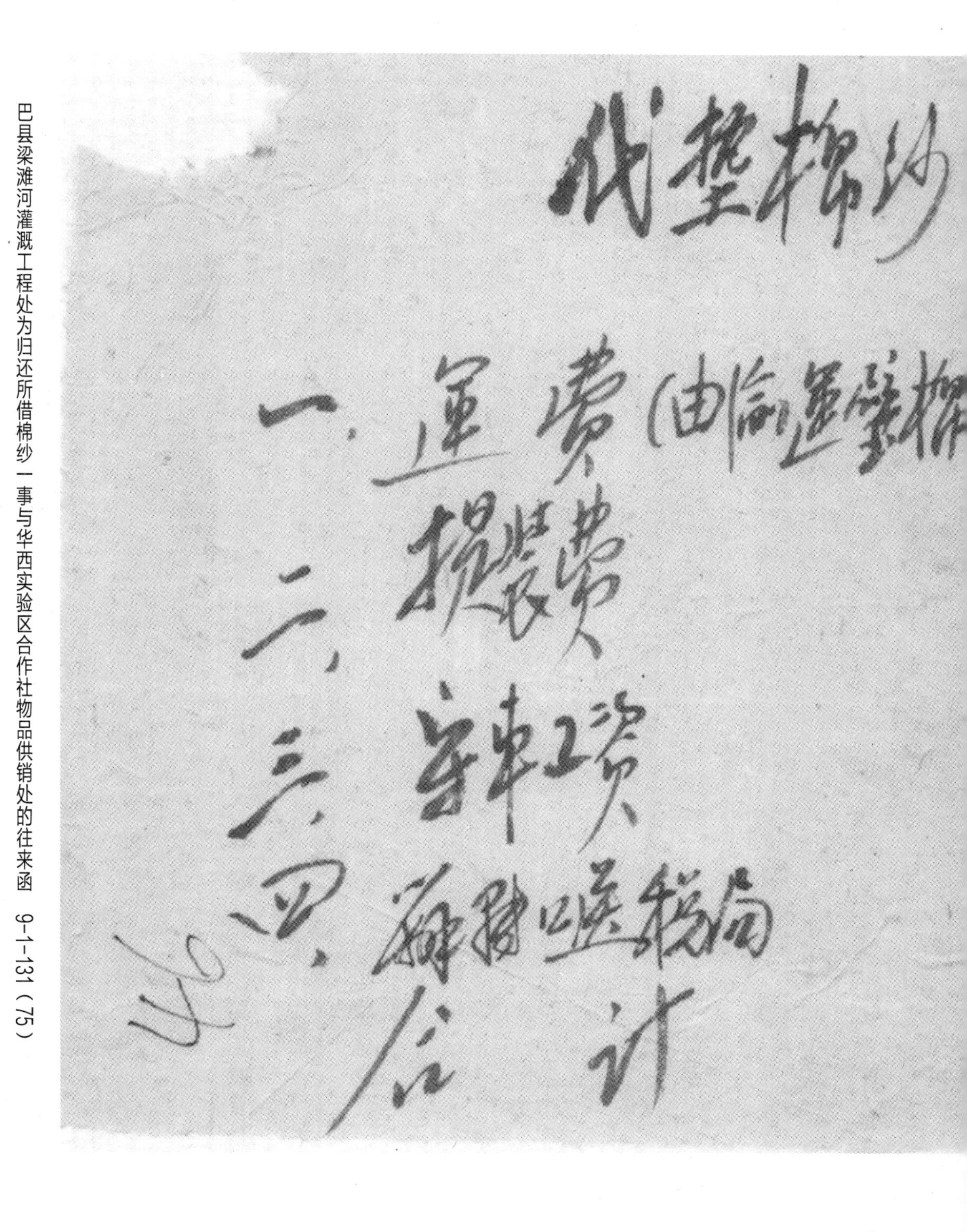
代整棉纱

一、運費（由渝運璧……

二、提裝費

三、……車工資

四、……

合

計

巴县梁滩河灌溉工程处为归还所借棉纱一事与华西实验区合作社物品供销处的往来函 9-1-131（72）

44

華西實驗區合作社物品供銷處璧山分處文稿

送達機關	梁灘河水利工程處
地址	
文別	公函
來文承辦單位	
字號	
會章	
收文字號	
發文字號附件	
事由	為前借棉紗四十件請速即歸還由

主任	秘書
副主任	股長

交辦	擬稿	繕寫	校印	封發	歸檔
月 日	月 日	月 日	月 日	十月廿二日	字 號 年 月 日期

逕啟者：貴處前向本處借用20支棉紗四十件……

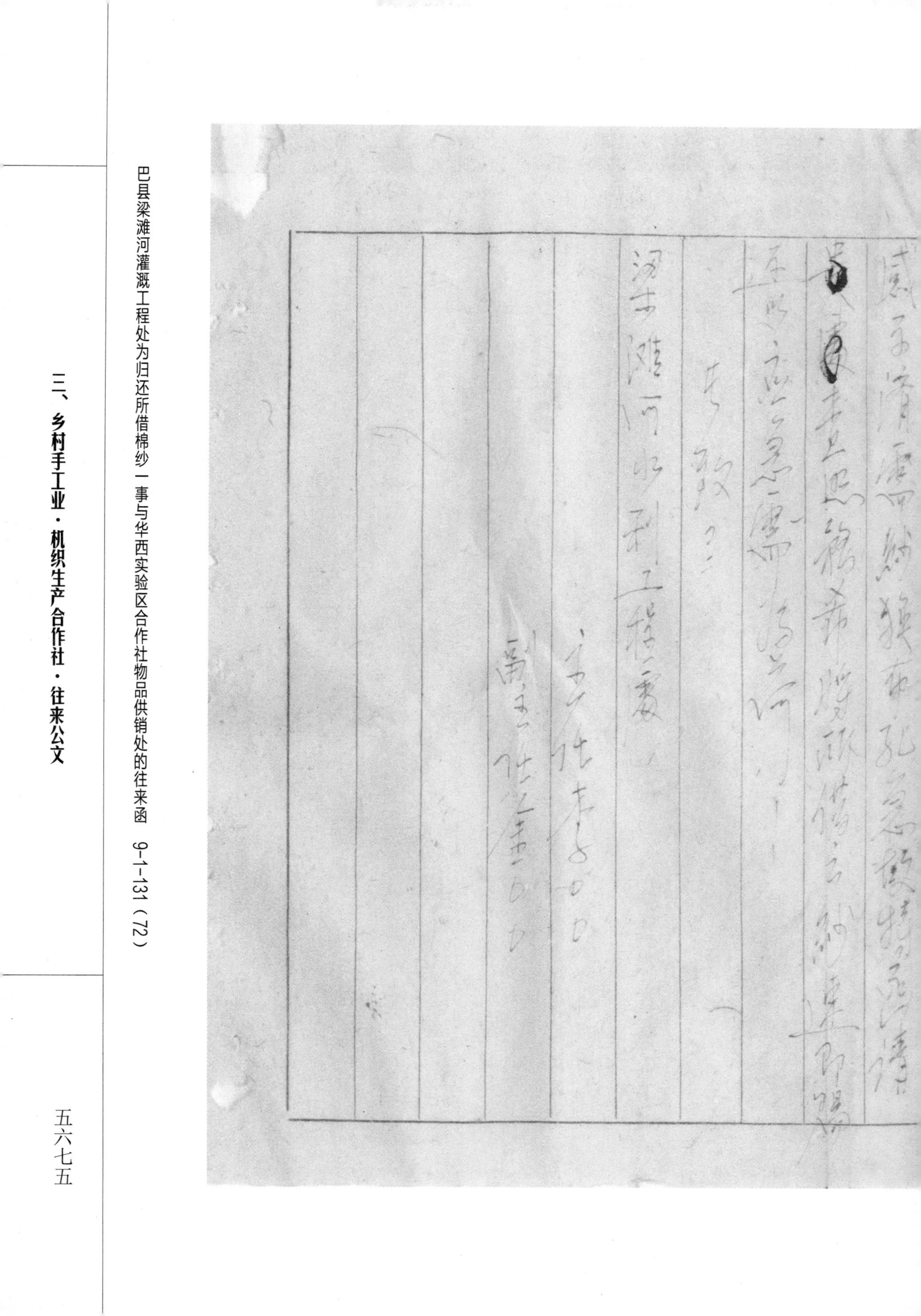

巴县梁滩河灌溉工程处为归还所借棉纱一事与华西实验区合作社物品供销处的往来函　9-1-131（72）

梁滩河水利工程处

巴县梁滩河灌溉工程处为归还所借棉纱一事与华西实验区合作社物品供销处的往来函 9-1-131（70）

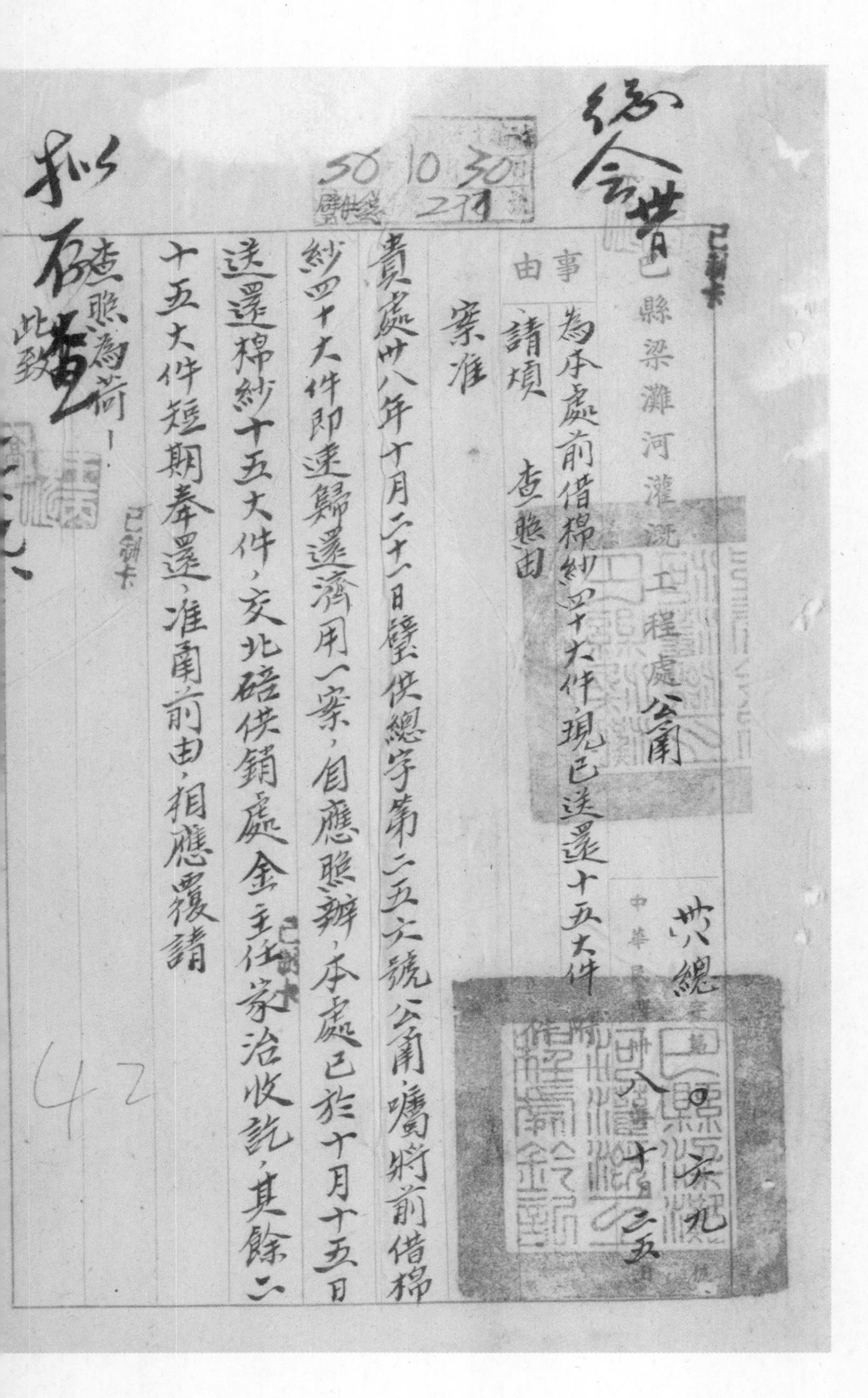
巴縣梁灘河灌溉工程處公函

事由：為本處前借棉紗四十大件現已送還十五大件請煩查照由

案准

貴處卅八年十月二十八日鑒供總字第二五六號公函，囑將前借棉紗四十大件即速歸還濟用一案，自應照辦，本處已於十月十五日送還棉紗十五大件，交北碚供銷處金主任家治收訖，其餘二十五大件短期奉還，准函前由，相應覆請

查照為荷！

此致

中華民國卅八年十一月二五日　卅八總字第八四九號

擬存查

巴县梁滩河灌溉工程处为归还所借棉纱一事与华西实验区合作社物品供销处的往来函　9-1-131（71）

43

華西實驗區合作社物品供銷處璧山分處

處長

副處長

第　頁

璧山县狮子乡戴家塆机织生产合作社为增设宽布组一事呈华西实验区合作社供销处璧山分销处函　9-1-131（104）

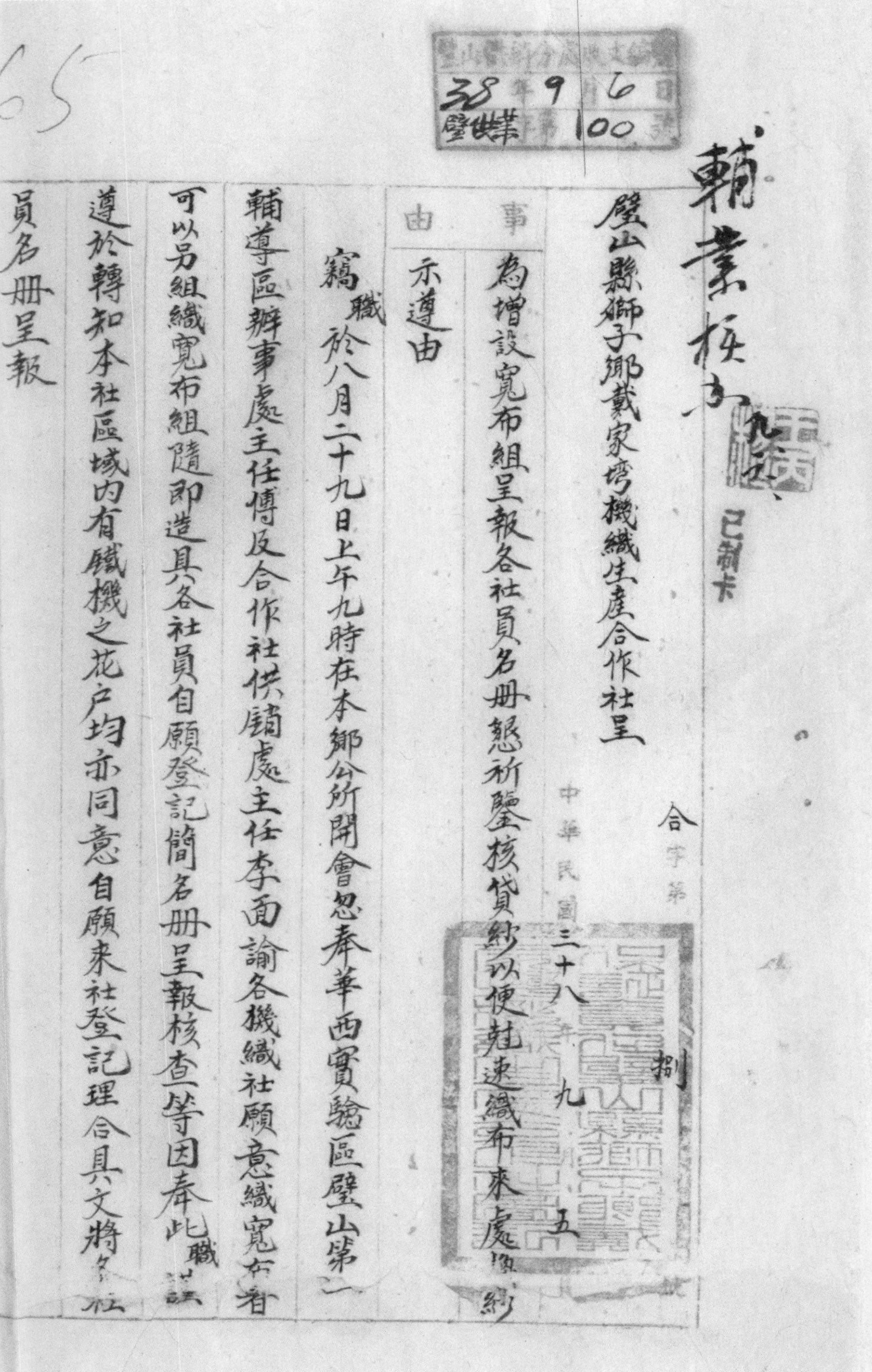

輔業楊主任

已制卡

璧山縣獅子鄉戴家塆機織生產合作社呈　合字第　號

中華民國三十八年九月五日

事由：為增設寬布組呈報各社員名冊懇祈鑒核貸紗以便趕速織布來處換紗示遵由

竊職於八月二十九日上午九時在本鄉公所開會忽奉華西實驗區璧山第二輔導區辦事處主任傅及合作社供銷處主任李面諭各機織社願意織寬布者可以另組織寬布組隨即造具各社員自願登記簡名冊呈報核查等因奉此職社遵於轉知本社區域內有織機之花戶均亦同意自願來社登記理合具文將各社員名冊呈報

鈞處鑒核[illegible]

璧山县狮子乡戴家塆机织生产合作社为增设宽布组一事呈华西实验区合作社供销处璧山分销处函　9-1-131（105）

謹呈

華西實驗區合作社供銷處璧山分銷處主任李

附呈璧山縣獅子鄉戴家塆機織生產合作社寬布組社員登記名冊一份

璧山縣獅子鄉戴家塆機織生產合作社理事主席戴耀光

已制卡

戴耀光印

查該社於貸紗前[illegible]

調查機名時所發現織寬布者不過三、四人，今造具登記冊[illegible]

達者之多，頗有問題。該社[illegible]何朝基於本月

九日前來本處[illegible]

[illegible]

[illegible]

[illegible]

九、二〇

存查　陶　[illegible]　九、二〇

已制卡

华西实验区璧山第一辅导区办事处、华西实验区总办事处、中国农民银行璧山办事处为璧山县城南乡东岳庙机织生产合作社补贷棉纱、城东乡严家堡机织生产合作社核贷棉纱的往来公文　9-1-131（110）

收文 民國38年7月22日 合字第870號

中華平民教育促進會華西實驗區璧山辦事處報告 璧一合機字第一三九號 三十八年七月二十一日

事由：轉報吳紹民同志簽請補貸城南鄉東嶽廟機織社棉紗一案呈請核貸由

案據本處吳紹民同志七月二十日報告：「查東嶽廟機織社前經總處核准社員十三名，經職於七月十八日再往復查已畢，謹將復查情形簽請鑒核（附復查社員機台情形表一份）」等情，據此理合檢附原件呈請核貸實為公便。

謹呈

主任孫

附城南鄉東嶽廟機織社復查社員機台情形表一份

職傅志純

华西实验区璧山第一辅导区办事处、华西实验区总办事处、中国农民银行璧山办事处为璧山县城南乡东岳庙机织生产合作社补贷棉纱、城东乡严家堡机织生产合作社核贷棉纱的往来公文 9-1-131（111）

70

城南鄉東嶽廟機織社復員社員機台情形表

申請補借貸姓名及貸紗數量表

編號	社員姓名	現有機台	申請貸紗數量	備考
3	王治緒	鐵機一台	三件	已備有機台
4	張戴陽	"	"	"
15	吳賢彬	"	"	"
23	巫良成	"	"	"
24	羅森榮	"	"	"
26	曾銀洲	"	"	"
31	伍正和	"	"	"
35	王俊德	"	"	"

孜

华西实验区璧山第一辅导区办事处、华西实验区总办事处、中国农民银行璧山办事处为璧山县城南乡东岳庙机织生产合作社补贷棉纱、城东乡严家堡机织生产合作社核贷棉纱的往来公文　9-1-131（112）

36	連煥璋	〃	〃	移轉他社
20	吳炳清	木機二台	一并	該社員不遵守成人教育實施規則應取銷其貸紗權利
18	吳季濤	鐵機一台	〃	
23	梁樹煊	〃		查該社員自願放棄貸紗權利
38	王維久	〃		該社員一向反對成人教育應取銷其貸紗權利
	共計	鐵機十二台 木機二台	二八并	

擬請：1.王維緒等九名備安鐵機准予貸叁并。

2.吳炳清備有木機准貸紗壹并。

3.梁樹煊既自願放棄權利，即停貸。

4.吳季濤去年失二八足否再貸乞示。

5.轉農行核貸。

七.廿三

华西实验区璧山第一辅导区办事处、华西实验区总办事处、中国农民银行璧山办事处为璧山县城南乡东岳庙机织生产合作社补贷棉纱、城东乡严家堡机织生产合作社核贷棉纱的往来公文 9-1-131（113）（114）

中華平民教育促進會華西實驗區總辦事處（函）稿

事由：為轉送東嶽廟機織社補請借紗表函請 查照核貸由

受文者：中國農民銀行璧山辦事處

案據本處璧山第一輔導區辦事處本年七月二十一日報告以城南鄉東嶽廟機織社前經核予續貸之十三名社員，經負責輔導員吳紹民再往復查，九社員機名情形已調查完畢，特檢送復查社員機名情形表報請鑒核等情，到處。經核該3號社員畢樹煊自願放棄借紗機織權利，自應停貸。又18、38兩號社員吳季濤、王雅失因不遵守成人教育實施規則，應取銷其借紗權利

年 八月 四日發

附件：補請借紗表二

字第一〇八八號

核判　核稿　副本　份送達

华西实验区璧山第一辅导区办事处、华西实验区总办事处、中国农民银行璧山办事处为璧山县城南乡东岳庙机织生产合作社补贷棉纱、城东乡严家堡机织生产合作社核贷棉纱的往来公文　9-1-131（115）

72

收文 38年8月6日 字第1097號

請交農貸組核示

中華平民教育促進會華西實驗區璧山辦事處 報告 璧一合機字第114號
三十八年八月二日

事由：據吳時敏呈報復查嚴家堡機織社社員名冊轉請核貸社員陳恆章等五人棉紗由

據本區輔導員吳時敏同志八月二日報告：「復查城東鄉嚴家堡機織社機台名冊查得社員陳恆章等五人機台齊備請予貸放餘張子謙等九人機台未齊全請保留社員資格不予貸放」等情。據此，經核屬實，理合檢附原件轉請

核貸

謹呈

主任孫

擬照轉農行核貸 八．五

職 傅志純

（附復查機台社員名冊一份）

已制卡

华西实验区璧山第一辅导区办事处、华西实验区总办事处、中国农民银行璧山办事处为璧山县城南乡东岳庙机织生产合作社补贷棉纱、城东乡严家堡机织生产合作社核贷棉纱的往来公文 9-1-131（116）

城東鄉嚴家堡機織社申請補借機台社員名冊

編號	社員姓名	現有機台	貸紗數量	備考
1	陳恆章	鐵機一台	三件	
2	晏志北	鐵機一台	三件	
3	黃徐氏	鐵機一台	三件	
4	張有富	鐵機一台	三件	
5	張羅氏	鐵機一台	三件	
6	張子謙		緩貸	無機台
7	高炳欽		緩貸	無機台
8	高和清		緩貸	無機台
9	羅志榮		緩貸	無機台

华西实验区璧山第一辅导区办事处、华西实验区总办事处、中国农民银行璧山办事处为璧山县城南乡东岳庙机织生产合作社补贷棉纱、城东乡严家堡机织生产合作社核贷棉纱的往来公文 9-1-131（117）

10	羅興財		緩貸 無机台
11	羅金盛		緩貸 無机台
12	王啟榮		緩貸 無机台
13	羅森榮		緩貸 無机台
14	高儒華		緩貸 無机台
	合計	鐵机台	一五并

其餘張子謙等九人現無机台
請保留社員資格

华西实验区璧山第一辅导区办事处、华西实验区总办事处、中国农民银行璧山办事处为璧山县城南乡东岳庙机织生产合作社补贷棉纱、城东乡严家堡机织生产合作社核贷棉纱的往来公文　9-1-131（118）

75

查该社前经普查结果，有陈焕章等十四人机只尚未安置完备，予以缓贷，并交负责辅导员再定期复查，如确已准备妥善时，得申请补贷。兹合吴辅导员时敏复查结果，计陈焕章等五人确有铁机一只，请补贷棉纱，张子谦等九人仍无机只，请予停贷等情。拟照转农行核贷，可否？祈

示

雲

照办

如拟

已制卡

华西实验区璧山第一辅导区办事处、华西实验区总办事处、中国农民银行璧山办事处为璧山县城南乡东岳庙机织生产合作社补贷棉纱、城东乡严家堡机织生产合作社核贷棉纱的往来公文　9-1-131（119）

中華平民教育促進會華西實驗區總辦事處稿

事由

受文者

附件

字號

核判

核稿

擬稿

副本　份送達

已制卡

关于现金棉纱布匹出纳方面　9-1-139（234）

巴县第二辅导区与华西实验区办事处为合作社登记证、借贷纱程序事的往来公文 9-1-152（38）（39）

報告 五月十九日
实字第〇三七号

為報告歇馬鄉大磯灘機織合作社登記証已發下并請示貸紗办法由

一、准巴縣政府發下歇馬鄉大磯灘机織合作社專正字第一三八号登記証一份業經転發呈請 鈞處備查

二、申請貸紗办法並請示知

三、關于該社貸紗事宜並請早日貸到以利推展業務

謹 呈

主任孫

巴縣第二輔導區主任王秀齋

巴县第二辅导区与华西实验区办事处为合作社登记证、借贷纱程序事的往来公文　9-1-152（40）

中華平民教育促進會華西實驗區總辦事處稿（通〔?〕）

事由	核發合作社登記證及[illegible]借紗受理程序希轉飭知照由
受文者	巴縣第二輔導區主任

五月十九日宗字第[illegible]三七號報告悉。茲[illegible]：

一、歐馬鄉大塘房機織社成立案，借紗[illegible]。

二、社會合作社借紗受理程序[illegible]

希轉飭該社遵照[illegible]辦理為要。

年月日	附件	字號
年六月廿一日發	借紗受理程序一件	[illegible]字第二一二號

核判

核稿

擬稿

副本　份送達

已制卡

已制卡

已制卡

华西实验区办事处为检送机织合作社申请贷纱注意事项致璧山各辅导区区主任、各辅导员、各机织合作社函（附：贷纱注意事项）

9-1-152（25）

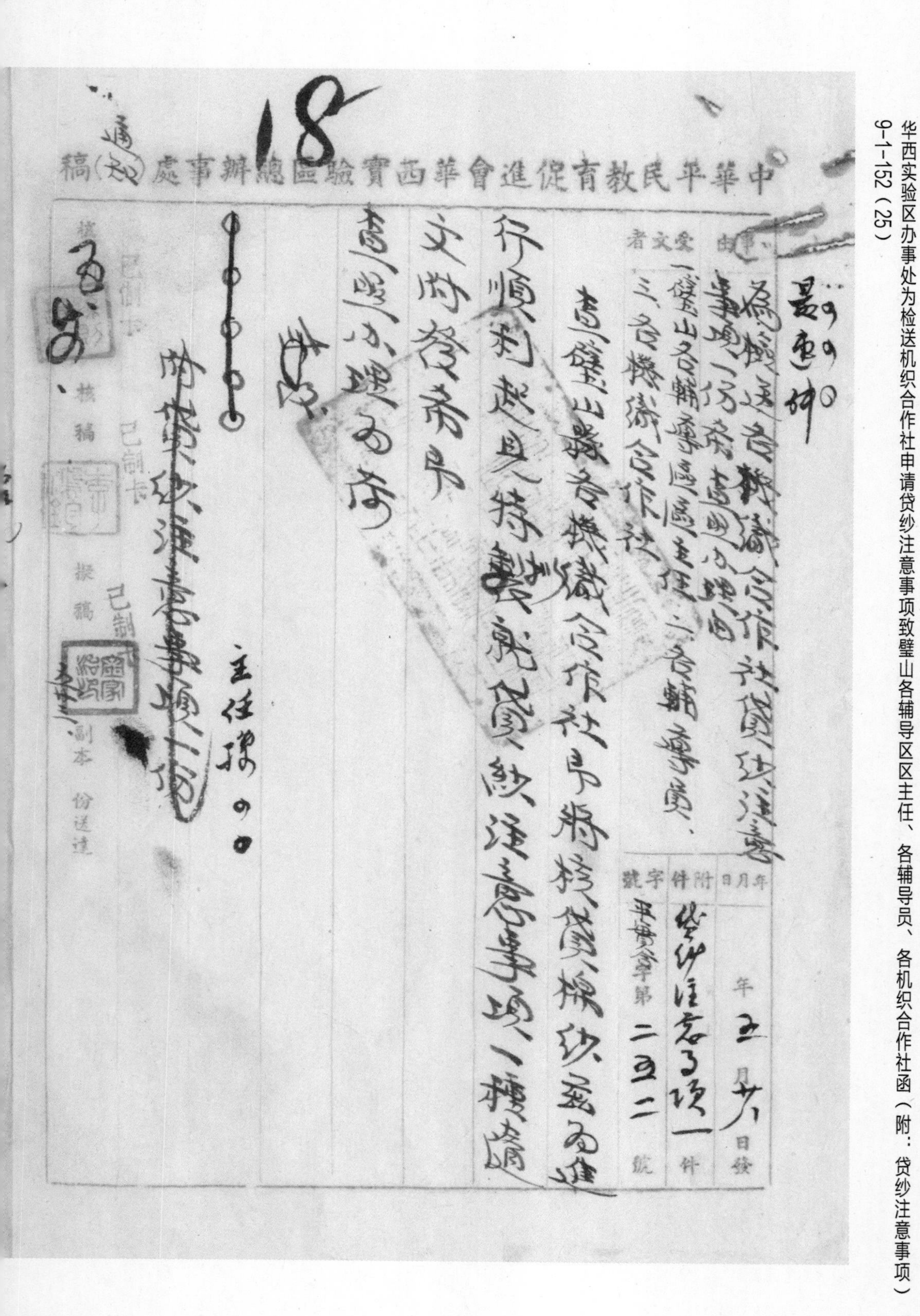

18

中華平民教育促進會華西實驗區總辦事處稿

事由：為檢送合機織合作社貸紗注意事項一份希查照辦理由

受文者：璧山各輔導區區主任、各輔導員、各機織合作社

年月日：五月廿一日發

附件：貸紗注意事項一件

字號：平貴合字第二五二號

查璧山縣各機織合作社申請貸紗，為使貸紗進行順利起見，特製就貸紗注意事項一種，隨文附發，希即查照辦理為荷。

此致

附貸紗注意事項一份

主任 孫○○

已制卡 核稿 已制卡 擬稿 已制卡 副本 份送達

华西实验区办事处为检送机织合作社申请贷纱注意事项致璧山各辅导区区主任、各辅导员、各机织合作社函（附：贷纱注意事项）
9-1-152（26）

璧山县各机织合作社贷纱注意事项：

一、各机织合作社申请贷纱，以业经县政府正式核准登记者为限，未完成登记手续者暂不核贷。

二、贷纱数量每一社员不得超过一机台，木机每月贷纱线壹件，铁机旧社每月贷纱线贰件，新社每月贷纱线叁件。

三、贷纱申请书由合作社自行填写具结，送由辅导员及区主任审核签证，并经办事处会同中国农民银行……

[illegible]

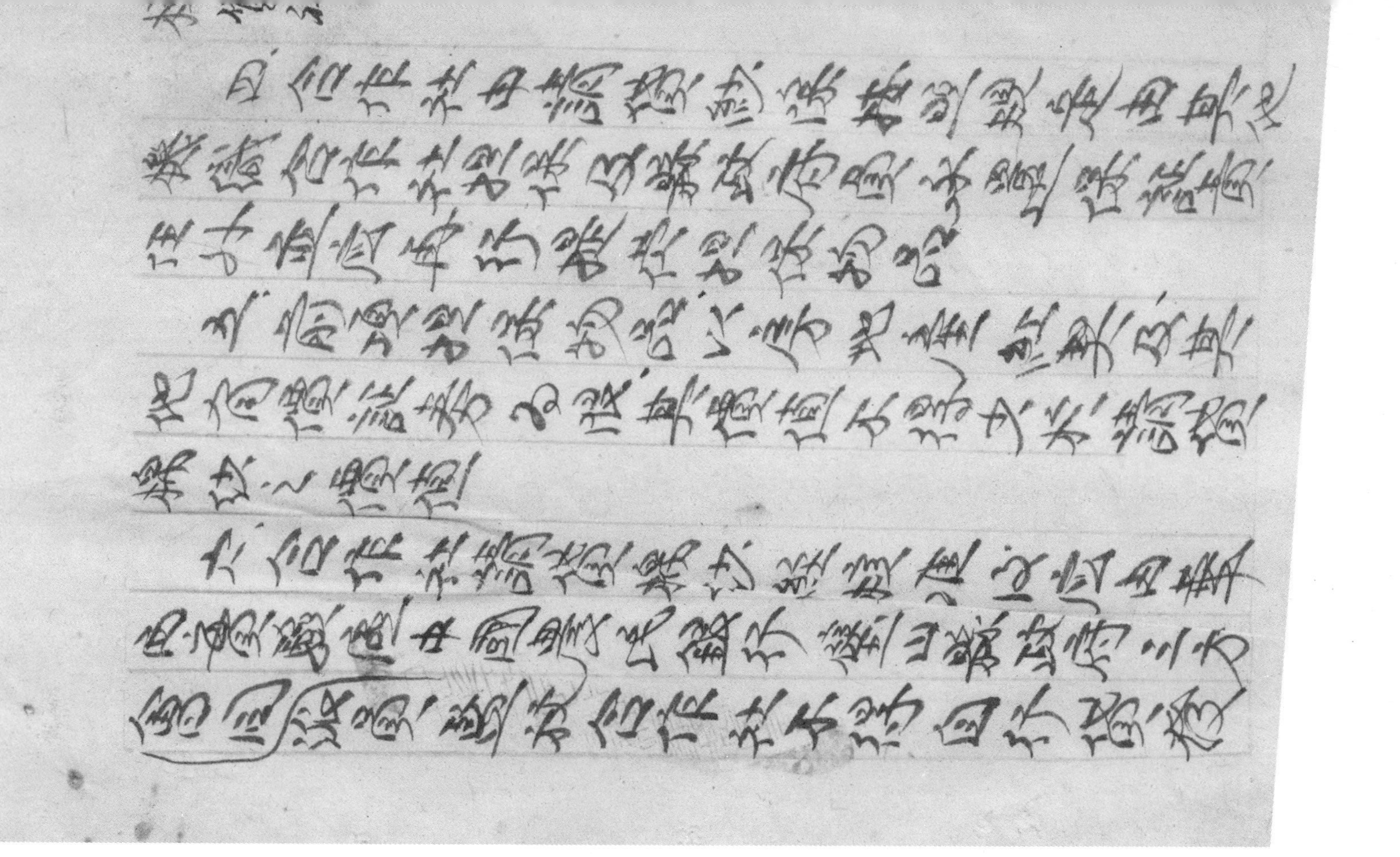

四、合作社申请贷款，须按照规定由其他机织合作社担保及乡政府负责，保证责任社并应另行提供担保物品。

五、前项担保物品以房地产、纸契及其他有价证券为限，其价值不得少于请贷纱之价值。

六、合作社请贷纱，经核准后应由华西实验区、中国农民银行、璧山县政府三方会同派员，监放合作社不得自行贷放。

华西实验区办事处为检送机织合作社申请贷纱注意事项致璧山各辅导区区主任、各辅导员、各机织合作社函（附：贷纱注意事项）

9-1-152（27）

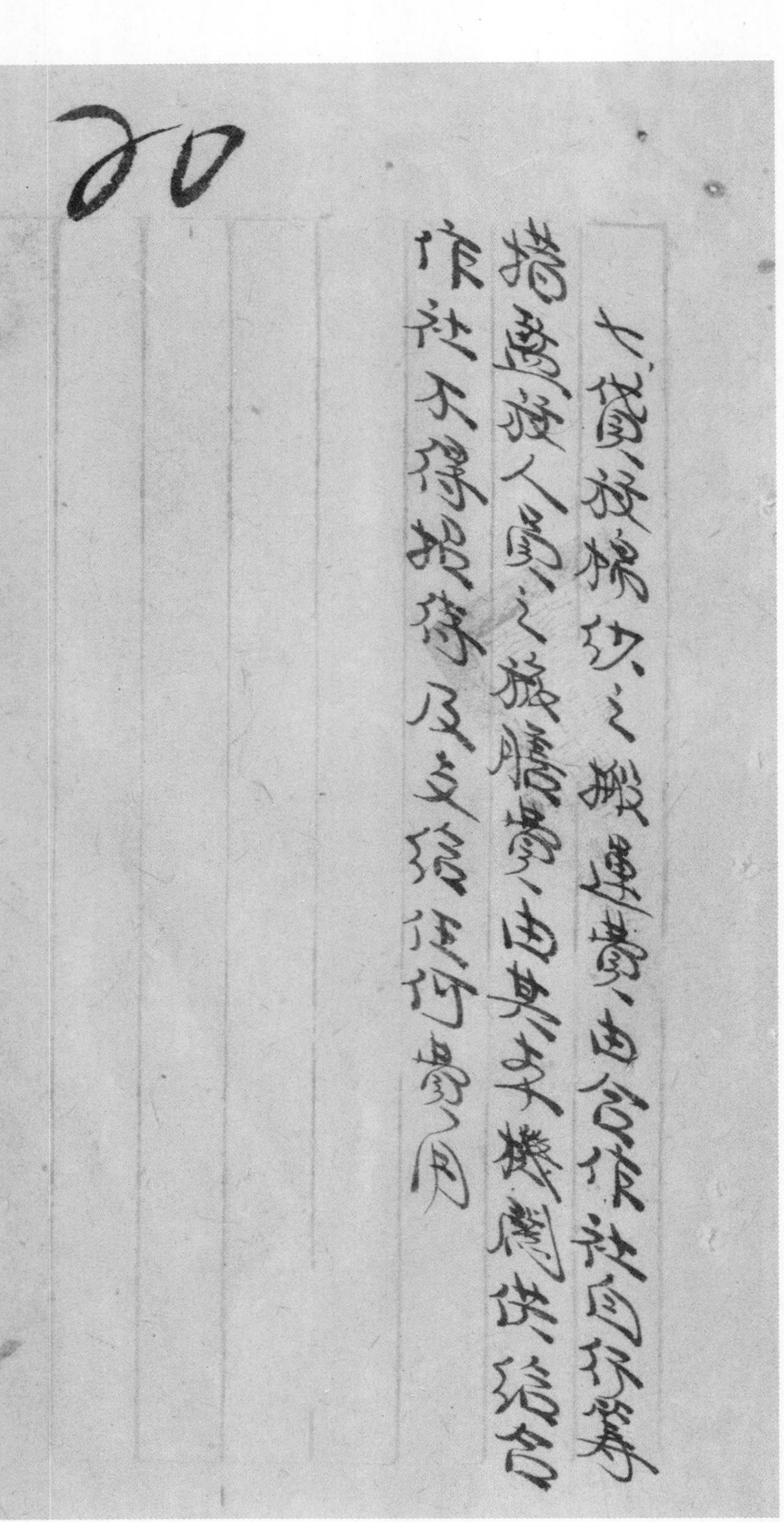

七、貸發棉紗之搬運費，由合作社自行籌措，發貸人員之旅膳費，由其本身機關供給，合作社不得報銷及支給任何費用

华西实验区办事处为检送机织合作社申请贷纱注意事项致璧山各辅导区区主任、各辅导员、各机织合作社函（附：贷纱注意事项）
9-1-152（28）

华西实验区办事处为检送机织合作社申请贷纱注意事项致璧山各辅导区区主任、各辅导员、各机织合作社函（附：贷纱注意事项）
9-1-152（28）

中華平民教育促進會華西實驗區總辦事處稿（通知）

事由：為檢送機織合作社申請借紗處理程序一份希查照由

受文者：璧山各輔導區辦事處、各輔導員、各機織合作社

年 六月 八日發

附件

字號：第 の三二 號

查各機織合作社貸紗注意事項業經通知在案，茲為各社切實明瞭借紗手續，特再訂定機織合作社申請借紗處理程序一種，隨文附發，希查照為荷！

此致

附借紗處理程序一份

主任 孫○○

華西实验区办事处为检送机织合作社申请借纱处理程序致璧山各辅导办事处、各辅导员、各机织合作社函（附：借纱处理程序）
9-1-152（15）

华西实验区办事处为检送机织合作社申请借纱处理程序致璧山各辅导办事处、各辅导员、各机织合作社函（附：借纱处理程序）

9-1-152（16）

12

華西實驗區機織生產合作社申請借紗
處理程序
一、機織生產合作社申請借紗悉依本程（……）
序辦理、（以下簡稱合作社）
二、合作社申請借紗須先向輔導區辦
事處領取借紗申請書社員借紗細表
表及合作社職員印鑑紙業務計劃各
四份請由輔導員指導填寫、
三、社員請求借紗須先向合作社辦理借據
並提出保證再由理監事依照規定擬

华西实验区办事处为检送机织合作社申请借纱处理程序致璧山各辅导办事处、各辅导员、各机织合作社函（附：借纱处理程序）

9-1-152（17）

部申请书表，送辅导区办事处。

由辅导区办事处收到合作社申请借纱后，

该书表，应交由负责指导该社之辅

导员切实调查审核，并签注具体意见，

再由区主任复核签注，备文送请总办

事处。

由总办事处收到辅导区办事处转送之

合作社申请借纱书表，即签注意

见，备文转送农行核贷，于必要时总办事

华西实验区办事处为检送机织合作社申请借纱处理程序致璧山各辅导办事处、各辅导员、各机织合作社函（附：借纱处理程序）

9-1-152（18）

农行派员复查后再行核贷、
合作社借纱书表经农行核定贷放后、
即由农行于二日内填发核准贷放通知书
分交辅导员转借据借纱申请书及细节表送
借纱合作社、
五、合作社接到农行放纱通知书后、应将
核定之[illegible]
分发通知[illegible]
携带通知书借据保证物品及合作社图记
[illegible]

华西实验区办事处为检送机织合作社申请借纱处理程序致璧山各辅导办事处、各辅导员、各机织合作社函（附：借纱处理程序）

9-1-152（19）

往農合社辦理借紗手續、

八、借據：先經社填寫，由農行核對無誤時，

始轉借紗通知書連同申請書表冊，

一、借紗社轉向農貸組及合作室請

求批蓋於借據上，再送還借紗人，即依例再送還農行，

由農行填發借紗通知單，向華西實驗區

倉庫領紗、

九、農行將核發借紗通知書及申請借紗書

表冊，存備文卷，據辦事處，以便收發兌貸

時，查用後存查、

十、合作社领得借纱后，应于规定日期内照细告表所列各款转放各社员，由总办事处、辅导区办事处、农行及有关机关派员会同监放。

十一、总办事处接到农行核放通知书后，应即将借纱社借纱数量及监放日期通知区办事处。

十二、本程序自公布之日起施行。

华西实验区办事处为检送机织合作社申请借纱处理程序致璧山各辅导办事处、各辅导员、各机织合作社函（附：借纱处理程序）
9-1-152（20）

璧山四寶閣文具印刷紙號印製

华西实验区办事处为检送机织合作社申请借纱处理程序致璧山各辅导办事处、各辅导员、各机织合作社函（附：借纱处理程序）

9-1-152（20）

华西实验区总办事处主任孙则让为加强贷纱审核工作致各区主任代电 9-1-150（138）

孙主任代电各区主任：

查本区审核机织生产合作社，为扶助农有推广机织事业技术推广之民众增加生产收益，为防以固发展农民副业而设者，良在法乃近据查报各社之贷纱实际情事，该理事会对于贷纱不少以舞弊，滥用贷纱方法，两数实影响事业实施效果，殊失推进工作普遍之意。仰各区主任负责审核贷纱放款，尤当严格督责各该区指导员人人切实审查核办，不容稍有滥用贷纱情事，切勿疏忽为要。主任孙

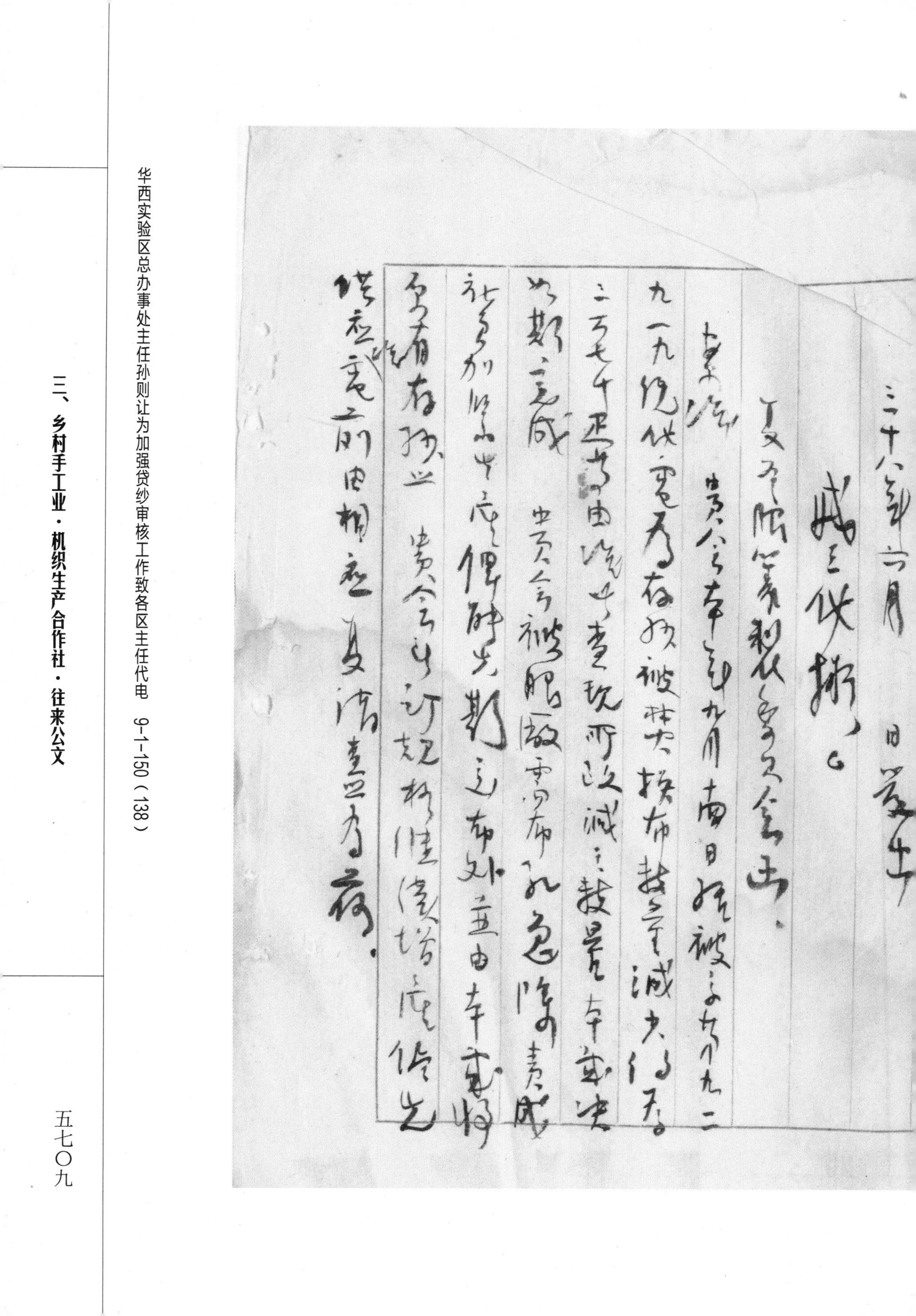

华西实验区总办事处主任孙则让为加强贷纱审核工作致各区主任代电　9-1-150（138）

三十八年六月　日发出

[illegible]

中華平民教育促進會華西實驗區總辦事處稿

事由	為配發機織生產社借紗書表由
受文者	璧山第〇辅導區辦事處、北碚辦事處

查本區機織生產合作社貸紗工作亟待普遍展開，茲特將各辅導區所轄社數及社員數依照申請借紗辦理程序之規定，配發各種應用書表，函請查照轉發，並切實輔導辦理為荷。此致

附送配發機織合作社借紗書表清單份、書表〇種，共計〇〇份

年月日	卅八年六月十七日發
附件	如文
字號	華實會字第四七八號

核判　撰稿　二九　副本　份送達

华西实验区总办事处、璧山各辅导区、北碚办事处、各机织生产合作社为借贷纱书表、呈送时限问题、派员监放发纱事宜的通知
9-1-152（41）

中華平民教育促進會華西實驗區總辦事處稿（通知）

事由：[illegible]表希轉知照規定程序辦理由

受文者：璧山第五輔導區辦事處

查該區青木鄉青興機織合作社所送借紗申請書表，經核未照申請借紗處理程序第三第四兩條之規定，逕由該[illegible]員負責指導該社之輔導員切負責調查，審核意見，簽註具保意見，再由區主任核發，以備文呈送總辦事處之規定辦理，同時各項書表應逕送四份，相應退還原送各件，希轉知該社依照規定程序辦理為荷。

年 七 月 七 日發

附件：原送申請書表全份

五[illegible]字第六五八號

华西实验区总办事处、璧山各辅导区、北碚办事处、各机织生产合作社为借贷纱书表、呈送时限问题、派员监放发纱事宜的通知

9-1-152（42）

华西实验区总办事处、璧山各辅导区、北碚办事处、各机织生产合作社为借贷纱书表、呈送时限问题、派员监放发纱事宜的通知

9-1-152（43）（44）

查该社所送借纱书表并未照申请借纱
处理程序第三第四两条之规定办理径由
负责指导该社之辅导员切实调查审
核并签注具体意见再由区主任覆核
签印备文送总办事处同时各项书表
尚应送一份抄发送该辅导区办事处转
知该社办理

华西实验区总办事处、璧山各辅导区、北碚办事处、各机织生产合作社为借贷纱书表、呈送时限问题、派员监放发纱事宜的通知
9-1-152（45）

中華平民教育促進會華西實驗區總辦事處（稿）

事由：為各机织社申貸書表統限于七月廿三日送處逾期不予核貸

受文者：璧山一二三の五各辅導區辦事處、巴縣歇馬鄉第二辅導區辦事處

年七月十三日發

字第七三の號

查各机织合作社申請貸紗書表業于本年六月十二日由本處以平实合字第四七八號通知檢發并轉發各社辦理在案，惟迄今現在止本處收到上項申貸書表僅有七社，為加速貸放起見，統限于七月廿三日前填妥，由區詳細審核並具意見，轉呈本處，以憑辦理（逾期不予核貸），辅導區分別通知各社。除分外，希即督飭趕速核轉來處，勿延為要。此致

主任 孫○○

华西实验区总办事处、璧山各辅导区、北碚办事处、各机织生产合作社为借贷纱书表、呈送时限问题、派员监放发纱事宜的通知

9-1-152（46）

請於本日發出 七.十三

陳 七.十三

油印
速件

中華平民教育促進會華西實驗區總辦事處（通知）稿

事由	為各機織社申請貸紗書表統限于七月廿二日前送處逾期不予核貸
受文者	各機織生產合作社
年月日	七月十三日發
附件	
字號	字第七二三號

查機織社申請貸紗處理程序業經本處於本年六月八日以平實合字第四三二號通知各社照辦又申請貸紗書表亦于同月十二日以平實合字第四七六號通知并檢發各輔導區办事處轉發各社填送申貸各在案惟上項申貸書表本處收到者迄今僅有七社為加速貸放起見統限于七月廿二日前填妥送經各主管輔導區办事處核轉來處逾期即不予核貸除分別通知外合即切實照办勿自延誤為盼

主任 孫○○

核稿 七.十三
擬稿 七.十三

华西实验区总办事处、璧山各辅导区、北碚办事处、各机织生产合作社为借贷纱书表、呈送时限问题、派员监放发纱事宜的通知

9-1-152（47）

33

華平民教育促進會華西實驗區總辦事處（　）稿

由

受文者

請收發注意以下七社申貸紗表

業經此處奉通知毋庸發給

城南鄉　東嶽廟社　觀音閣社　馬家院社

河邊鄉　馬鞍山社　金鼓灘社　响水灘社　新店子社

附件

字第　號

核判

核稿

擬稿

副本　份送達

华西实验区总办事处、璧山各辅导区、北碚办事处、各机织生产合作社为借贷纱书表、呈送时限问题、派员监放发纱事宜的通知

9-1-152（52）

中華平民教育促進會華西實驗區總辦事處稿（通知）

事由：為各機織社監放貸紗由各該管輔導區派員監放希即照辦由

受文者：璧山第一、二、三、四、五各輔導區辦事處

年 八月十五日發 字第一三五六號

查各機織生產合作社申請借紗經核准後，于貸放時須由各該社決定貸放日期，并赴縣政府與農民銀行及本處繳遞請康期前經監放，以昭鄭重。對於本處所屬各輔導區及負責指導該社輔導員酌派監放人員，規定自通知之日起，使該各社監放貸紗，先由本處通知地點時間由各

八、十三

华西实验区总办事处、璧山各辅导区、北碚办事处、各机织生产合作社为借贷纱书表、呈送时限问题、派员监放发纱事宜的通知
9-1-152（53）

中華平民教育促進會華西實驗區總辦事處（　）稿

37

事由　受文者

核判　核稿　擬稿　副本　份送達

該管輔導區派員屆期前往參加監放，倘有困難（因一時人員不敷分配）即由該區書面通知其駐鄉輔導員代表參加，除分別通知外，即希查照為荷。

主任　孫○○

年月日發　附件　字號　字第　號

收文 民國36年8月29日 華建字第031號

璧山縣河邊鄉機織生產合作社聯合辦事處業務管理委員會 呈 聯業總字第1號 三十六年八月廿 日發

事為呈轉本鄉各機織生產合作社送交書表並賫呈仰祈

鑒核示遵由

案據本鄉各社送交申請書十二份借款用途及細數表

八份經濟概況調查表職員印鑑各八份業務計劃書職員

簡歷表各四份到會囑即轉呈一案理合檢同上項原件一

併隨文賫呈仰祈

鈞座鑒核准予核轉並候示遵

謹呈

璧山县河边乡机织生产合作社联合办事处业务管理委员会、城南乡马家院、城南乡明德堂、来凤乡大青杠树等机织生产合作社与巴璧实验区（华西实验区）办事处、中国农民银行重庆分行、中国农民银行璧山分理处为各社申请贷款事宜的相关公文　9-1-158（86）

坿呈申請書十二份借款用途及細數表八份經濟相[illegible]

表職員印鑑各八份業務計劃書職員簡歷表

各四份

璧縣河邊鄉機織生產合作社聯合辦事處業務管理委員會主任委員

照請核貸

[illegible] 代 八、廿八

璧山县河边乡机织生产合作社联合办事处业务管理委员会、城南乡马家院、城南乡明德堂、来凤乡大青杠树等机织生产合作社与巴璧实验区（华西实验区）办事处、中国农民银行重庆分行、中国农民银行璧山分理处为各社申请贷款事宜的相关公文　9-1-158（86）

璧山县河边乡机织生产合作社联合办事处业务管理委员会、城南乡马家院、城南乡明德堂、来凤乡大青杠树等机织生产合作社与巴璧实验区（华西实验区）办事处、中国农民银行重庆分行、中国农民银行璧山分理处为各社申请贷款事宜的相关公文 9-1-158（87）

中華平民教育促進會巴璧實驗區辦事處

事由

璧山县河边乡机织生产合作社联合办事处业务管理委员会、城南乡马家院、城南乡明德堂、来凤乡大青杠树等机织生产合作社与巴璧实验区（华西实验区）办事处、中国农民银行重庆分行、中国农民银行璧山分理处为各社申请贷款事宜的相关公文　9-1-158（87）

[illegible]

此致

中国农民银行璧山分理处

附龙潭子等四社申请书十二份借款用途细数表八份经济概况表四份职员印鉴四份业务计划书四份职员简历表四份

主任　孙[illegible]

74

收文 民國36年9月8日 建字第040號

事由 為呈報各項表冊鑒核貸款由

呈 為字第零叁號 民國三十六年九月四日

查本社奉辦各項表冊業經辦理完竣理合呈請

鑒核並祈轉函農行速予貸款。

謹呈

巴璧實驗區

附呈組織章程業務計劃社員經濟調查表借款細數表職員印鑑計五種

已制卡

璧山县河边乡机织生产合作社联合办事处业务管理委员会、城南乡马家院、城南乡明德堂、来凤乡大青杠树等机织生产合作社与巴璧实验区（华西实验区）办事处、中国农民银行重庆分行、中国农民银行璧山分理处为各社申请贷款事宜的相关公文　9-1-158（75）

拟请核贷 [illegible] 九十

璧山县河边乡机织生产合作社联合办事处业务管理委员会、城南乡马家院、城南乡明德堂、来凤乡大青杠树等机织生产合作社与巴璧实验区（华西实验区）办事处、中国农民银行重庆分行、中国农民银行璧山分理处为各社申请贷款事宜的相关公文　9-1-158（75）

璧山县河边乡机织生产合作社联合办事处业务管理委员会、城南乡马家院、城南乡明德堂、来凤乡大青杠树等机织生产合作社与巴璧实验区（华西实验区）办事处、中国农民银行重庆分行、中国农民银行璧山分理处为各社申请贷款事宜的相关公文　9-1-158（76）

中華平民教育促進會華西實驗區辦事處
事由
案據璧山縣城南鄉馬家院機織生產合作社

璧山县河边乡机织生产合作社联合办事处业务管理委员会、城南乡马家院、城南乡明德堂、来凤乡大青杠树等机织生产合作社与巴璧实验区（华西实验区）办事处、中国农民银行重庆分行、中国农民银行璧山分理处为各社申请贷款事宜的相关公文　9-1-158（76）

呈致

中國農民銀行璧山分理處

城馬家院機織合作社業務計劃書式份 社

員經濟調查表式份借款細數表式份借

款申請書叁份，職員印鑑紙式份

主任 張 □ □

璧山县河边乡机织生产合作社联合办事处业务管理委员会、城南乡马家院、城南乡明德堂、来凤乡大青杠树等机织生产合作社与巴璧实验区（华西实验区）办事处、中国农民银行重庆分行、中国农民银行璧山分理处为各社申请贷款事宜的相关公文　9-1-158（84）

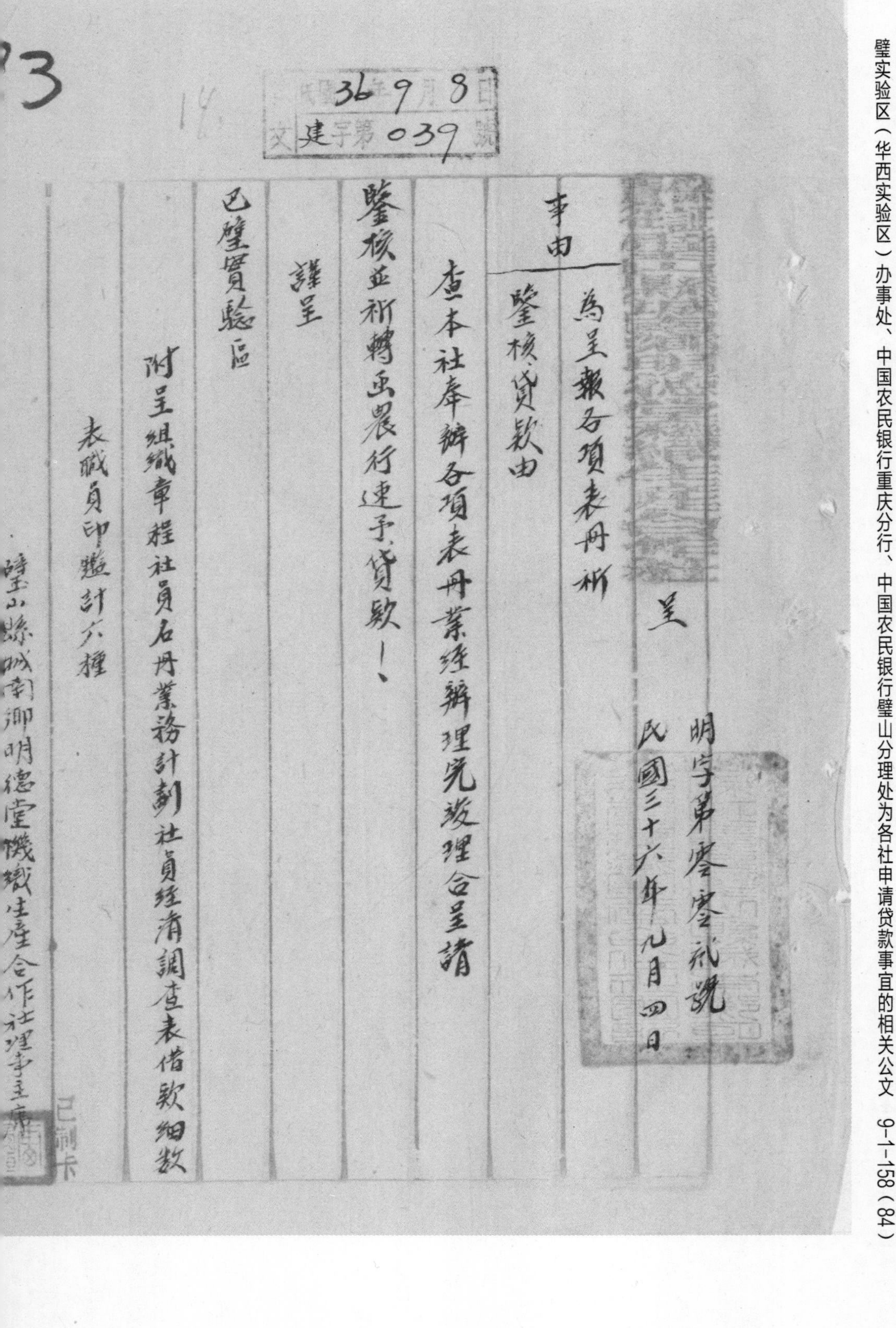

民國36年9月8日
收文　建字第039號

呈

事由　為呈報各項表册祈
鑒核貸款由

明字第零零貳號
民國三十六年九月四日

查本社奉辦各項表册業經辦理完竣理合呈請
鑒核並祈轉函農行速予貸款！
謹呈
巴璧實驗區
附呈組織章程社員名册業務計劃社員經濟調查表借款細數
表職員印鑑計六種
璧山縣城南鄉明德堂機織生產合作社理事主席

已制卡

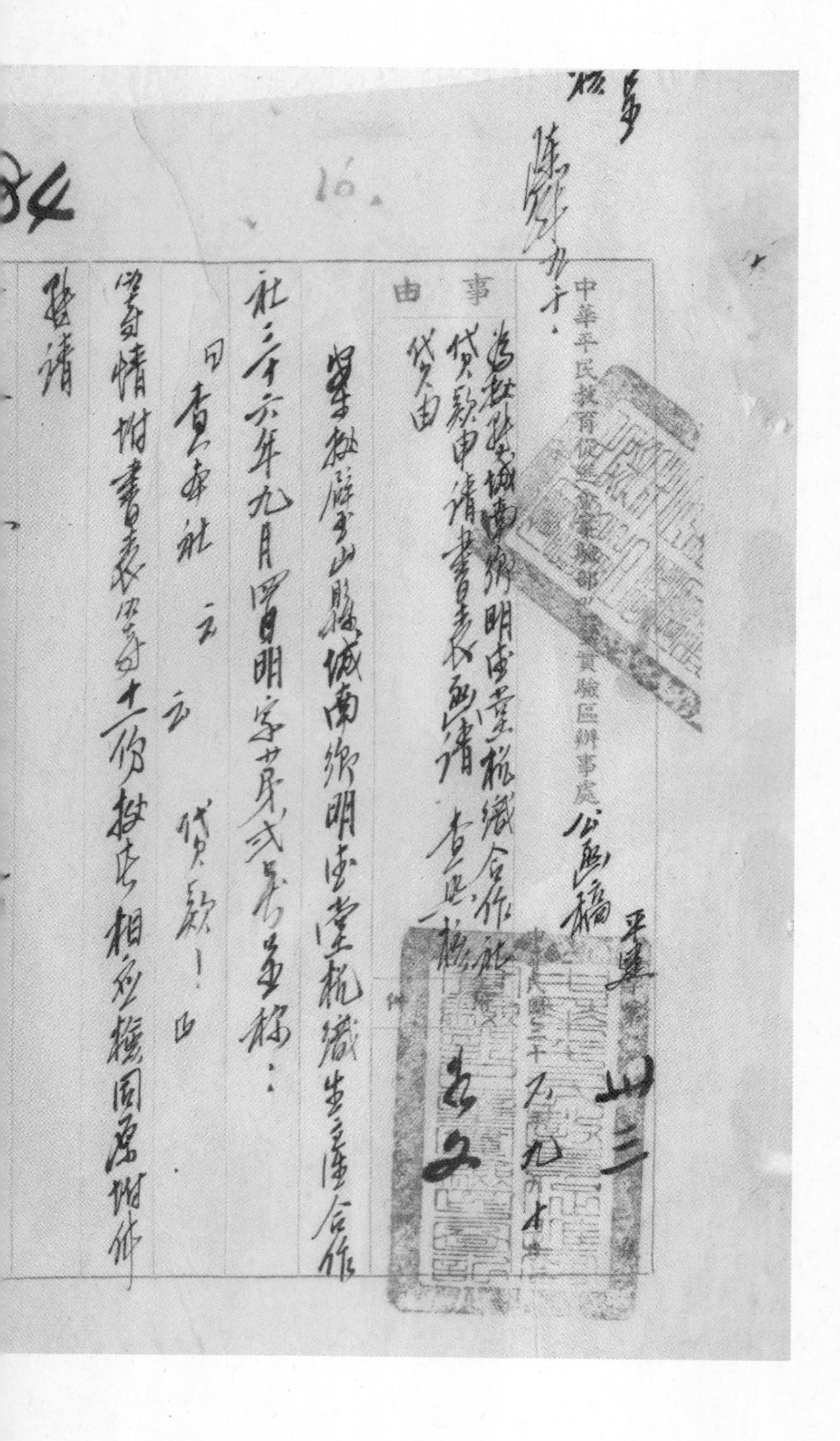

中華平民教育促進會華西實驗區辦事處 公函稿

事由：為城南鄉明德堂機織合作社貸款申請書表函請查照核貸由

案據璧山縣城南鄉明德堂機織生產合作社三十六年九月曾明字第貳號呈稱：「查本社……貸款！」由等情，附書表各十一份。據此，相應檢同原附件……函請

璧山县河边乡机织生产合作社联合办事处业务管理委员会、城南乡马家院、城南乡明德堂、来凤乡大青杠树等机织生产合作社与巴璧实验区（华西实验区）办事处、中国农民银行重庆分行、中国农民银行璧山分理处为各社申请贷款事宜的相关公文　9-1-158（85）

此致
中國農民銀行璧山分理處
謹將明德堂機織合作社借款申請書叁份、組織
章程乙份、社員名冊乙份、業務計劃書貳份、經
濟調查表乙份、借款細數表叁份、職員印鑑
紙乙份
主任 孫[illegible]

璧山县河边乡机织生产合作社联合办事处业务管理委员会、城南乡马家院、城南乡明德堂、来凤乡大青杠树等机织生产合作社与巴璧实验区（华西实验区）办事处、中国农民银行重庆分行、中国农民银行璧山分理处为各社申请贷款事宜的相关公文　9-1-158（85）

璧山县河边乡机织生产合作社联合办事处业务管理委员会、城南乡马家院、城南乡明德堂、来凤乡大青杠树等机织生产合作社与巴璧实验区（华西实验区）办事处、中国农民银行重庆分行、中国农民银行璧山分理处为各社申请贷款事宜的相关公文　9-1-158（82）

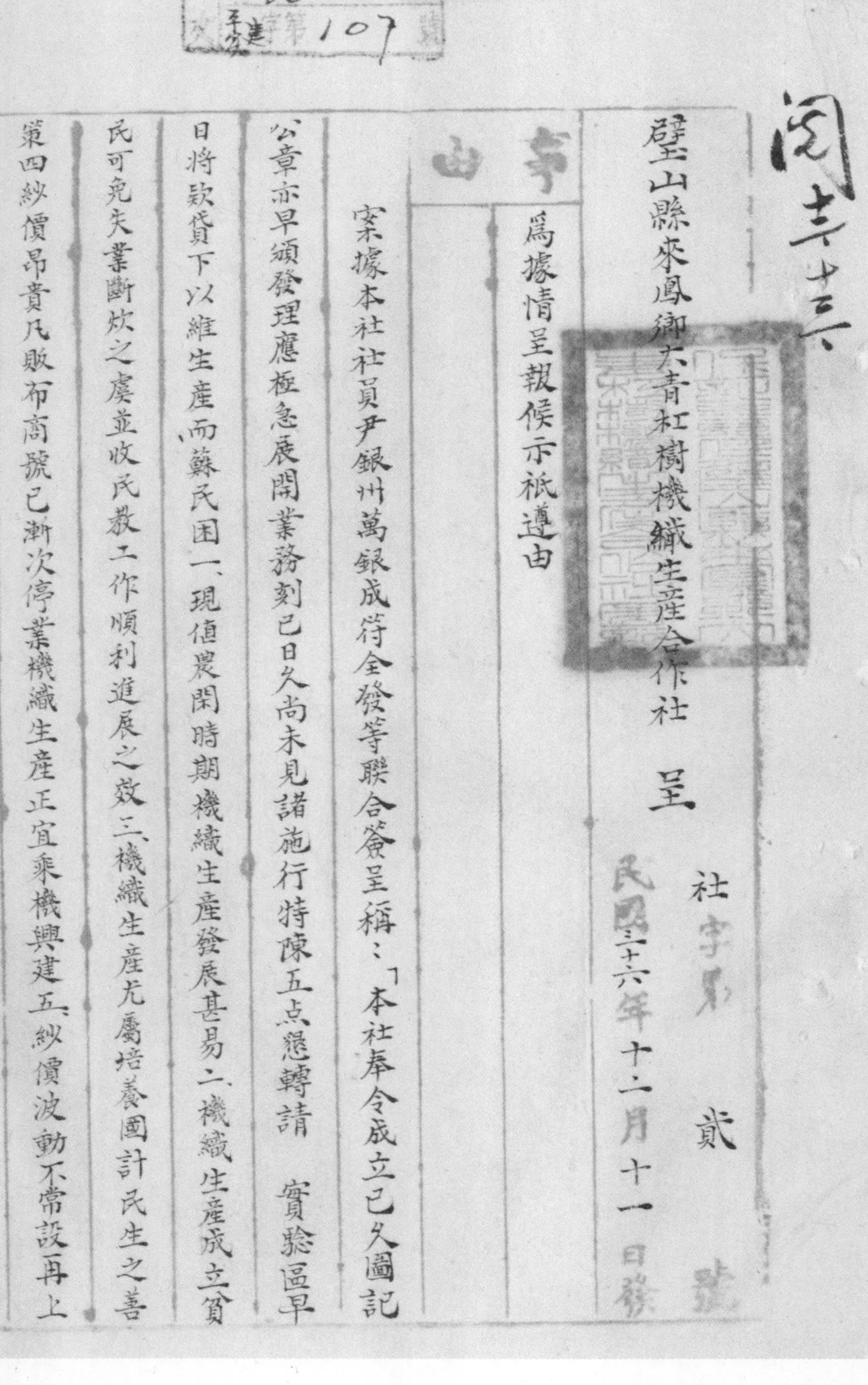
收文 36年12月13日 字第107號

閱 十二、十六

璧山縣來鳳鄉大青杠樹機織生產合作社 呈 社字第貳號

民國三十六年十二月十一日發

事由：爲據情呈報候示祇遵由

案據本社社員尹銀州萬銀成符全發等聯合簽呈稱：「本社奉令成立已久圖記公章亦早頒發理應極急展開業務刻已日久尚未見諸施行特陳五点懇轉請　實驗區早日將款貸下以維生產而蘇民困一、現值農閑時期機織生產發展甚易二、機織生產成立貧民可免失業斷炊之虞並收民教工作順利進展之效三、機織生產尤屬培養國計民生之善策四、紗價昂貴凡販布商號已漸次停業機織生產正宜乘機興建五、紗價波動不常設再上漲則購買力必將縮小」等情來社理合據情呈請

謹呈

中華平民教育促進會華西實驗區辦事處

理事主席 龍德淵

已制卡

璧山县河边乡机织生产合作社联合办事处业务管理委员会、城南乡马家院、城南乡明德堂、来凤乡大青杠树等机织生产合作社与巴璧实验区（华西实验区）办事处、中国农民银行重庆分行、中国农民银行璧山分理处为各社申请贷款事宜的相关公文　9-1-158（82）

80

12

十二、十六 附一件

中華平民教育促進會實驗部 巴璧實驗區辦事處 通知稿 ［illegible］第 八六 號

中華民國三十八年十二月十八日

事由：為據呈請貸款一案准由農行復函轉飭知照由

附件：無

逕啟者：據該社社字第二號呈為［illegible］請貸款一案，［illegible］請農行核辦去後，該行復函［illegible］，該行應［illegible］，特此通知，［illegible］由，［illegible］此致

來鳳鄉大青杠樹合作社

機織生產

十二、二十 發

璧山县河边乡机织生产合作社联合办事处业务管理委员会、城南乡马家院、城南乡明德堂、来凤乡大青杠树等机织生产合作社与巴璧实验区（华西实验区）办事处、中国农民银行重庆分行、中国农民银行璧山分理处为各社申请贷款事宜的相关公文 9-1-158（81）

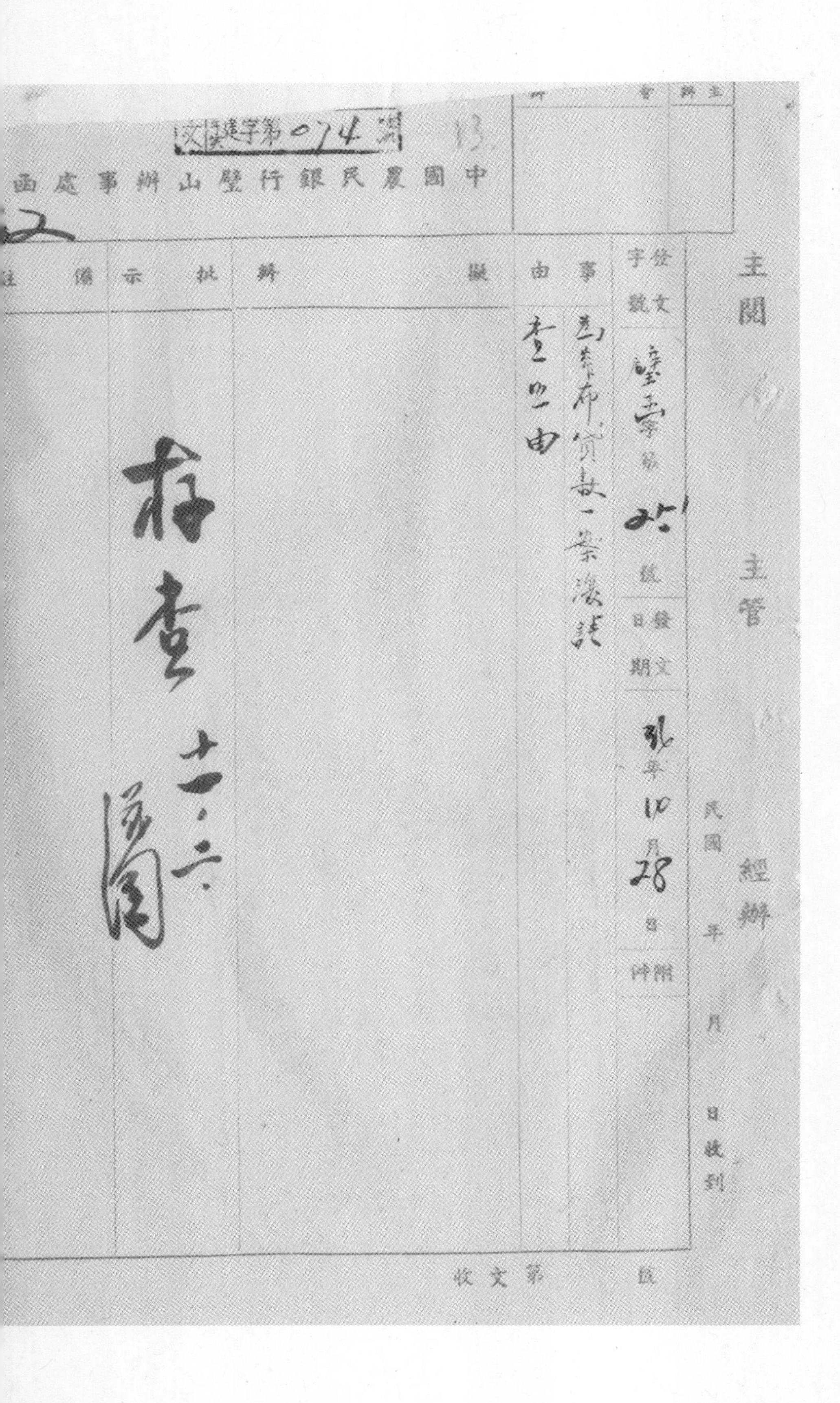
文(华)建字第074號　13

中國農民銀行璧山辦事處函

主辦　會辦

主閱　主管　經辦

發文字號：璧字第245號

發文日期：36年10月28日

附件

事由：為紫布貸款一案復請查照由

擬辦

批示：存查　十一、六

備注

民國　年　月　日收到

收文第　號

璧山县河边乡机织生产合作社联合办事处业务管理委员会、城南乡马家院、城南乡明德堂、来凤乡大青杠树等机织生产合作社与巴璧实验区（华西实验区）办事处、中国农民银行重庆分行、中国农民银行璧山分理处为各社申请贷款事宜的相关公文　9-1-158（83）

璧山县河边乡机织生产合作社联合办事处业务管理委员会、城南乡马家院、城南乡明德堂、来凤乡大青杠树等机织生产合作社与巴璧实验区（华西实验区）办事处、中国农民银行重庆分行、中国农民银行璧山分理处为各社申请贷款事宜的相关公文　9-1-158（83）

迳啟者准
貴會本年九月廿八日平實建字第44號函略開，為擬於来鳳鄉試辦窄布
生產合作社亦予以資金之貸助請查核准予貸款見復等由准此敝處
當即以璧函字第228號函轉陳請示去訖茲奉敝渝分行農百養代電
復示略為關於窄布織機如有扶持價值應俟卅七年度農貸計劃核
准配有貸額時再行擴大辦理所請移撥原核機織社原料貸款拾億元
餘額撥貸一節未便照准等因奉此函前由相應函復即請
查照為荷
此致
平敎會巴璧實驗區

中國農民銀行璧山分理處

璧山县河边乡机织生产合作社联合办事处业务管理委员会、城南乡马家院、城南乡明德堂、来凤乡大青杠树等机织生产合作社与巴璧实验区（华西实验区）办事处、中国农民银行重庆分行、中国农民银行璧山分理处为各社申请贷款事宜的相关公文 9-1-158（77）

6 中國農民銀行重慶分行快郵代電

字第 號 共 頁（共 頁）

璧山中華平民教育促進會實驗部華西辦事處公鑒（巧）平實速字第1140號函件均已洽悉查璧山縣織織貸款目前已無法增加所有未放各社貸款希即逕洽敝璧山處彙列於卅八年度農貸計劃內一併貸放為荷 中國農民銀行重慶分行農戌篠

中華民國 年 月 日 發

到 日 月 年

中國農民銀行重慶分行快郵代電

中華平民教育促進會實驗部華西實驗區辦事處公鑒(37)平實建字第183號函洽悉關於以棉紗換布業務應由本行以貸資收實(貸紗收布)方式之原則辦理至貸款額度已電請 敝總處核示俟奉復再行轉告准尊函係於37年十二月二十日繕發於38年一月六日始由周洪昌君帶到時間遲延對於此項業務之進行不無影響耳准函前由相應電復洽照為荷中國農民銀行重慶分行農子麌

壁山县河边乡机织生产合作社联合办事处业务管理委员会、城南乡马家院、城南乡明德堂、来凤乡大青杠树等机织生产合作社与巴壁实验区（华西实验区）办事处、中国农民银行重庆分行、中国农民银行璧山分理处为各社申请贷款事宜的相关公文　9-1-158（88）

中央合作金库四川省分库为华西实验区办事处函送合作事业推进计划及概况并请予以贷款的回函　9-1-158（73）

72　/73
文　平实 070 號

事由：准函送推进计划及概况嘱予贷款一案函复查照由

拟办　批示

附件

年　月　日收

中央合作金库四川省分库　函
（37）川辅字第　號
中華民國卅七年三月廿四日發出
350.

准
貴處（卅七）平实建字第四一號函送合作事業推進計劃及既况各一份囑對璧山縣機織生產聯合社予以抵押及

收文　字第　號

中央合作金库四川省分库为华西实验区办事处函送合作事业推进计划及概况并请予以贷款的回函　9-1-158（73）

行酌辦外至押滙部份祇要合乎規定准予融通先行辦理希即派員前來面洽准函前由相應檢同社業務概況調查表等件即希查填寄庫以備參攷為荷

此致

中華平民教育促進會華西實驗區辦事處

附檢送合作社社業務調查報告及請求貸款須知各一份

中央合作金庫四川省分庫　啟

壁山县机织生产合作社联合社为抄录中央合作金库信托部驻重庆办事处与联社订立纱布调换合约呈请华西实验区办事处鉴核备查的公函（附：纱布交换合约） 9-1-158（70）

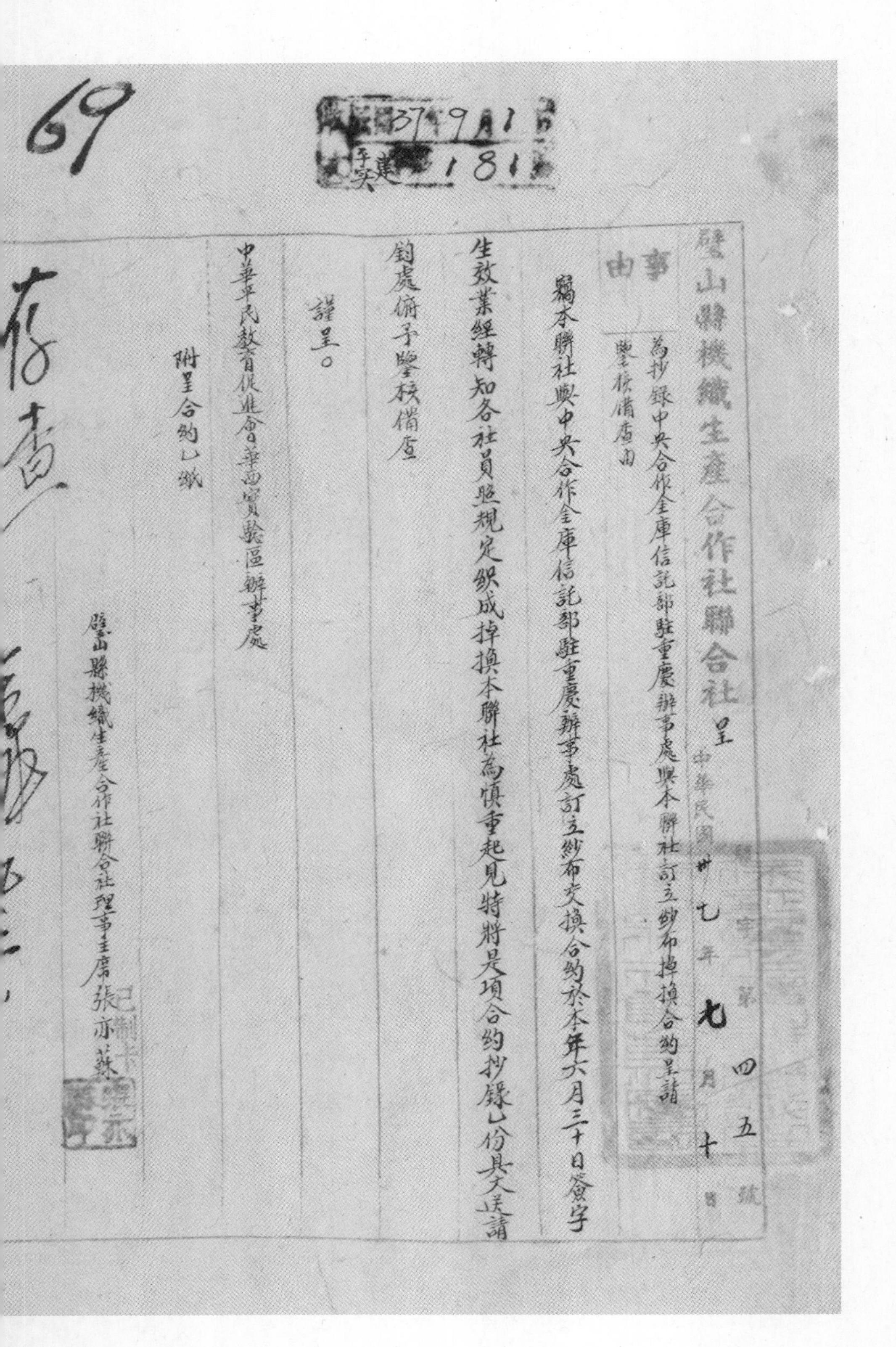
69

37年9月1日 181

壁山縣機織生產合作社聯合社 呈 中華民國卅七年七月十日 第四五號

事由 為抄錄中央合作金庫信託部駐重慶辦事處與本聯社訂立紗布掉換合約呈請鑒核備查由

竊本聯社與中央合作金庫信託部駐重慶辦事處訂立紗布交換合約於本年六月三十日簽字生效業經轉知各社員照規定織成掉換本聯社為慎重起見特將是項合約抄錄乙份具文送請鈞處俯予鑒核備查

謹呈

中華平民教育促進會華西實驗區辦事處

附呈合約乙紙

壁山縣機織生產合作社聯合社理事主席 張亦蘇

璧山县机织生产合作社联合社为抄录中央合作金库信托部驻重庆办事处与联社订立纱布调换合约呈请华西实验区办事处鉴核备查的公函（附：纱布交换合约） 9-1-158（71）

70

中央合作金庫信託部駐重慶办事處
璧山縣机織生產合作社聯合社（以下簡稱乙方）紗布交換合約

一、甲乙雙方為求互助合作避免中间商人剝削起見由甲方供給乙方原方乙方以生產寶國牌布疋交由甲方統籌推銷以收增加生產減低成本之效用

二、布疋標準定為每疋長二十乙碼寬三十乙英吋五哩重以每英吋有經線六十三根緯線六十乙根為原則

三、每布乙疋換取棉紗壹指貳支以係飛艇牌棉紗為原則

四、甲方供給乙方之原料由甲方隨時通知數量乙方照供應量換取生產布疋

五、由甲方派員會同乙方監督办理換布事宜布疋驗收後由甲方自運

六、甲方將準備換布之棉紗運至璧山交由乙方負保管之責換標後之布疋

璧山县机织生产合作社联合社为抄录中央合作金库信托部驻重庆办事处与联社订立纱布调换合约呈请华西实验区办事处鉴核备查的公函（附：纱布交换合约） 9-1-158（71）

七、驗收布疋一切手續由乙方負責辦理每百疋由甲方津貼乙方棉紗拾支[illegible]

彌補倉儲管理費用

八、本合約經雙方同意簽字後生效

九、本合約如認為實行有困難時得提對方同意修正之

甲方中央合作金庫信託部駐重慶辦事處代表人毛子城 印

保證責任璧山縣機織生產合作社聯合社代表人陳[illegible]芬 印

已制卡

中華民國卅七年六月卅日訂立

璧山四寶閣文具印刷紙號印製

壁山县机织生产合作社联合社、华西实验区办事处请中央合作金库总库仍按原约实施布匹津贴棉纱的公函　9-1-158（72）

存參

[illegible]

壁山縣機織生產合作社聯合社　呈

聯字第　四四　號

中華民國卅七年八月廿六日

事由	
事	為呈請轉商中央合作金庫總庫仍按原約實施用符合約本意呈請
由	鑒核示遵由

本月十一日准中央合作金庫信託部重慶辦事處信渝字第一三七號代電略以前訂合約每壹百疋(二面)布津貼棉紗拾支以彌補管理費用現經總庫修減為伍支相應電請查照施行并希見復等由過社查本聯社自與中央合作金庫信託部重慶辦事處簽訂同意合約返璧後賡即展開工作添設人員經時月餘原料不濟所收之布僅壹仟柒百陸拾疋即按原約津貼數計給僅得棉紗捌并拾陸支若以全數售出在此生活日漸高漲聲中除義務職員不給薪俸外尚不敷月餘來員工十餘人薪資伙食及其他雜費(上下車搬運)之

璧山县机织生产合作社联合社、华西实验区办事处请中央合作金库总库仍按原约实施布匹津贴棉纱的公函　9-1-158（72）

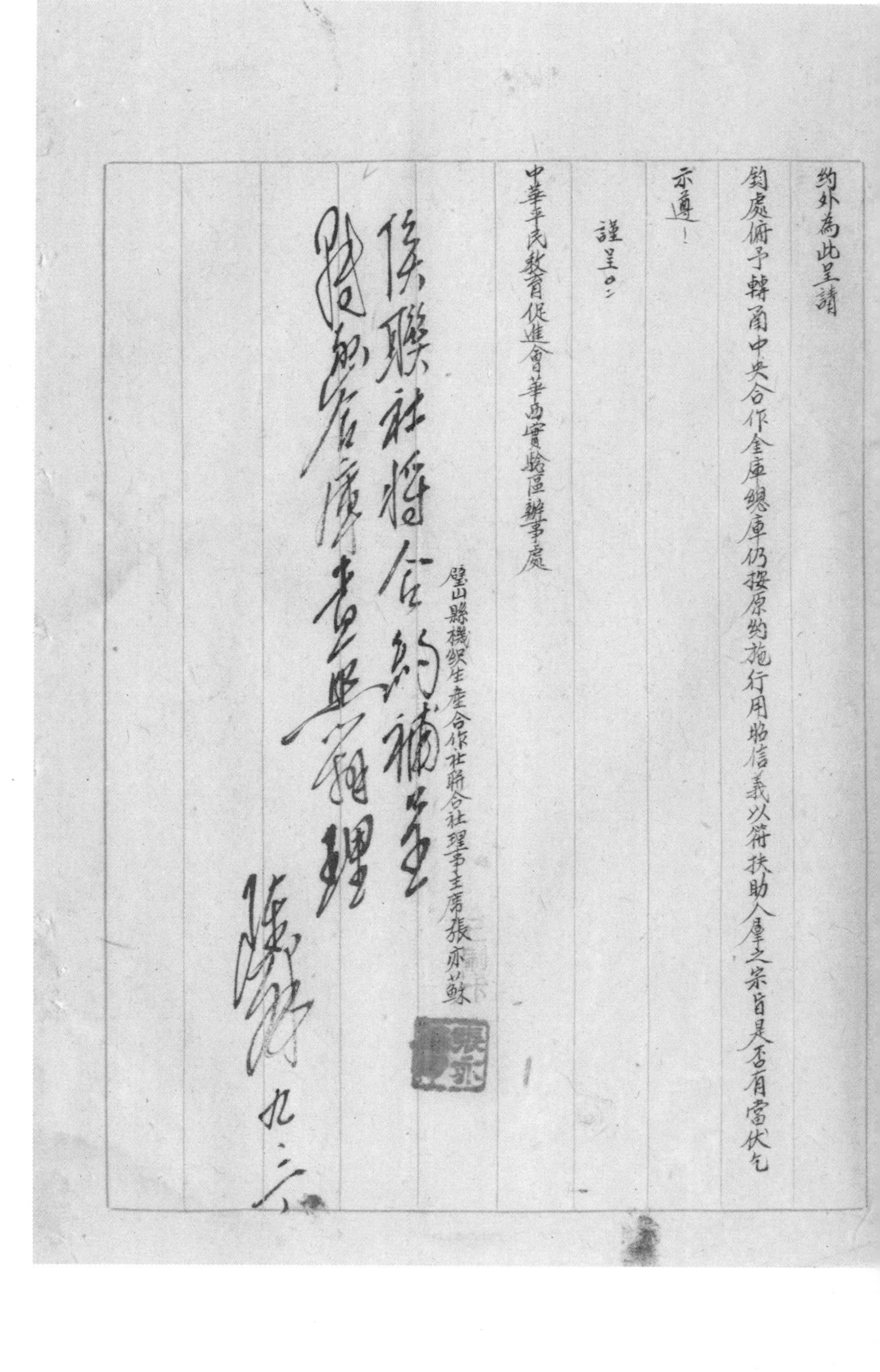
约外為此呈請

鈞處俯予轉函中央合作金庫總庫仍按原约施行用昭信義以符扶助人羣之宗旨是否有當伏乞

示遵！

謹呈〇〇

中華平民教育促進會華西實驗區辦事處

璧山縣機織生產合作社聯合社理事主席張亦蘇

俟聯社將合約補呈

[illegible]查照辦理

[illegible]　九 六

璧山县机织生产合作社联合社、华西实验区办事处请中央合作金库总库仍按原约实施布匹津贴棉纱的公函　9-1-158（69）

68

陈[illegible]拟　九、三

九月五日发

仝衔公函稿　实建字第一〇一号　三十七年九月四日

事由：为据璧县联社呈请按原约[illegible]函请查照由

案据璧山县机织生产合作社联合社卅七年八月廿六日联字第四二〇号呈称：

“本月十三日准[illegible]

[illegible]”

等情，据此，相应据情函请

贵处查照办理为荷！此致

中央合作金库信托部驻重庆办事处

主任孙[illegible]

璧山县机织生产合作社联合社、华西实验区办事处为委托中央合作金库四川分库代为运销布匹事宜的公函　9-1-158（68）

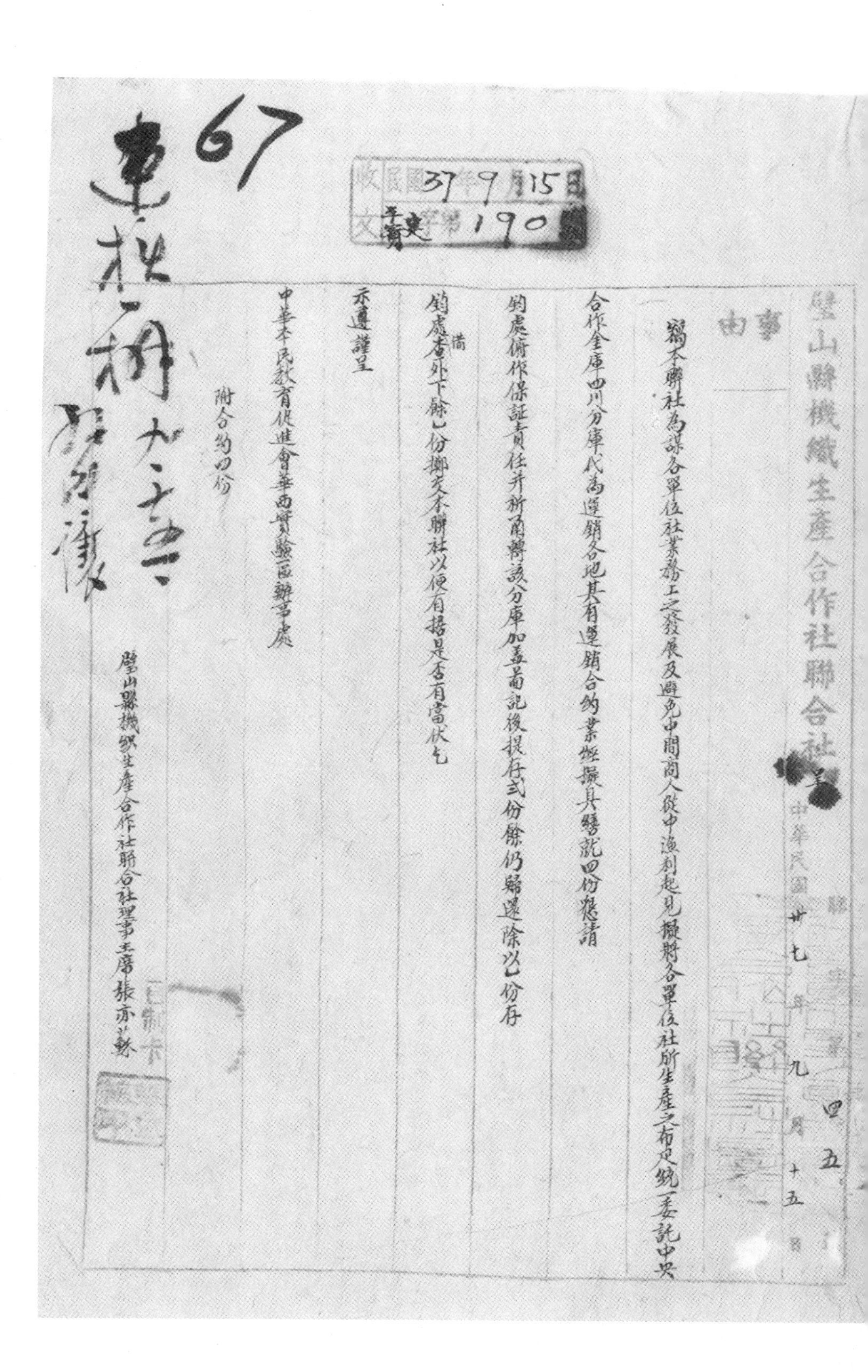

收文　民國37年9月15日　字第190

璧山縣機織生產合作社聯合社 呈

事由

中華民國卅七年九月十五日　字第四五號

竊本聯社為謀各單位社業務上之發展及避免中間商人從中漁利起見擬將各單位社所生產之布疋統一委託中央合作金庫四川分庫代為運銷各地其有運銷合約業經擬具騰就四份懇請

鈞處備作保証責任并祈函轉該分庫加蓋圖記後提存弍份餘仍歸還除以乙份存

鈞處備查外下餘乙份擲交本聯社以便有據是否有當伏乞

示遵謹呈

中華平民教育促進會華西實驗區辦事處

附合約四份

璧山縣機織生產合作社聯合社理事主席張亦蘇

璧山县机织生产合作社联合社、华西实验区办事处为委托中央合作金库四川分库代为运销布匹事宜的公函　9-1-158（66）

發文

全銜公函稿　宰實建字第一〇二號

卅七年九月十日

事由：為據璧山機織生產合作社聯合社請委託運銷布匹合約函請 查照鑒核見復由

案據璧山縣機織生產合作社聯合社三十七年九月十四日聯字第四四號呈稱：「日前本社為謀……云云……云云。」伏乞 示遵！」等情，據此，查該社委託運銷布匹合約四份，核尚可行，除將合約加蓋保證印鑑外，相應檢同原據併四份函請

貴庫查照辦理見復為荷！

此致

璧山县机织生产合作社联合社、华西实验区办事处为委托中央合作金库四川分库代为运销布匹事宜的公函　9-1-158（67）

66

中央合作金庫四川分庫

為璧山縣聯合社委託運銷[illegible]

重作繕

中華平民教育促進會華西實驗區辦事處用箋

年　月　日

璧山县蒲元乡上磨滩机织生产合作社为缓期交布事呈华西实验区办事处公函　9-1-164（19）

轉呈

收文 38/10/24 合字第2518號

擬織

事由　為據實証明呈請轉報酌予延期交布由

報告　民三十八年十月十五日　于蒲元鄉上磨灘

竊查本社各社員早已完成改織二八單布除業已交布者不計外迄今尚有胡子榮王明高雖已起機但因病重未癒家中之人續織以致無法交布另復有袁樹屏葉樹山因機包於改二八布時損壞修理尚未完善以致躭延未能交布似此情形用特報請

鈞座轉呈

華西實驗區辦事處酌情予與延期交布倘蒙

允准深沾德便

壁山县蒲元乡上磨滩机织生产合作社为缓期交布事呈华西实验区办事处公函　9-1-164（20）

謹呈

輔導員　王　轉呈

主任　孫

璧山縣蒲元鄉上磨灘機織社主席

戴秉權　呈

璧山县河边乡第二保残疾在乡军人夏天培乞请实验区另案贷纱织布以资救济呈璧山县长的报告及县长批复 9-1-188（17）

急 281
38.11.6

報告

中華民國三十八年十一月六日
字第 號

事由：為懇予轉請華西實驗區平教會璧山辦事處將准另案辦保貸紗壹包自織布足以度救濟示遵由

竊陳者 員為抗戰傷殘奉准除役返鄉兩年以來僅以自己退役年俸及領得優待谷賴以維持家屬生活謹服膺平教導任在鄉軍官會連絡組長河邊鄉民衆訓練員本縣民衆自衛隊幹訓班區隊長等職概屬義務無薪外並承友人提拔先借寬布織機五部困限資金無奈缺乏資本為此檢呈服務証件一份備呈

璧山县河边乡第二保残疾在乡军人夏天培乞请实验区另案贷纱织布以资救济呈璧山县长的报告及县长批复　9-1-188（18）

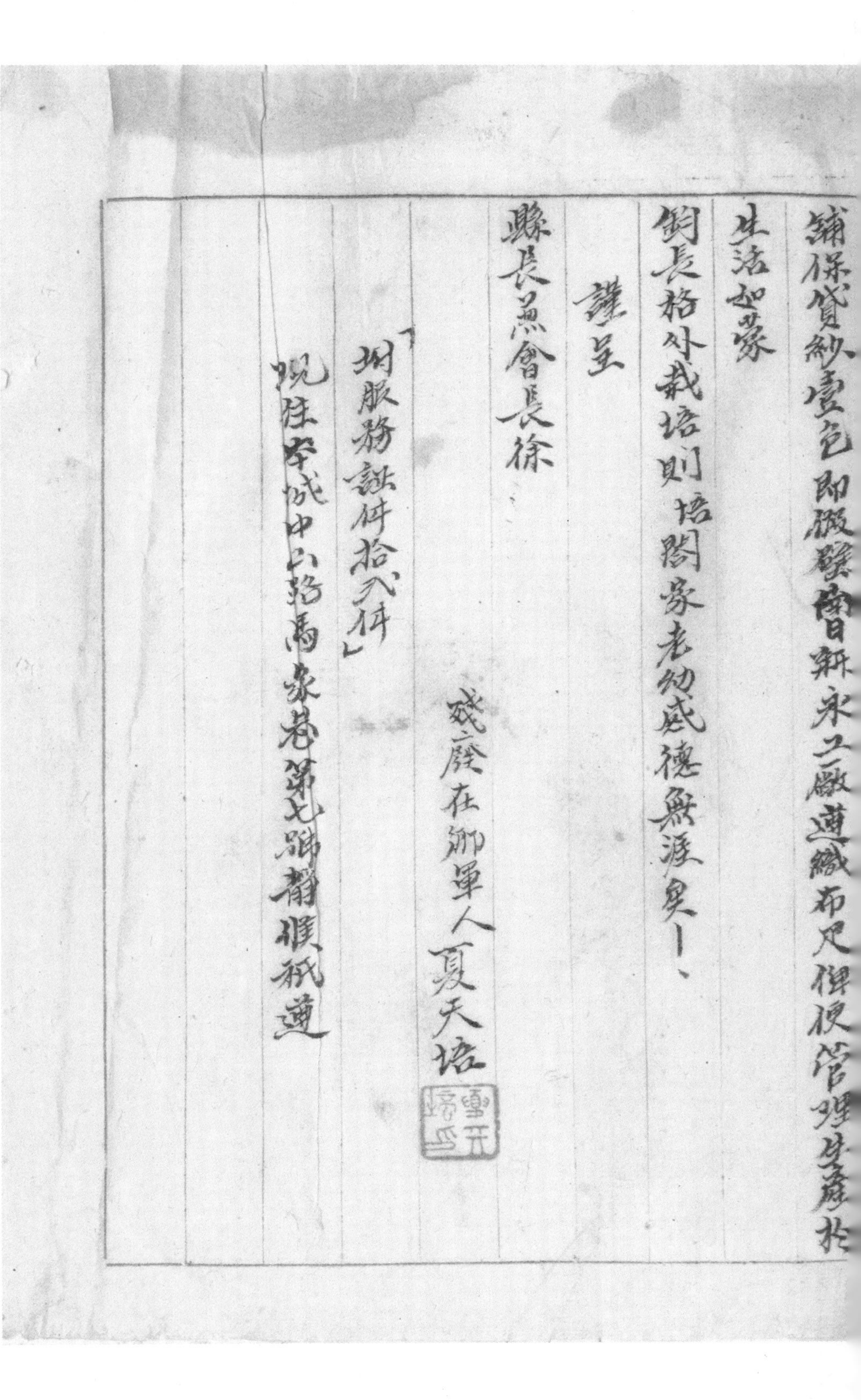

鋪保貸紗壹包，即繳璧會日新來工廠遵織布尺，俾便管理生產，於生活如蒙鈞長格外栽培，則培闔家老幼感德無涯矣！

謹呈

縣長蕭　會長徐

殘廢在鄉軍人　夏天培

（附服務證件拾弍件）

現住本城中山路馬家巷第七號轉候祇遵

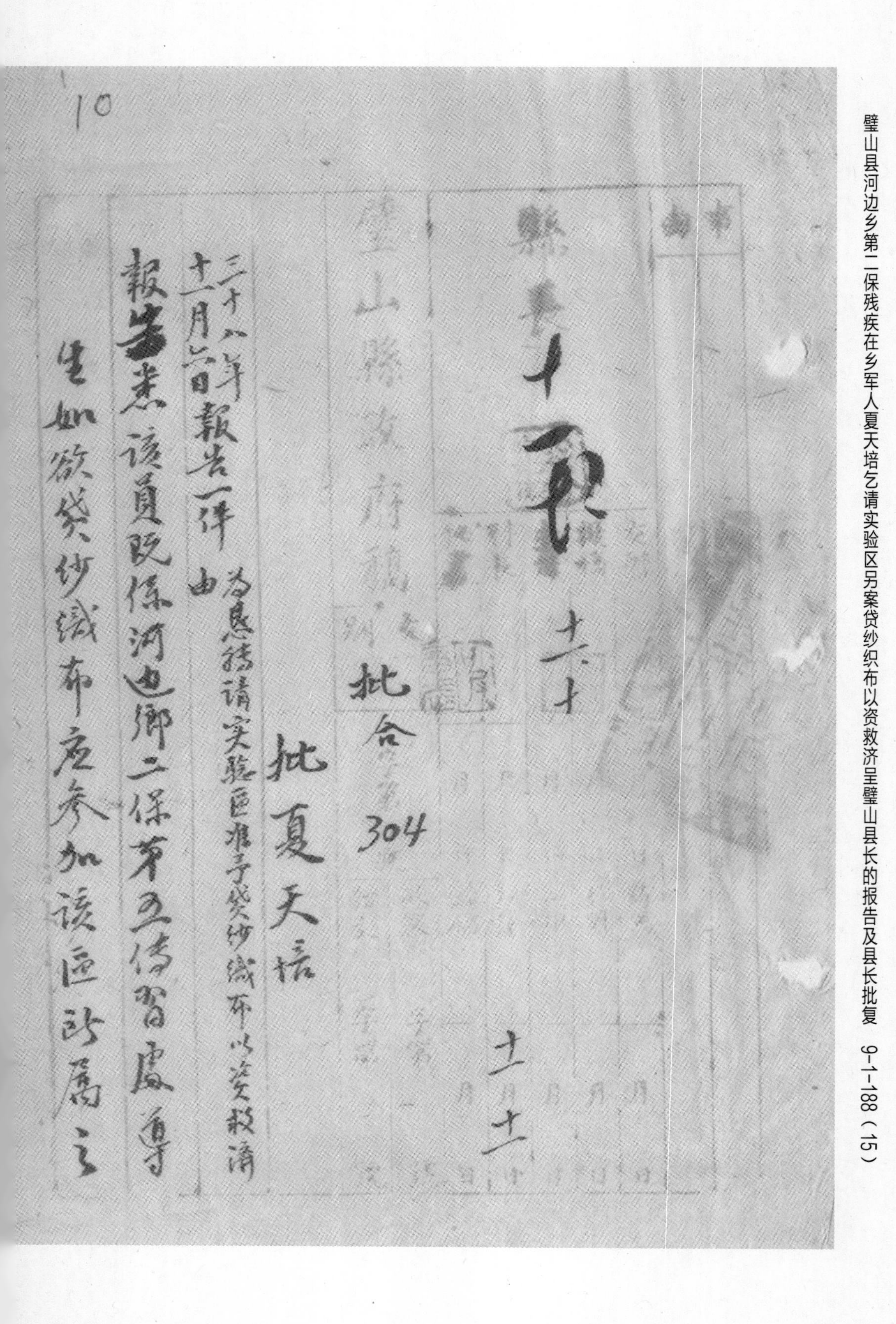

璧山縣政府稿

批 合字第304號

批 夏天培

三十八年十二月六日報告一件 由 為懇請實驗區准予貸紗織布以資救濟

報告悉。該員既係河邊鄉二保第五傳習處導生，如欲貸紗織布，應參加該區所屬之

璧山县河边乡第二保残疾在乡军人夏天培乞请实验区另案贷纱织布以资救济呈璧山县长的报告及县长批复 9-1-188（15）

璧山县河边乡第二保残疾在乡军人夏天培乞请实验区另案贷纱织布以资救济呈璧山县长的报告及县长批复　9-1-188（16）

機織合作社爲社員報由該社逕向實驗

區依照規定申請貸紗可也　此批

發還服務証件十二紙

縣長〇〇〇

璧山县第二辅导区办事处为奉领六月份各项经费折发棉纱数字有误呈请鉴核补发事宜与华西实验区总办事处的往来公文

9-1-190（141）

中華平民教育促進會華西實驗區璧山第二輔導區辦事處報告

經字第一二六號

中華民國三十八年六月二十日

事由	為奉領六月份各項經費折發棉紗數字有悮呈請鑒核補發由

竊查六月十六日奉領六月份各項經費共應領銀元一百三十七元四角九分正，以每一元折發棉紗四支五排，共應領棉紗六百一十八支七排，但實發到六百一十一支三排，以之轉發同仁各項經費，則雖一排亦須計清發楚，計實少發七支四排，理合造具六月份各項經費正悮表一份報請

鑒核賜予補發，并於今後發放各項經費，乃請

璧山县第二辅导区办事处为奉领六月份各项经费折发棉纱数字有误呈请鉴核补发事宜与华西实验区总办事处的往来公文
9-1-190（142）

謹呈

主任孫

附呈六月份領取各項經費正誤表一份

職 陶一琴

根據往來呈簽註意見辦理

小卿 六月四日

璧山县第二辅导区办事处为奉领六月份各项经费折发棉纱数字有误呈请鉴核补发事宜与华西实验区总办事处的往来公文

9-1-190（139）

中華平民教育促進會華西實驗區總辦事處稿（連）

事由：為據報本月份各項經費折發棉紗數字有誤請补發一案復請查照由

受文者：璧山縣第二輔導區陶主任一琴

年月日：卅八年六月廿日發

附件

字號：（卅八）平實會字第四三一號

一、六月廿日經字第一三六號報告暨附件均悉

二、查六月份各項經費折發棉紗係經本處擴大會報決定原為各同仁福利計遂照重慶發款之日紗價每餅洋紗合銀元四九五角計算即每銀元一元合紗四支四挪尚餘銀一分照四捨五入法當不能再折紗（因紗在挪以下亦非十進位）此次算法即每兩元折紗八支九挪先立統一標準再按銀元數核發

核　　　　擬稿　　　　副本　份送達

璧山县第二辅导区办事处为奉领六月份各项经费折发棉纱数字有误呈请鉴核补发事宜与华西实验区总办事处的往来公文
9-1-190（140）

87

平民教育促進會華西實驗區總辦事處（ ）稿

受文者

三、如……元底薪比折價之一十二元八角五分應合棉紗為五十七支一排二紐一排弱（尚餘銀二厘五毫）若謂應合棉紗五十七支八排則不但棉紗在排以下非十進位且如是算過未免……三百元底薪比折價銀元即成為一十叁元零一分一厘也所送正誤表其計算數字不確希再詳細核算為盼

主任 孫○○

核判

核稿

擬稿

副本 份送達

附件 字號 字第 號

华西实验区为本区乡村工业计划及合作事业致行政院善后事业委员会乡村工业示范处的公函（附：铜梁区改进造纸计划）

9-1-54（294）

165

此稿昨日平前孙倩要挂号[illegible]迳邮寄[illegible]面交

裴工程师常[illegible] 元廿六

平实秘字第 三九 号

卅八年元月廿二日发

全衔 迳启者

查本区本年办之乡村工业事业中造纸一项

顷已有铜梁[illegible]造纸厂签字本区约将全部机器

原存于[illegible]本区[illegible]接管继续开工

[illegible]承

贵属裴工程师鸿先莅临指导[illegible]

[illegible]无任感谢[illegible]查本区所办之乡村工业如

织布、碾米、农田水利等均次第本办成立

以完成乡村经济改善农民生活之[illegible]工业

而又适合乡村当前时期需要[illegible]

华西实验区为本区乡村工业计划及合作事宜致行政院善后事业委员会乡村工业示范处的公函（附：铜梁区改进造纸计划） 9-1-54（295）

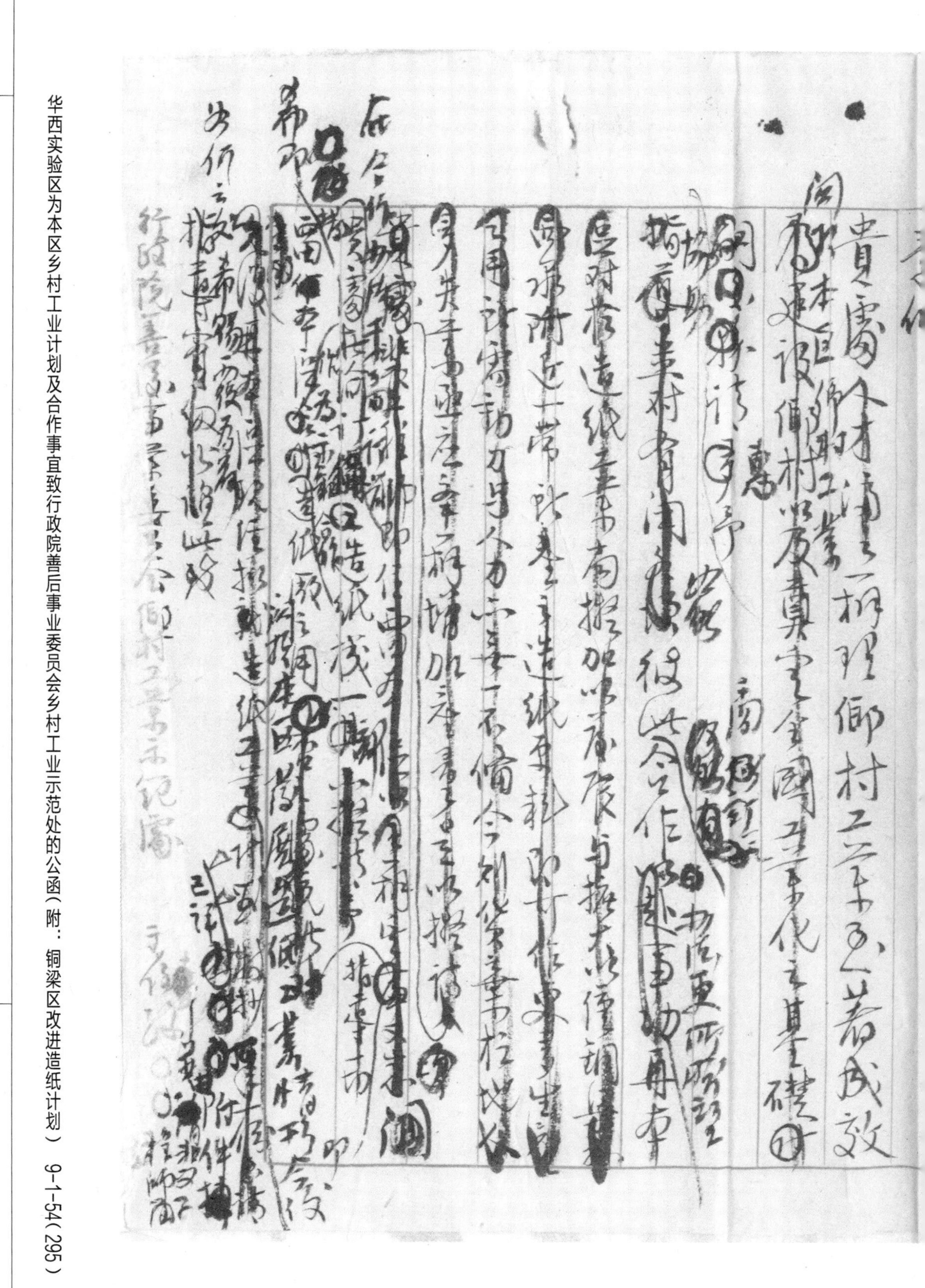

华西实验区为本区乡村工业计划及合作事宜致行政院善后事业委员会乡村工业示范处的公函（附：铜梁区改进造纸计划）

9-1-54（296）

166

全銜　公函稿　　本實秘字第　五九號
卅八年元月二十二日發

查本區舉辦之鄉村工業其中造紙一項已有具體計劃
承　貴處農工程師鳴先蒞臨指導無任感謝查本區
所辦之鄉村工業除造紙外尚有織布蠶絲染製桐油及農田水利
等均擬舉辦凡可以充裕鄉村經濟改善農民生活之各種工
業而又適於鄉村者尤盼情察形勢儘量辦理兼仰
貴處辦理鄉村工業已著成效關於本區鄉村工業亟需
協助以能彼此商訂合作辦法更可盼望在合作辦法未商定
前　貴處在渝訂購造紙機一部希即撥留本區作

华西实验区为本区乡村工业计划及合作事宜致行政院善后事业委员会乡村工业示范处的公函（附：铜梁区改进造纸计划）
9-1-54（297）

令飭計劃 已詳附件 並由[illegible]工程師直達以何之處希[illegible]

覆為荷 此致

行政院善後事業委員會鄉村工業示範處

附銅梁區改進造紙計劃一份

主任孫〇〇

璧山四寶閣文具印刷紙號印製

华西实验区为本区乡村工业计划及合作事宜致行政院善后事业委员会乡村工业示范处的公函（附：铜梁区改进造纸计划）

9-1-54（307）

167

铜梁區改進造紙計劃

华西实验区为本区乡村工业计划及合作事宜致行政院善后事业委员会乡村工业示范处的公函（附：铜梁区改进造纸计划）
9-1-54（308）

168

铜梁區改進造紙計劃

(一)目標

(a)原料產量之估計、槽户停業情形及其影響農村經濟之嚴重性：

查西泉鄉之東山區由銅梁至永川產竹子區域長二百華里寬十里計每年產竹料為五萬噸在極盛時代年產可增至十萬噸該區內造紙槽户（即手工造紙人家）計三千户每户平均裝有三個手工抄紙槽每架抄紙槽子平均必需五個人協助始能完成工作故該區共設有九千個抄紙槽即共有四萬五千農民兼此謀生現在此業因資歇無着停

华西实验区为本区乡村工业计划及合作事宜致行政院善后事业委员会乡村工业示范处的公函（附：铜梁区改进造纸计划）
9-1-54（308）

者只有三分之二僅三分之一多存在的僅一千戶左右
操此業因之該區農民艱苦異常農村經濟日形衰落情
况極端嚴重

(b) 現在土法手工造紙的不合理現像

據上所述該區有廣大的區域產竹子又有如此眾多的農
民靠此業謀生現在僅存三分之一的人數維持此業然此少數
的農民因本身貧困無力籌得製造上的週轉金在無法維
只得多數將改製火紙(即迷信用之燒紙)而不能繼續製
造連史紙(即中國毛筆寫字紙並且所製火紙等又極需
售出用款以使能夠繼續製造西泉鄉四千方里以內之農

华西实验区为本区乡村工业计划及合作事宜致行政院善后事业委员会乡村工业示范处的公函（附：铜梁区改进造纸计划）

9-1-54（309）

民在迫不及待之情況下即投低價（即成本價）就近售給銅梁機器造紙廠充作原料重行毀壞作成紙漿造紙據此觀之第一農民將上等竹料造紙原做製造信用之火紙全製造上之勞力並無利潤可獲僅足糊口並且該種紙張對於促進文化又毫無補益誠為可惜如再將已製成之火紙售于機器紙廠毀壞後重行製有用之紙張在經濟上觀之極不合理因為徒浪費兩次製造上之不必要勞力也。

（乙）今後改進之目標：

即根據該區所有竹子原料之巨大產量分期恢復其製造業已分年完成此生產計劃[illegible]該區所有田為若干農

[illegible]

全改製為印刷紙（Book-paper）更能有助于促進文化之作
也。

（二）辦法：

（a）單位造紙合作社：

擬使散漫的農民槽户達到組織化及生產標準化起見以年產三十萬斤紙漿（pulp）原料（指半乾造紙竹披而言）之區域組織一個單位造紙合作社專為製造紙漿，再不作手工紙所作紙漿，經常派員技術指導，使其品質化一合乎需要標準，此種紙漿將即送往機器紙廠備用，此社所屬

华西实验区为本区乡村工业计划及合作事宜致行政院善后事业委员会乡村工业示范处的公函（附：铜梁区改进造纸计划）
9-1-54（309）

华西实验区为本区乡村工业计划及合作事宜致行政院善后事业委员会乡村工业示范处的公函（附：铜梁区改进造纸计划）
9-1-54（310）

170

槽户以居住在一里圆径以内之地域为限以便免除运输原料及技术指导等工作上之困难再者因为凑合原有槽户之居住地域故以年产三十万斤者即可合组一个单位社·

(b)联合造纸社：

此种联合社可由三十个单位社组成因为联合社之组成乃根据各单位社之产量而定在此联合社之下即设立一个适宜之合作纸厂为运输方便及配合三十个单位社之生产纸浆计纸厂产量即定为每日产印刷纸（Book-paper）两吨因每个社年产原料约一百五十吨三十个社共计年产为四千五百吨足共年产七百二十吨纸量之纸厂而有余此厂每年

需竹料僅四千五百噸，較之該區原料產量之五萬噸數相差甚遠。如按原料產量計算，足够設立日產兩噸紙廠十一個，而有條兹為初次示範之作，計本年先設一個日產兩噸之紙廠，以後逐漸擴充。

(C) 示範合作紙廠之設備：

(1) 造紙機器部份之設備：

(a) 雙烘缸元網造紙機(cylinder paper-making machine with two dryers)（每烘缸之直徑為三呎，寬度為84吋）包括此機一切所需之配件、抽漿帮浦(Stuff pump)、真空帮浦(suction pump)及各種抽水帮

壁山四宝閣文具印刷紙號印製

华西实验区为本区乡村工业计划及合作事宜致行政院善后事业委员会乡村工业示范处的公函（附：铜梁区改进造纸计划）
9-1-54（310）

华西实验区为本区乡村工业计划及合作事宜致行政院善后事业委员会乡村工业示范处的公函（附：铜梁区改进造纸计划）
9-1-54（311）

171

浦其紙機a)（全套傳動機構（tromemission porte））
（circulation water pump）

(b) 切紙機一部

(c) 75號及寬48吋之銅絲網一百呎

(d) 1吋，1/2吋及三吋之管子各需100呎

(2) 蓄水部之設備：

(a) 建築蓄水池兩個每個長40呎寬15呎高20呎

(b) 水塔一座高40呎圓徑6呎水箱一只高8呎圓徑為6呎

(c) 抽水機三部

(3) 動力部之設備：

(a) 鍋爐一部（能帶動25匹蒸汽機即可）此種鍋爐為蒸

华西实验区为本区乡村工业计划及合作事业宜致行政院善后事业委员会乡村工业示范处的公函（附：铜梁区改进造纸计划）

9-1-54（311）

洗漿及旋轉蒸球(Digester, Digester)之用

(b) 40 HP馬達一部供給全部紙機用20 HP馬達一部供蒸球用

30 HP馬達兩部供漂漿機(Bleacher of pulp) 25 HP馬

達壹部供給抽水機用

(4) 蓄漿部之設備：

(a) 蓄漿池五座：每座容量為六噸以備收存各單位合作

社送來之乾漿。

(b) 洗漿池五座：每座容量為六噸。

(5) 旋轉式蒸料球(spherical rotary Digester)一部直

徑為12呎最高汽壓為150 lbs/sq. in. 容量為一噸(此球設備等

璧山四寶閣文具印刷紙號印製

华西实验区为本区乡村工业计划及合作事宜致行政院善后事业委员会乡村工业示范处的公函（附：铜梁区改进造纸计划）

9-1-54（312）

172

供手工製漿時所不能蒸透之原料如破布及廢麻等料此等料所得紙漿攙混于竹漿內製上等印刷紙）

(6) 漂漿部之設備：

(a) 漂漿機（Beeacher of pulp）叁部每部漂乾漿200kgs

此機購時包括一切所需配件。

(7) 廠房之建築：

(a) 廠地50畝　(b) 廠房100間

(三) 所需設備費人工費及製造費：

(A) 淹製竹料造成紙漿費用：

a) 建新料塘費（每單位社年產三十萬斤惟每年春秋可淹料兩次

华西实验区为本区乡村工业计划及合作事宜致行政院善后事业委员会乡村工业示范处的公函（附：铜梁区改进造纸计划）
9-1-54（312）

寬10呎長10呎需費為30市石米合國九,000圓故三個池之建設

費如下數二七,000圓上數另一個單位社之建池費兩槽紙廠需

30個社供給原料故30個社之建池費為下數二四三,000圓即90個

池之二四三,000圓按美元與國幣為300:1則合美元為八,一00元。

(b) 購石灰費(合作紙每年需四,五00 料淹料如石灰量為30%則需石灰壹

石灰價為15元/100斤故四,五00 石灰需洋如下)一,三五0,000圓合計美元為

四,五00元

(c) 人工費(一萬斤料製成乾紙費費人工300個工每一工需三市升米(按

300元/市石計)即需洋90圓故300個工即一萬斤料需洋二七,000元則10

173

料需洋五四,〇〇〇元又四,五〇〇 料需洋二四三〇,〇〇〇圆折合美元萬捌
萬零千元

（B）合作紙廠之設備費

（1）造紙機部需費……二〇,〇〇〇美元（20000美元）

（2）蓄水部……二五〇〇美元（2500美元）

（3）動力部之設費……一〇,〇〇〇美元（1万美元）

（4）蓄漿部……二〇,〇〇〇美元（20000美元）

（5）旋轉式蒸料球……五,〇〇〇美元（5000美元）

（6）漂漿部……一〇,〇〇〇美元（1万美元）

华西实验区为本区乡村工业计划及合作事宜致行政院善后事业委员会乡村工业示范处的公函（附：铜梁区改进造纸计划）

9-1-54（313）

华西实验区为本区乡村工业计划及合作事宜致行政院善后事业委员会乡村工业示范处的公函（附：铜梁区改进造纸计划）
9-1-54（313）

(a) 購地費：擬購地五十畝每畝計價五美元故50畝共計洋二五〇美元（250美元）

(b) 建房費：擬建房100間每間計價二五美元故100間房計需洋二、五〇〇美元（2500美元）

（乙）合作紙廠全年之製造費

每噸印刷紙製造費需要原價如下數(1)竹料五噸每噸價五〇圓合計為七五〇圓(2)煤八噸每噸價三〇〇圓合計二四〇〇圓(3)滑機油七磅合計(四〇〇圓)(4)膠料(Rosin size)約計合洋二〇〇圓漂粉約計合洋三〇〇圓(5)燒碱約需五〇〇斤計價(三〇〇圓)(6)每噸所需人工費為五五〇圓以上六項共計六、〇〇〇圓

华西实验区为本区乡村工业计划及合作事宜致行政院善后事业委员会乡村工业示范处的公函（附：铜梁区改进造纸计划）

9-1-54（314）

174

即每顷即制紙之成本费。本厰日產兩噸，年產七二〇噸，故全年所需之成本費為四、三二〇、〇〇〇圓（美元與圓比為300比1，故折合美元為一四、四〇〇美元）

（四）請求貸款部門及數量：（A）淹製竹料造成紙漿費用：弍萬柒佰美元，在（a）項中之增建新塘費完全由農民自備，現在仍利用彼等之舊塘淹竹料，在（b）項中購石灰費全年共計合美元四、五〇〇元，擬請全部貸給，在（c）項中之人工費全年共計合八、〇〇〇元合米（按30%石/市）擬請貸給之1/10部

合計美元一六、二〇〇元合米

共計（b）及（c）兩項貸款為二〇、七〇〇美元，合米

(B)合作纸厂之设备费……五二五0美元此种费用共[illegible]
七项款拟请全数贷给以便筹备设厂
(C)合作纸厂全年之制造费——七二00美元此项费用共
计全年为一四四00美元拟请贷给1/2即半数该贷款数
为七二00美元合米
以上(A)(B)(C)三项请求贷款数共为八0二五0美元合米
(五)偿还办法及利润分配法
(A)偿还办法
(a)纸厂利润
(1)每吨印刷纸之成本费为六六000圆

璧山四宝阁文具印刷纸号印制

华西实验区为本区乡村工业计划及合作事业宜致行政院善后事业委员会乡村工业示范处的公函（附：铜梁区改进造纸计划）

9-1-54（315）

175

(2) 每噸印刷紙之售價為一二,〇〇〇元

(3) 每噸利潤價款為六,〇〇〇圓

(4) 全年產紙720噸之利潤為四三二〇,〇〇〇元合美元為一四四〇〇元

(5) 每年撥全部利潤之50/100作為償還貸款計每年可還七二〇〇美元預計十二年完畢

(B) 利潤分配法

(a) 撥利潤全部50/100分配給農民籍戶合作社社員（原則分配時按每戶每年供給料子數量之多少為準）

(b) 撥利潤全部10/100作為折舊費

(c) 撥利潤全部20/100作為公積金合作社[illegible]

或擴充本社設備之需。

璧山四寶閣文具印刷紙號印製

华西实验区为本区乡村工业计划及合作事宜致行政院善后事业委员会乡村工业示范处的公函（附：铜梁区改进造纸计划）
9-1-54（315）

《乡村工作通讯》（增刊）——访问铜梁造纸业 9-1-73（188）

109

(4)

地脚石的話

——民教主任日記選粹

巴六區長生鄉廿一社學區民教主任 陳重賢

九月一日

賒購鳳紙，油墨，借銅版和油印機，託人切紙，並請鄉辦事處的書記爲我們繕寫十八種油印統計表，一個人東一趟，西一趟，跑了半天，總算把所需要的辦得有點頭緒了。

輔導員召集的工作座談會，廿一位工作同志中有五位缺席，會議前，我向輔導員建議：「當會議剛開始時，我們應全體靜默一分鐘……」

會議進行過程中，有同志問及我們這些「地脚石」——民教主任是不是可以入社（指農業生產合作社），我替問這話的人難過，拿了五個月薪（雖然是平價薪），連本身的地位都沒有弄清楚，硬是該滾蛋！的確我們的完全是幫乾忙的，使力不討好的輔導工作。

九月十七日

列席本社學區農業社發起人座談會，使的時間雖然很短，但大家的情緒很興奮，我知道這種興奮情緒不是偶然的，而且也不是暫時的，一方面是由于西南長官公署公佈了「農地減租」法令，另一方面是今年春天我在本社學區內概況調查時向他們說的「話」並不是空頭支票。

九月廿三日

「農地減租」登記員的派令到了手——也是我們地脚石——民教主任對工作考驗的開始，（是不是真貨實價的）我們不應談到薪金因爲我們爲羣衆服務！同時我更知道「所謂酬報，不是薪金，乃是才技的訓練，經驗的擴大，精神的發揚和精神的充實等。」

關于本社學區內大田壁業主周仲立迫農產社社員許德成（周的佃户）退佃撤家的事，請示輔導員（督辦員），鄉幹事，區指導員（區督辦員）……只要不叫許退佃撤家，甚麼都好談……從子夜籌劃到拂曉，關于召開「農地減租」座談會有關事項

九月廿四日

晨六時，主持召開「農地減租」工作籌備座談會，強調開會以爭取時效的重大意義。並宣讀講解「四川省第三區行政督察專員兼保安司令公署爲實施「農地減租」告民衆書」同時盼本社學區內，所有業佃糾紛未解決者，（指退佃）趁日移送本鄉。租佃糾紛調解委員會。我的目的是給老滑頭地主迎頭痛擊，使永寧寺農產社社員們能高興的「活」下去。倘若能這樣，平教會所幹的工作是沒有白幹。至少在巴縣長生鄉廿一社學區內是生了根了。

函知部份在地地主明午出席「農地減租」工作座談會，交換意見。並向他們宣傳。

九月廿五日

午飯後，雨落得更大更密了我的心情，也隨着雨點的大小而緊張，雖然事前永寧寺農產社的社員們約定今午繳齊股金（黃穀），他們是不是都來？結果超出我的意料之外，八十五位社員中只有兩位沒有來繳股金。最使人高興的，都是親自來的。

股金收齊後（每股黃穀六市斗），即開始「農地減租」擴大宣傳會。在場的人們表情各有千秋（因爲出席人中有在地地主），我吼破了喉嚨，吼破了生命，宣讀：「四川省第三區行政督察專員兼保安司令公署爲實施「農地減租」告民衆書。請到、惟近日傳聞，有些地方業主，乘法令尚未普遍傳達鄉村的機會，巳先將租谷十足收訖，或竟以退佃自耕爲名，威逼佃農，迫其妥協，須知在減租推行期間，根本不能退佃，如藉詞退佃即係抗授法令。……」更提高聲音說明。今後，我準備承當我應該承當的一切——因爲我巳得罪了永寧寺農產社社員們的地主。

九月廿八日

我控訴！本社學區大田壁的退糾紛，今天有五種不同典型的人向我爲業主周仲立拿言語，大田壁的佃戶許德成（永寧寺農業社社員）是一個典型的忠實莊稼漢。業主周仲立多方威迫利誘，硬要叫佃農許德成退佃，因我曾口頭上請示輔導員（督辦員），區幹事，區指導員（區督辦員）解決這事，都盼業主周仲立放棄成見。可是周仲立不但不放棄退佃的幻想，反而更變本加厲，囑他的傭農（也有人說是變相的佃客）到田間工作。幸好農產社社員許德成未加阻止，於是業佃雙方都在田間做活。甚至這周仲立更多方毀謗我們。陰使陽托他所能控制的人來拿言語。

在這裏，我大聲的向我的主管請示：拿出澈底解決的辦法來！當然不能叫佃農許德成退佃，事情不管發展到甚麼程度，只要我們的脚根站得穩，所謂「人不要錢鬼神怕」——有什麼可怕呢？

鄉建工作通訊　增刊
卷十二期

訪問銅梁造紙業

——記合作紙廠及造紙生產合作社

陳光穎

此次編輯組爲蒐集編輯資料，經組務會議決定，由本人及劉平之同志去西泉，訪問合作紙廠及造紙生產合作社與社員禮户。當於十月二十四日晨出發前往，開始工作，於廿八日返璧山。茲將此次經過情形，簡述如后：

查銅梁第一輔導區所成立之造紙生產合作社，經成立核准貸款者，有西泉劉店造紙生產合作社一社，其他已成立之天錫一社，雖已登記成立，但以尚未辦理申請貸款手續，故猶未貸款，且時間倉卒，未及前往。故到西泉之次日，即往劉店。劉店僅有小鋪子數家，小學一所。在西泉第七社學區，該處地點較爲適中，且有公衆集會之場所，故設社址於該處。該社計有社員禮户五十六家，禮八十四架。每户生產以「熟料」爲多，產「生料」者僅三四家。一年每禮需造紙原料二萬斤，一萬斤紙料可製勻邊紙三十挑（每挑約六十斤），每挑四十刀，約四千張。如係「熟料」，則除造紙原料外，尚需煤一萬五千斤，石灰五千斤，純碱四桶。所以製「熟料」較「生料」之成本爲高。（因生料可除去煮料與打料等工作，減去純碱與蒸窑所用燃煤）如製白沙紙，每天可百十捆，每捆三百張，一天可得三千張，需煤僅一百斤。一萬斤料可得一千捆。）因此，此次所核准貸予之二千一百五十元貸款，對該社有很大影響。如合理分配，每社員禮户，可得純碱二桶。據一個社員說：「得到此項純碱，我們就不忙著把紙賣出了遠銷，可以少受些剝削。」現在，該社經理與監事已聯袂赴渝購買純碱，且與合作紙廠洽妥，該項純碱由紙廠設法代爲運回。

西泉合作紙廠，係近代設備之紙廠，造紙生產合作社尚係手有禮户送紙漿合約，惟近來合作社大多數社員禮户，尚不能如約如期向合作社紙廠繳送紙漿。如此月到某曾某，已將紙漿價款全部取去，迄今僅送一部分紙漿到廠，且多不合標準。紙廠爲此，只得到離西泉十二華里之虎峯場去買原料。最近，紙廠每日所產紙係黃裱古，此項紙張，如禮户能供送紙漿，成本必可減低。所需原料如州紙，紙花（錢紙花），全係「生料」。禮户製成紙漿，所費不多（但市價每挑五元，約五十多市斤）。而每令黃裱古需大紙四十磅，一挑紙最多能造紙二令。每天紙廠可出黃裱古紙〇、八噸。（約三十餘令。）起碼需紙十五六挑，即每日須向市場付出八十元之數。如社員禮户能如約與紙廠送漿，此項收益可全部歸于社員，對鄉村工業及社員生活之扶助與改善，必有裨益，且紙廠所以大量製造黃裱古紙之原因，係爲配合禮户之生產，（西泉附近各社學區，禮户製「熟料」者不多，多係製造「生料」「火紙等」）倘紙廠與合作社及社員禮户之聯繫更爲密切，手工生產與機械生產能嚴密配合，紙廠之出品成本與社員禮户之生活必可改善。

再查禮户所以未能全部照送紙漿之原因，據訪問所得，約有下列數點：

一，紙廠對禮户所送紙漿，常因不合標準打折扣：禮户舀紙時，越到最後，漿料就越差。其顏色亦較不潔白。且焙烤時，純係手工，乾度難得勻稱，紙廠收受紙漿時，對其中較濕者，折低付價。禮户對此大爲不滿，但紙廠爲維持產品標準，也不得不嚴格，如何能使社員紙漿標準化，亟待研究解决。

二，禮户送紙漿到廠時，來往路途有多至二三十里者。鄉人多感不便。

三，廠中有時未及時付款，（禮户說）

四，禮户對「合作」之認識不足：如紙漿不合標準，亦須廠中收受。以爲工廠既爲衆禮户社員之工廠，即令紙漿較差，仍須收受。一家人何事不可講情？且以爲紙廠要求紙漿合乎標準，實有「刁難」之嫌。此乃傳統觀念作祟，亟宜革除。傳習教育，對此需予加強

並鼓勵禮户踴躍送漿，實爲目前之急務。西泉鎮駐鄉輔導員

改进四川铜梁乡村造纸业合作原则　9-1-75（129）

66

改進四川銅梁造紙業合作原則（一）

一、改進四川銅梁鄉村造紙業以合作組織方式由工業示範處及華西實驗區共同扶助之

二、合作社之組成份子除以銅梁西溫泉附近造紙工人及造紙技術工人為個人社員外工業示範處及華西實驗區為贊助法人社員

三、合作社股金除個人社員由社員大會決定之社股金額依法繳納外華西實驗區原有紙廠之財產工業示範處之全套造紙機器修建廠房按裝機器添購器材以及其他財產共同評議價值均折合為提倡股金

四、合作社因贊助社員之提倡股金視營業狀況逐年退還減

五、合作社之理事監事應由贊助社員會商委派三分之二充任，其餘理事監事由個人社員選任之。

六、合作社在扶助經營期間由工業示範處負行政及技術責任並由華西實驗區派副經理業務員會計員各一人協助之。

七、提倡股金返還至總額三分之二以上時合作社得增選理監事各一人，贊助社員之理監事各減少一人，並提倡股金全部返清後其理監事人選悉數由個人社員自行選任並自行經營合作業務。

改进四川铜梁乡村造纸业合作原则 9-1-75（131）

八、在筹备期间由工业示范处派工程人员主持装机器与试车及其他一切技术工作必要时由华西实验区派员协助之

九、为改良产品合作社赋与工业示范处试验权利在试验期间厂内一切制造上之损失应由工业示范处负责赔补但试验时间以每月廿四小时为原则

十、合作社造纸原料由社员供给之

十一、提倡股本依法由合作社给付股息不另分配盈余

十二、机器设备之折旧费在年度终了结算时摊提不以盈余提付折旧费

改进四川铜梁乡村造纸业合作原则　9-1-75（132）

提倡股本之用余额作一百份依左列标准分配之

甲、以百分之二十为公积金

乙、以百分之五为公益金

丙、以百分之五为职员酬劳金

丁、以百分之七十为盈余摊还金（按社员提供原料及提供劳力多寡分配）

四、

改进四川铜梁乡村造纸业合作原则 9-1-75（133）

68

改進四川銅梁鄉村造紙業合作原則（二）

一、改進四川銅梁西溫泉造紙業以合作組織方式由工業示範處及華西實驗區共同扶助之

二、合作紙廠由西溫泉附近造紙户依照地區分別組織紙槽合作社參加共同組織之

四、合作紙廠由合作社依法繳納股金華西實驗區紙廠原有之財產工業示範處之全套造紙機器修建廠房接裝機器添備之器材以及其他財產折成貨款以貨實收實原母則貸給合作紙廠

实验区负责为善良之经营

六、合作纸厂之一切技术工作由工业示范处调派人员负责并应派业务员及会计员各一人协助之

七、合作纸厂之经营方针业务计划由工业示范处与华西实验区于年度开始时共同会商拟订送经社员代表大会通过后施行

八、为改良产品合作纸厂赋与工业示范处试验权利其试验期间厂内一切制造上之损失由工业示范处负责赔补试验时间每月不得过二十四小时

九、合作纸厂全部借款清偿后得改组为联合社收回自行经营

改进四川铜梁乡村造纸业合作原则 9-1-75（135）

69

十五、贷款週息八厘以货实收实出原则

十六、每年度终了结算有盈馀时先以全部百分之三十以偿还借款之用，馀额仍作一百分依左列标准分配之：

1、以百分之二十五为公积金

2、以百分之十五为员工酬劳金

3、以百分之五为公益金

4、以百分之五十五为盈馀摊还金（按社员提供原料及劳工多少分配）

造纸合作社贷款报告 9-1-141（104）

62

造紙合作社貸款報告

六月份

一、銅梁合作造紙廠於本年二月二十五日成立撥貸食米柒仟肆佰市石購置廠房機器及整修機器材料

二、為修整合作造紙廠鍋爐撥貸食米六百市石

三、進行組織紙漿合作社在合作社未組織健全前洽定槽房三十四所配合合作紙廠供給紙漿

四、收買紙漿撥貸食米貳仟伍佰貳拾市石先後收購紙漿十萬斤

五、五月以前因鍋爐發生障礙共產黃表谷紙八四九令五月八日即正常出紙改產印書紙及打字紙每日平均可產二八令

六、為增加生產業與行政院美援後事業委員會鄉村工業

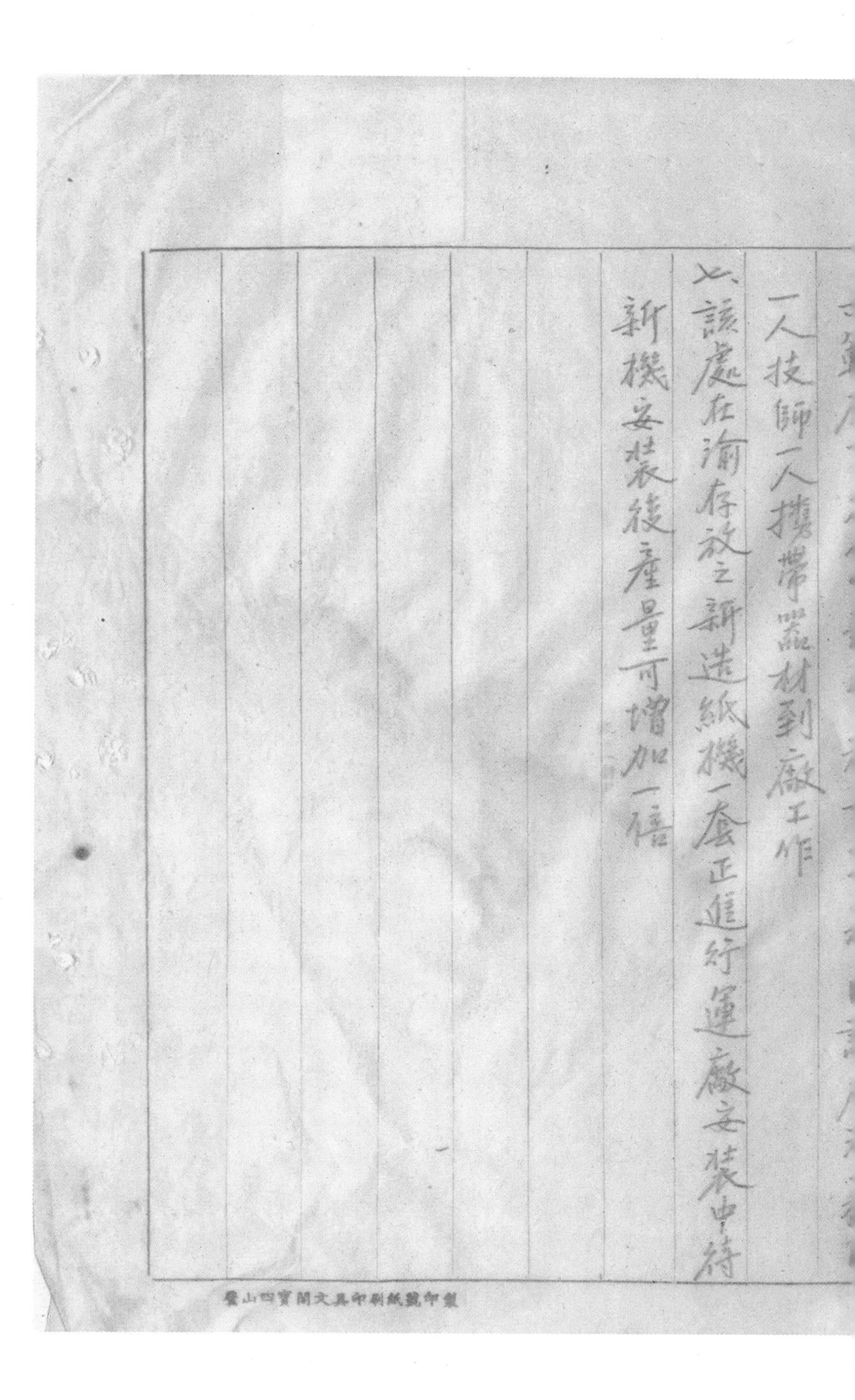
一人技師一人携帶器材到廠工作
七、該處在渝存放之新造紙機一套正進行運廠安裝中待
新機安裝後產量可增加一倍

製印號紙刷印具文閣寶四山璧

办理青木关纸浆业务计划概要（一九五〇年十一月七日） 9-1-196（104）

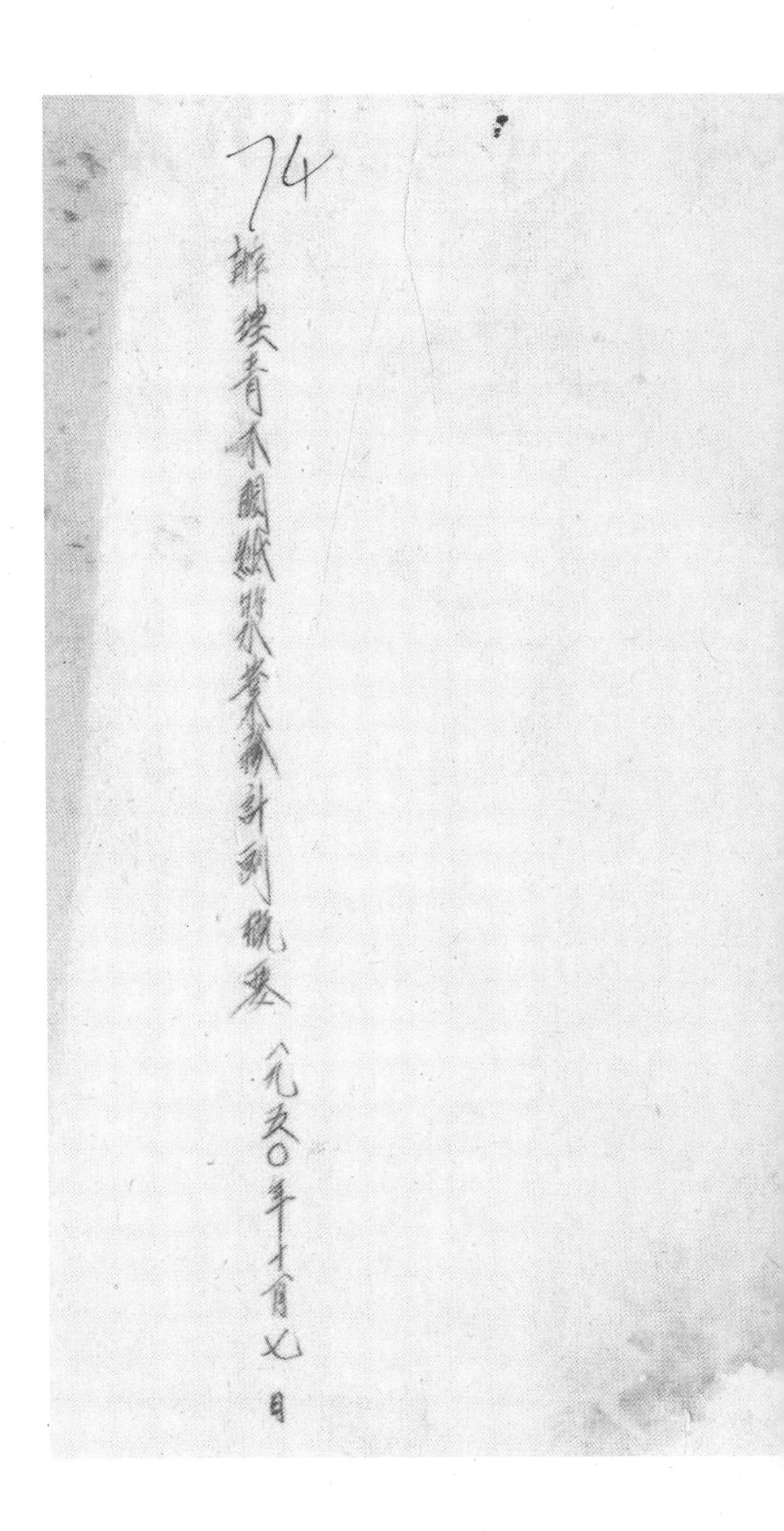
74

辦理青木關紙漿業務計劃概要

（一九五〇年十一月七日）

办理青木关纸浆业务计划概要（一九五〇年十一月七日） 9-1-196（105）

办理青木关纸浆业务计划概要（一九五〇年十一月七日）

一、造纸槽户及产量概况：

青木关为缙云山之余脉，沿山脉及水系纵横广产白夹、苦慈、竹料及煤炭、石灰，居民因山多田少，多以造纸副业为生（一九四九年前每年产竹料八百余万斤，出产迷信实料纸五万余个），靠此为生者计槽户三十余家，劳动人民一千余人，年来因迷信纸滞销，造纸业务陷于停顿，竹料石灰均无人采购，目前未停业槽户只有六、七家，本年春料砍而未用，到冬料又到泡料最后时期，槽户因失产停滞，资金缺少，仍未及时收购，又将嫩竹长荒废，损失颇大。

办理青木关纸浆业务计划概要（一九五〇年十一月七日） 9-1-196（105）

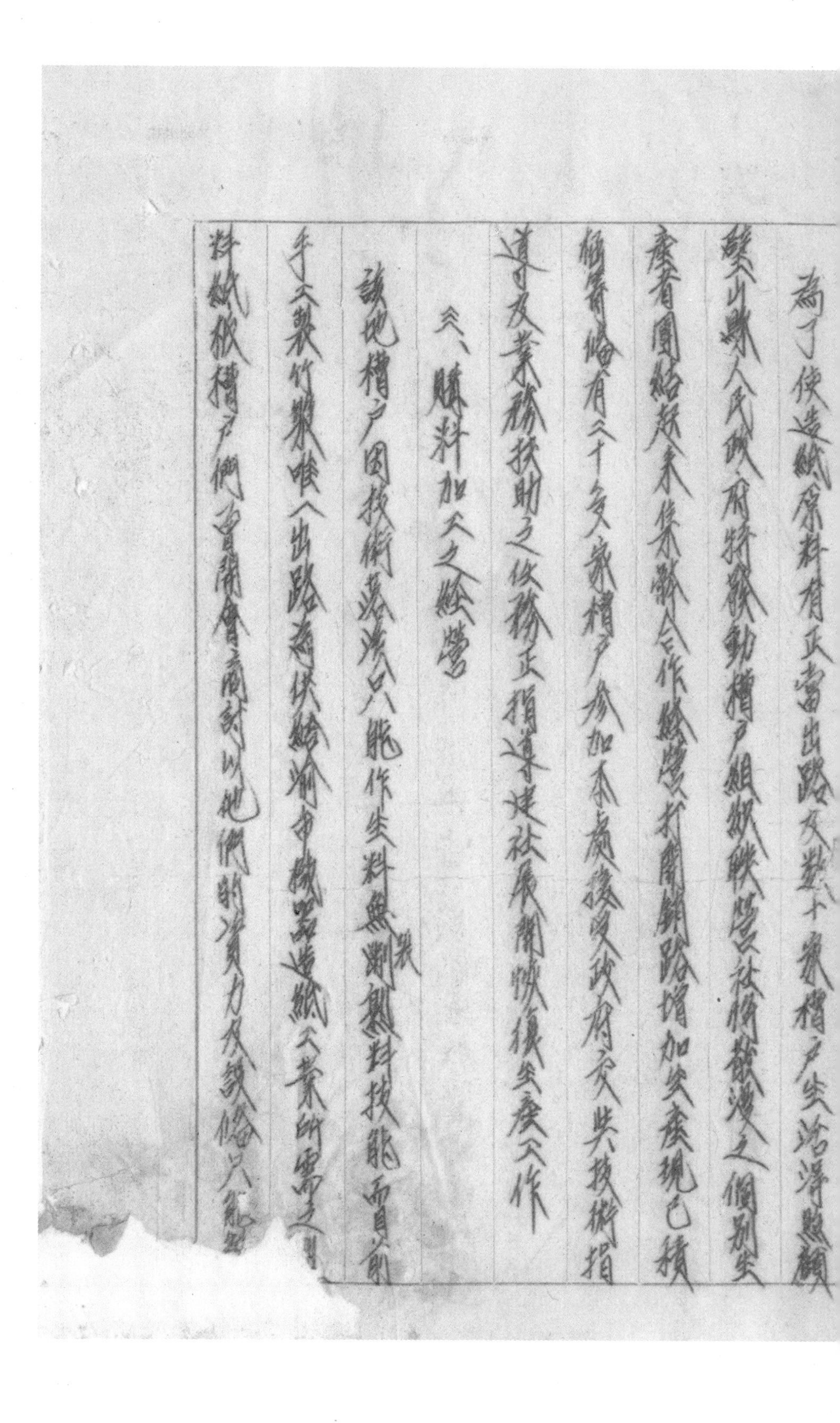
為了使造紙原料有正當出路及數十家槽戶生活得照顧
起見，此間人民政府特發動槽戶組織聯營社，將散漫之個別生
產者團結起來集體合作經營，打開銷路增加生產，現已積
極籌備，有三十多家槽戶參加，本處接受政府交與技術指
導及業務扶助之任務，正指導建社，展開恢復生產工作

三、購料加工之經營

該地槽戶因技術落後，只能作生料無熟料技能，而目前
手工製竹漿唯一出路是供給渝市機器造紙工業所需之原
料紙，故槽戶們曾商議要以他們的資力及設備，只能

办理青木关纸浆业务计划概要（一九五〇年十一月七日） 9-1-196（106）

76

造紙料，要求本處設置熟料紙漿設備，加工製造紙漿以……

之合作，共謀紙業之發展，擁護會員發現在六十餘家槽戶，以……

中一年以上泡好的紙料約六十五萬斤（其中槽戶26家有料200000斤），餘

槽戶六家有料50000斤，盼望本處為之收購，設廠加工運銷，槽戶們

以解決竹料款，起收紙料下泡，以備明年春季之用。

四、業務經費之預算

①收料價款：變色而無法在青木關槽戶泡熟之竹料計

250000斤，他們要價每萬斤為食米（老量）五至六石，路遠者加力資食米

八石，近者酌加力資，計算所得成本如下：

成本計算表

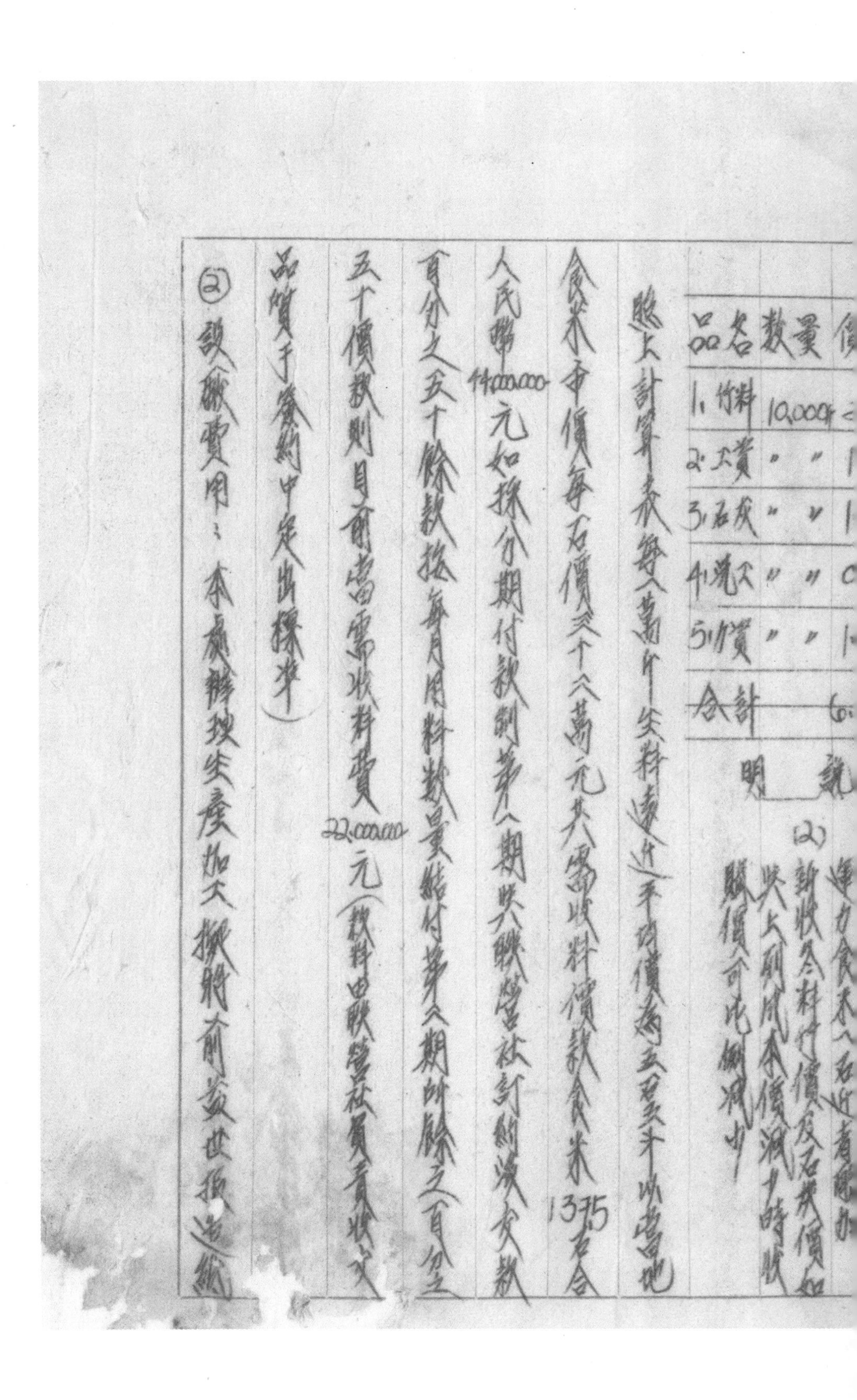

品名	数量	價
1.竹料	10,000斤	[illegible]
2.工資	〃 〃	1[illegible]
3.石灰	〃 〃	1[illegible]
4.[illegible]	〃 〃	0[illegible]
5.[illegible]資	〃 〃	1[illegible]
合計		6[illegible]

明 說

（2）新收各料付價及石灰價如[illegible]

照上計算每萬斤竹料邊近平均價為五至六千此當地食米市價每石價五十萬元共需收料價款食米1375石合人民幣14,000,000元如採分期付款則第一期與聯營社訂約後交款百分之五十餘款按每月用料數量撥付第二期所餘之百分之五十價款則目前需收料費22,000,000元（收料由聯營社負責收支）品質于合約中定出標準

（2）設備費用：本處擬改良[illegible]加大[illegible]

办理青木关纸浆业务计划概要（一九五〇年十一月七日） 9-1-196（108）

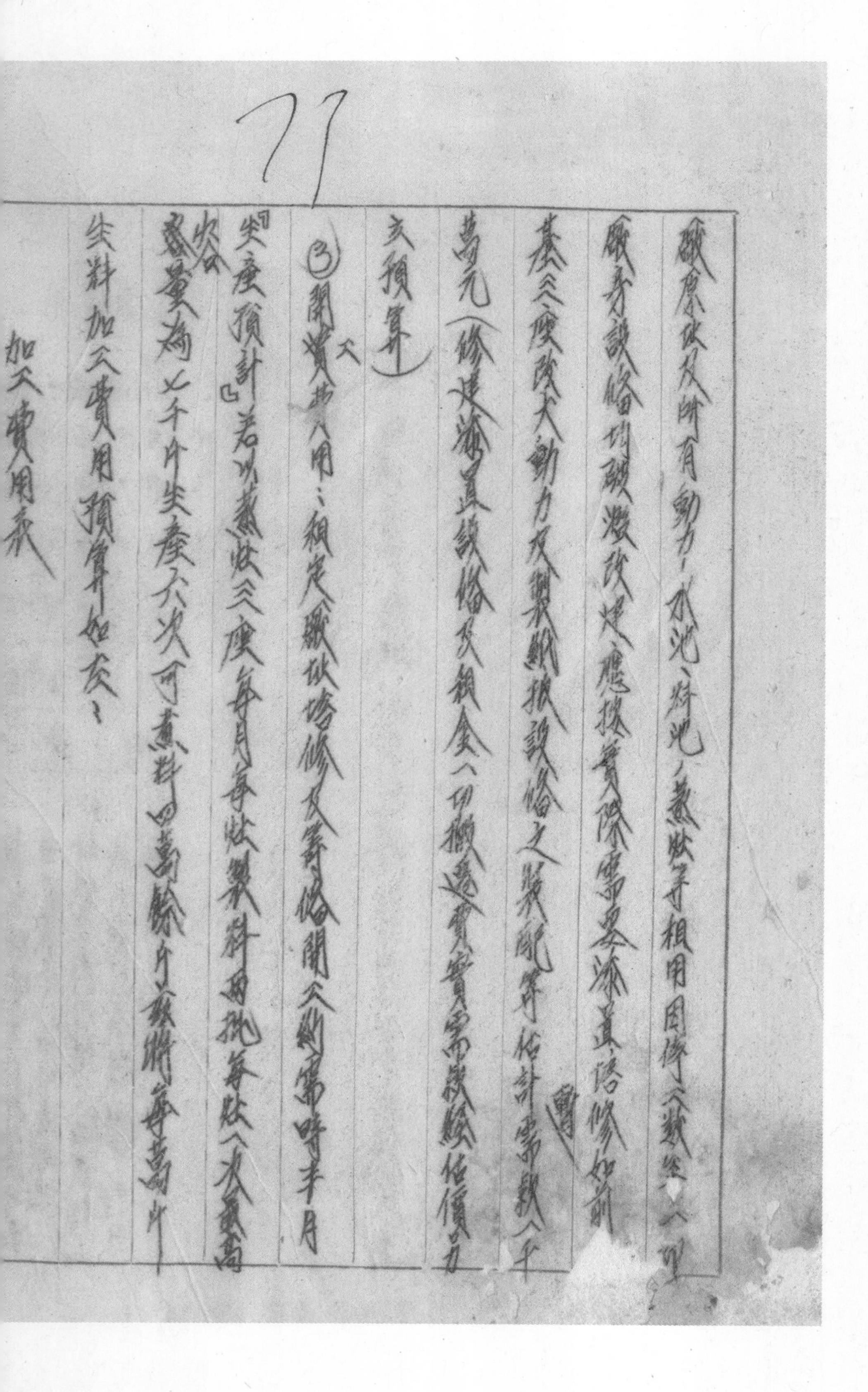
77

厂房及所有动力、水池、蒸池、蒸锅等租用国防，并除一切
厂房设备切碎、漂洗、烘干、压榨等设备需要添置，修缮如前
基本厂房及动力及制浆设备之装配等估计需款一千
万元，修建及设备及机件、一切搬运费、实需款约估价万
元预算

（乙）开办费用：租定厂址修缮及筹备开办时期本月

（丙）生产预计：若以蒸锅二度每月每锅制料两批，每锅一次产量
（收益）产量为七千斤纸浆，六次可蒸料四万余斤，按每万斤
纸料加工费用预算如次：

加工费用表

办理青木关纸浆业务计划概要（一九五〇年十一月七日） 9-1-196（108）

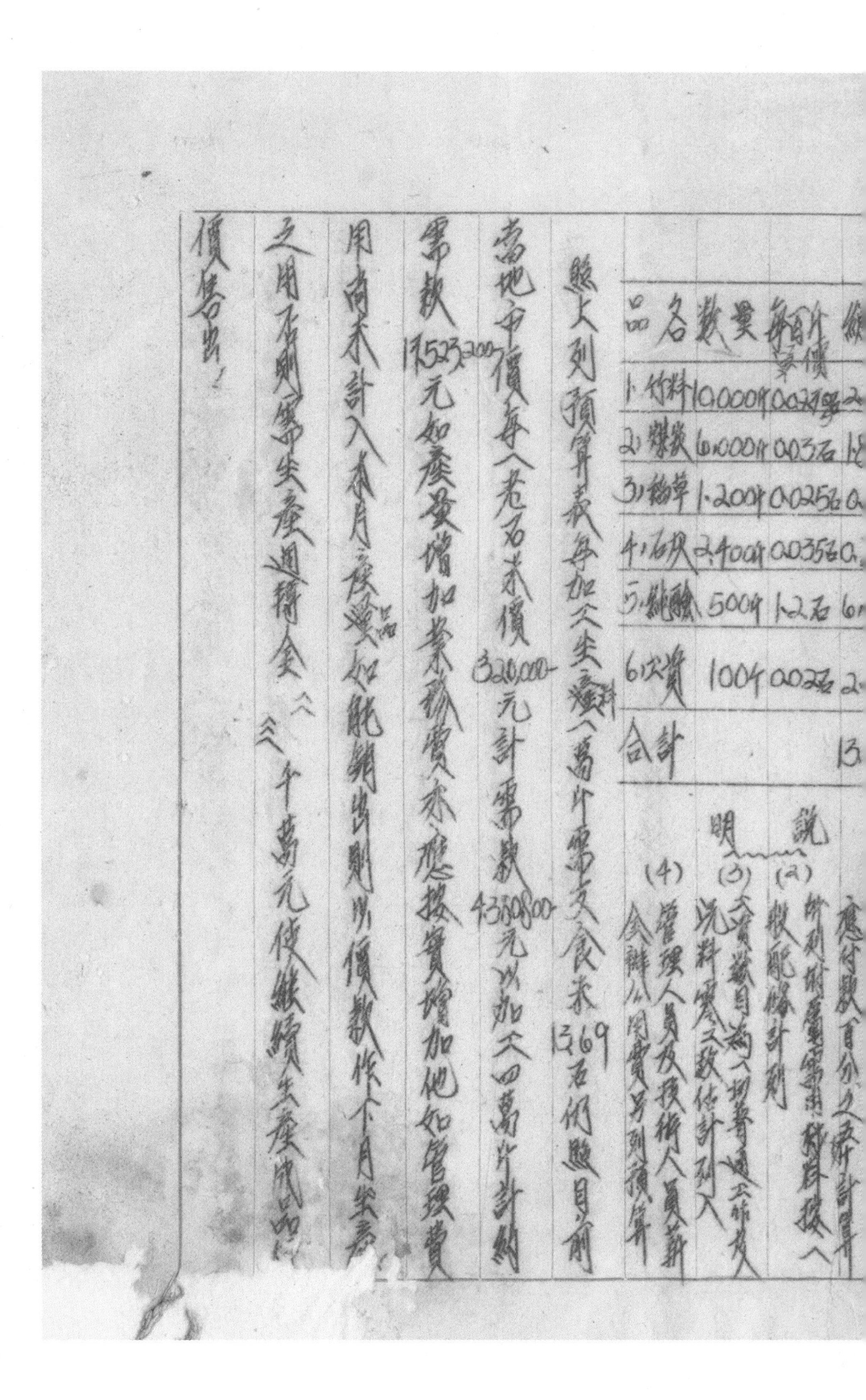

品名	数量	每斤合米价
1.竹料	10,000斤	0.02石
2.煤炭	6,000斤	0.03石
3.稻草	1,200斤	0.025石
4.石灰	2,400斤	0.035石
5.烧碱	500斤	1.2石
6.次货	100斤	0.02石
合计		

说明

(1) 应付款（百分之……

(2) 收能……

(3) 工资……

(4) 管理人员及技术人员薪金办公用费另列预算

照上列预算表每加工生产一万斤需支食米13.69石 仍照目前当地市价每一老石米价320,000元计需款4380800元 以加工四万斤计需款17523200元 如营业增加业务费亦应按实增加 他如管理费用尚未计入本月产品如能销出则以价款作下月生产之用 否则需生产周转金……万元使继续生产 成品……价售出！

办理青木关纸浆业务计划概要（一九五〇年十一月七日） 9-1-196（109）

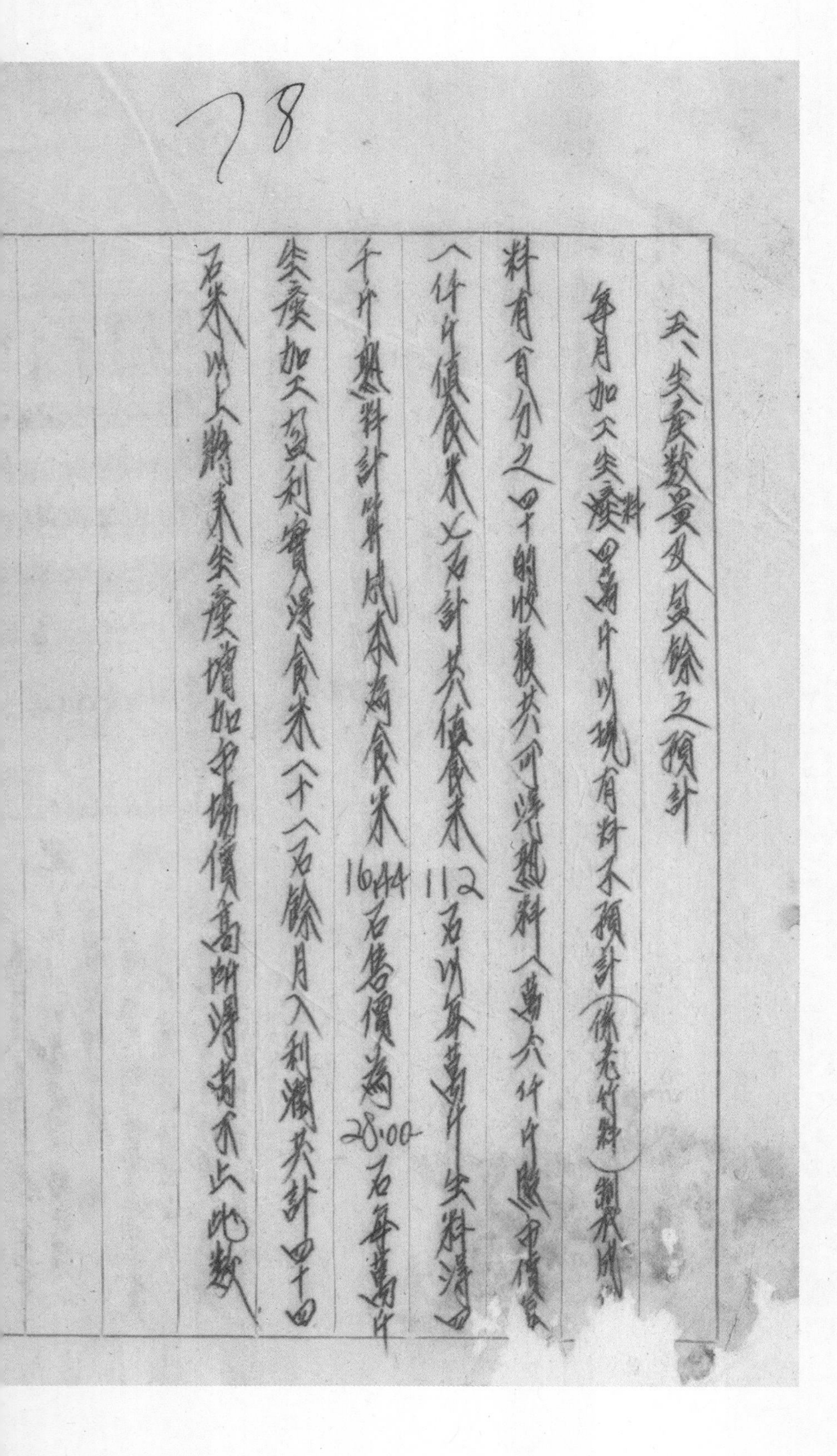
78

六、纸浆数量及盈余之预计

每月加工纸浆四万斤，以现有料不预计（除去竹料）制成纸料有百分之四十的收获，共可得熟料一万六仟斤，照市价仟斤值食米七石计，共值食米112石，以每万斤纸料得四千斤熟料计算，成本为食米1644石，售价为28.00石，每万斤纸浆加工盈利实得食米一十一石余，月入利润共计四十四石米，以上乃指纸浆涨价加市场价高，所得当不止此数

华西实验区合作社物品供销处制造纸浆计划 9-1-196（75）

55

華西實驗區合作物品供銷處製造紙漿計劃

一、前言

川東璧山區銅梁璧山的東西山橫梁約數十里長約二〇華里的山區裡漫山遍野都是苦竹和白夾竹這是一種造紙的好原料因此那造的居民都以造紙為他們主要的職業，這個地區成了一個有名的手工造紙區域，據不完全的統計這一帶只銅梁境內便有四千個紙槽現在一個槽戶平均有兩個紙槽計算就有兩千個造紙的槽戶造紙完全是家庭手工業一家人有一個泡料的池子和一個或兩個撈紙槽子就是一個生產的單位也就是普通所稱的[illegible]

前作的[illegible]产因於不[illegible]能力有[illegible]产[illegible]由这[illegible]

条件与地的生产技术落后是比较的落后但地真极间极闭僻了

多数人的生活因为更没有粮食生产的山区据这便是人们主

要的生活来源

解放以后由於匪特造乱交通梗塞城乡物资无法交流

产多大部份都停顿下来加以这些山区都曾经遭受土匪

的骚扰原有的生产组织大部份已经破坏更由于长期的

停产和土匪的勒索槽户们原有的资力已经完全消耗殆

以上年九月以前就在该地收购的各料目前都身陷破[illegible]

出的材料收购季节过去这种有用的原料都将

华西实验区合作社物品供销处制造纸浆计划 9-1-196（77）

56

身用的纸张不特是货高来地有且不合时宜这类方的生活也是值得顾虑的因此我处为谋救济农出产的意思以照顾农户和技术个人群众的生活试行运用这种藉有生产组织加以辅导的指导制造出新式造纸厂所合用的纸浆以供造纸厂家的采用所以我处特提出下面的製造纸浆计划

二 目标

① 运用合作社的组织形式把个体的小生产农户逐渐过渡到集体生产的合作社组织里去

② 利用本乡[illegible]

三、步驟

①整理原有的兩個紙漿合作社把牠的組織和人事都健全起來並逐漸的改進牠們的生產技術作未來組織合作社的典型示範

②為擴展本年冬季原料不使貨棄於地和適當的照顧槽户及撈工群众生活由我處先行設立合作造紙廠製造紙漿機構盡量利用原有槽户設備和工作人員從工作中實施合作教育使生產群众對合作社有明確的認識與即分區普遍製造紙漿的合作社

紙號印製

华西实验区合作社物品供销处制造纸浆计划 9-1-196（79）

57

③要現有的網溪合作造紙廠相結合由紙廠負擔以技術上的領導和改進責任到了合作社的組織普遍完成後原有的合作紙廠應逐漸的成為紙漿合作社的加工廠和技術改進的指導站

四、辦法

①由合作供銷處和網溪合作紙廠聯合設立製漿造紙漿指導所人員由兩方面分別調用合作紙廠以技術上的設計指導為主要任務合作供銷處以業務的運[illegible]推動培養合作社能為主要任務

②未組織合作社的地區與當地舊有生產組織相結合凡

槽和一切製料的生產設備外並盡量利用他們的閒餘勞力以便適當的照顧他們目前的生活而且逐步動員這些生產的生產群眾組織起來教育他們把這种個体的小生產者組織到合作社裡

③對原有的兩個紙漿合作社採貸助方式由製造紙漿的指導机構加強技術和業務上的領導

④按照地區的遠近和料池的多少分區設置其製漿設備以製出料一百萬斤為準平均每一個料池可泡料〇〇〇斤壹百萬斤生料需泡料池四十個以每十個料池為

华西实验区合作社物品供销处制造纸浆计划　9-1-196（81）

58

槽户中的較有製紙技術且致組織生產富有積極性者請他負責督管和与附近槽户聯絡的責任，藉以減少管理上的困难並為未來的合作社組織奠定基礎

⑤製紙指導机构的技術人員和合作社組織指導人員应經常联合巡迴各站与參加工作的工人和簽訂合同的槽户取得密切的連繫以提高技術和組織上的教育作用

⑥製紙工作的推進中如事実上需要政府協助時得請求当地縣區人民政府派員協助办理

附製紙造漿百萬斤各料預算表

竹子	1,000,000斤	每斤食米 0.025石	250石
谷草	120,000斤	0.025石	30石
石灰	240,000斤	0.0125石	30石
纯碱	30,000斤	1.2石	360石
煤炭	600,000斤	0.012石	72石
工资	12,000个工	每一个工食米 0.020	240石
合计			982石

説明：1. 稻草增高纸浆拉力及色泽每千斤生竹料需加稻草120斤
2. 每千斤生竹料由上山砍料到制成熟浆的全部过程需工12个
3. 食米以铜梁西泉市量为计算标准每石按目前市价约合人民币22,000元全部共需食米982石合人民币21,604,000元
4. 每千斤生竹料可制出熟料240斤—260斤百万斤生料可成熟料约250,000斤每斤按目前西泉当地市价合人民币1000元共合250,000,000元

华西实验区总办事处就转饬歇马乡酿造合作社补交借贷书表事宜致巴县第二辅导区办事处通知　9-1-91（65）

144

中华平民教育促进会华西实验区总办事处稿

事由：通知转饬歇马乡酿造合作社补送借贷书表由

受文者：巴县第二辅导区办事处

查该区歇马乡酿造合作社前次借款时，应补送之各种书表，迭经函催该区李辅导员转饬该社补送，但迄未据补报到处。兹为估计该社借款偿还，特将该社应补之申请书二份、业务计划（选由该社填）、印鉴各二份、正副借据三份填妥报处为要。

此致
[illegible]

主任　孙〇〇

字第一九九[illegible]号

九月十六日发

璧山县狮子镇毛巾生产合作社章程　9-1-12（198）

保証責任璧山縣獅子鎮毛巾生產合作社章程

保証責任璧山縣獅子鎮毛巾生產合作社章程（民國廿八年六月廿八日社員大會通過）

第一章　總則

第一條　本社定名保證責任璧山縣獅子鎮毛巾生產合作社。

第二條　本社以自設工廠製造毛巾為目的。

第三條　本社為保證責任組織各社員之保証金額為其所認股額之二

第五條　本社社址設於獅子鎮青㭎坡曾吉周家。

第六條　本社應公告之事項，在本社揭示處公佈之。

第二章　社員

第七條　本社社員以在本社業務區域內，或附近居住之人民年滿廿歲，有正當職業，而無吸食鴉片，或其代用品，宣告破產，及褫奪公權之情形者為合格。

第八條　凡願加入本社者，應先填具入社願書，經社員二人之介紹，或直接以書面請求經社務會之同意，及社員大會出席社員四分三以上之追認，始得入社，但此項追認，本社得以書面限定十五日以上之期限，徵求全体社員之意思，逾期不正式表示異議者，即視為追認。

璧山县狮子镇毛巾生产合作社章程 9-1-12（199）

第九條 本社社員有左列情形之一者喪失社員資格。
(一)喪失中華民國之國籍
(二)違反第七條所規定情形之一者
(三)死亡
(四)自請退社
(五)除名

第十條 本社社員得於年度終了時，自請退社，但應於三個月前向理事會提出請求書經理事會核准。

第十一條 本社社員有左列情形之一者，得經社務會出席理監事四分三以上之決議，并报告社員大會，以書面通知被除名之人。
(一)不遵照本社章則，及社員大会決议，履行其义務者。

第十二條 出社社員对於出社前本社对外之債務，自出社决定之日起，經過二年始自解除，但本社於該社員出社後，六個月内

解散時，該社員視為未出社。

第十三條 出社社員，得請求退還其已繳股款。

前項股款之退還，於年度終了，結算後决定之。

第三章 社股

第十四條 本社社股金額，每股國幣拾元，社員每人至少須認購一股，入社後得隨時添認社股，但至多不得超過股金総額百分之二十。

第十五條 社員認購社股，第一次所繳股款不得少於每股四分之一。

璧山县狮子镇毛巾生产合作社章程 9-1-12（200）

前项社员欠缴之社股金额，本社得将其应得之股息及余盈拨充之。

第十六条 社员不得以其对于本社或其他社员之债权，抵销其已认未缴之社股金额，亦不得以其已缴之社股金额，抵销其对于本社或其他社员之债务。

第十七条 社员非经本社同意，不得出让其所有之社股，或以之担保债务，

第十八条 凡受让社股者，应继承让与人之权利义务，受让人为非社员时，应适用第七条及第八条之规定。

第四章 职员

第十九条 本社设理事三人，组织理事会，执行本社社务，设监事三人，组织监事会，监查本社社务，理事及监事，均由社员大会，就社员中

一年，均得連選連任。

第廿條　理事会設主席一人，經理一人，司庫一人。由理事互選之，於必要時，得加設副經理一人，事務員若干人，由理事会選任之。

第廿一條　理事主席總理社務，代表本社，經理掌本社業務之執行，司庫掌司本社款項之保管及出納。

理事会之辦事細則，由理事会另定之。

第廿二條　監事会設監事主席一人，由監事互選之。

第廿三條　監事監查本社財產狀況，及業務執行狀況，當合作社與其理事訂立契約或為訴訟之行為時，代表合作社，監事為執行前項職務，認為必要時，并得召集臨時社員大會。

監事会之監查規則，由監事会另定之。

璧山县狮子镇毛巾生产合作社章程 9-1-12（201）

第卅四條 監事不得兼任理事、經理、副經理或事務員，曾任理事之社員，於其責任未解除前，不當選為監事。

第卅五條 本社理事、監事，皆係義務職，但有必需公務費用時，得經理事會之認可支付之，惟經理、副經理及事務員，得酌支薪給。

第卅六條 理事、監事，非有正當理由，不得辭職。

理事、監事因辭職或其他事由缺額時，得召集臨時社員大會行補缺選舉，補缺選舉所產生之理事、監事，以前任者之任期為任期。

第卅七條 本社出席聯合社之代表，由理事會提出社員大會推選之，其任期為 年。

第五章 會議

第卅八條 本社之社員大會，分通常社員大會及臨時社員大會兩種。

（一）理事会认为有必要时
（二）监事会于执行职务上认为有必要时。
（三）社员全体四分之一以上以书面说明提议事项及其理由，请求理事会召集时。

前款请求提出后十日内理事会不为召集之通知时，社员得呈准主管机关自行召集。

第廿六条　社员大会之召集，应于七日前以书面载明事由，及提议事项，通知社员，临时社员大会得以临时通知召集之。

璧山县狮子镇毛巾生产合作社章程　9-1-12（202）

社ノフノイ社。

員過半數之同意始得出議，但解除理監事職權之決議須有全体社員過半數之決議，解散本社或與他社合併之決議，應有全体社員四分三以上之出席，出席社員三分二以上之同意。

第卅一條　社員大會開會，以理事主席為主席，理事主席缺席時，以監事主席為主席。

第卅二條　社員大会開会時，每一社員，僅有一表決權，社員不能出席社員大會時，得以書面委托其他社員代理，但同一代理人，不得代表二個以上之社員。

第卅三條　社員大會開會時，須作成決議錄，載明開會日期，地址，社員總數，出席社員數，以及會議始末，由主席紀錄，及二個以上之出席社員，署名蓋章，交由理事會保存。

第卅四條　社員大會總會二次以上時，理事會得以書面載明應議之項，請求社務会由理事會召集之，其主席由理事監事互推之。

社務會應有全体理事監事三分二之出席，始得開會。出席理事監事過半數之同意，始得決議。

社務開會時，經理、副經理及事務員，得列席陳述意見。

第卅六條　理事会及監事會由該各主席召集之。理事會及監事会應各有理事監事過半數之出席，始得開會，出席理事監事過半數之同意，始得決議。

第六章　業務

第卅七條　本社業務如左

（一）榨豆油及豆餅

（二）製醬油

（三）釀酒

（四）釀醋

璧山县狮子镇毛巾生产合作社章程 9-1-12（203）

第三十八條 前條業務上所需原料，由各社員以其生產物供給之。

前項社員之生產物，本社得隨時征收之。

第卅九條 本社征收社員之生產品時，按其品質數量，付以當地當時之市價。

第四十條 本社技術事項，得聘用専門人員担任之。

第四十一條 本社雇用之人時，應先儘社員及其家屬。

第四十二條 本社業務細則，由理事會定之。

第七章 結算

第四十三條 本社以國曆一月一日至十二月卅一日為一業務年度，理事會應於每年終了後一個月内社員大會開會之七日前，造成財產目録、資產負債表、業務報告書及盈餘分配案，置於事務所内，任本社社員及債权人閱覽，并另寫一分，交由監事會審查後提至多年利一分外，其餘数應平均分為一百分，按照下項規定辦理：

(一)以百分之三十作公積金，由社員大会指定机関存儲，或其他確有把握方法運用生息，公積金除弥补損失外，不得動用。

(二)以百分之十作公益金，由社務会决議，作為发展本社業務區域合作教育及其他公益事業之用。

(三)以百分之十，作理事及事務員之酬劳金，其分配办法，由理事会定之。

(四)以百分之六十，作社員分配金，按各社員所繳納生產物之價格比例分配之。

第四十五條

本社結算後有虧損時，以公積金股金順次抵補之，如再不足

璧山县狮子镇毛巾生产合作社章程 9-1-12（204）

由各社员按照第三条之规定负其责任。

第八章 解散

第四十六条 本社解散时，清算人由社员大会，就社员中选充之。

前项清算人应按照合作社法规定清理本社债权及债务。

第四十七条 本社清算后，有资产余额时，由清算人拟定分配案，提交社员大会决定之。

第九章 附则

第四十八条 本章程经社员大会通过呈准主管机关登记后施行。

璧山县狮子镇毛巾生产合作社章程 9-1-12（204）

巴县歇马乡妇女农产加工合作社、华西实验区总办事处、巴县第二辅导区办事处就该社申请经费援助事宜的往来公文　9-1-91（64）

143

鄉村建設學院用箋

進益良多現本社執事暨全體社員皆具堅實信念僉認本社業務如獲美援資助得以充實組織擴展業務使鄉中多數有志婦女都能參加入社則本社在鄉村建設上必能促其進步以早日達成鄉村之興盛素仰

鈞處秉美援復興中國農村之旨主辦巴縣農村建設事業爰擬具本社業務需款計劃懇請

鑒核賜准速撥美援貸款以維業務進行實為至禱

謹呈

中華平民教育促進會華西實驗區巴縣辦事處

保証責任巴縣歇馬鄉婦女農產加工合作社理事主席　吳淑英　押

附申請貸款業務及款額表一份

巴县歇马乡妇女农产加工合作社、华西实验区总办事处、巴县第二辅导区办事处就该社申请经费援助事宜的往来公文 9-1-91（69）

148

保証責任巴縣歇馬鄉婦女農產加工合作社三十八年度業務計劃暨需用貸款數額表（三十八年三月廿二日）

一、製造醬油：每月造四次，每次需大豆四斗、小麥兩斗，每次製造需五個月始能出貨，故需有五個月原料始能周轉

需用款額：(1)原料費（大豆八老石　小麥四老石）　二四〇，〇〇〇金元

(2)加工費（柞巴及柴　造燃料）　二〇〇，〇〇〇金元

二、製作豆瓣醬菜：繼續大量製造豆瓣、豆瓣醬、鹹菜以供應鄉建院及歇馬場附近一帶

需用款額：(1)原料費　一五〇，〇〇〇金元

三、培修麯室：補修麯室牆壁及添置麯架麯簸等用具以便大量製造種麯除供本社外並供給其他鄉村醬油作坊

需用款額：㈠培修費 一〇，〇〇〇元

㈡添置費 三〇，〇〇〇元

四、編製草帽：依據本社過去編織之新式草帽一以增加社員工作 ㈡增產鄉土特產

需用款額：㈠原料及製作設備費 四〇，〇〇〇元

㈡運銷費 二〇，〇〇〇元

總計金券五七〇，〇〇〇元正

造預算時米價[illegible]每市石中熟米[illegible]元 合金元一老斗上穀約合中熟米[illegible]二八五石

巴县歇马乡妇女农产加工合作社、华西实验区总办事处、巴县第二辅导区办事处就该社申请经费援助事宜的往来公文 9-1-91（70）

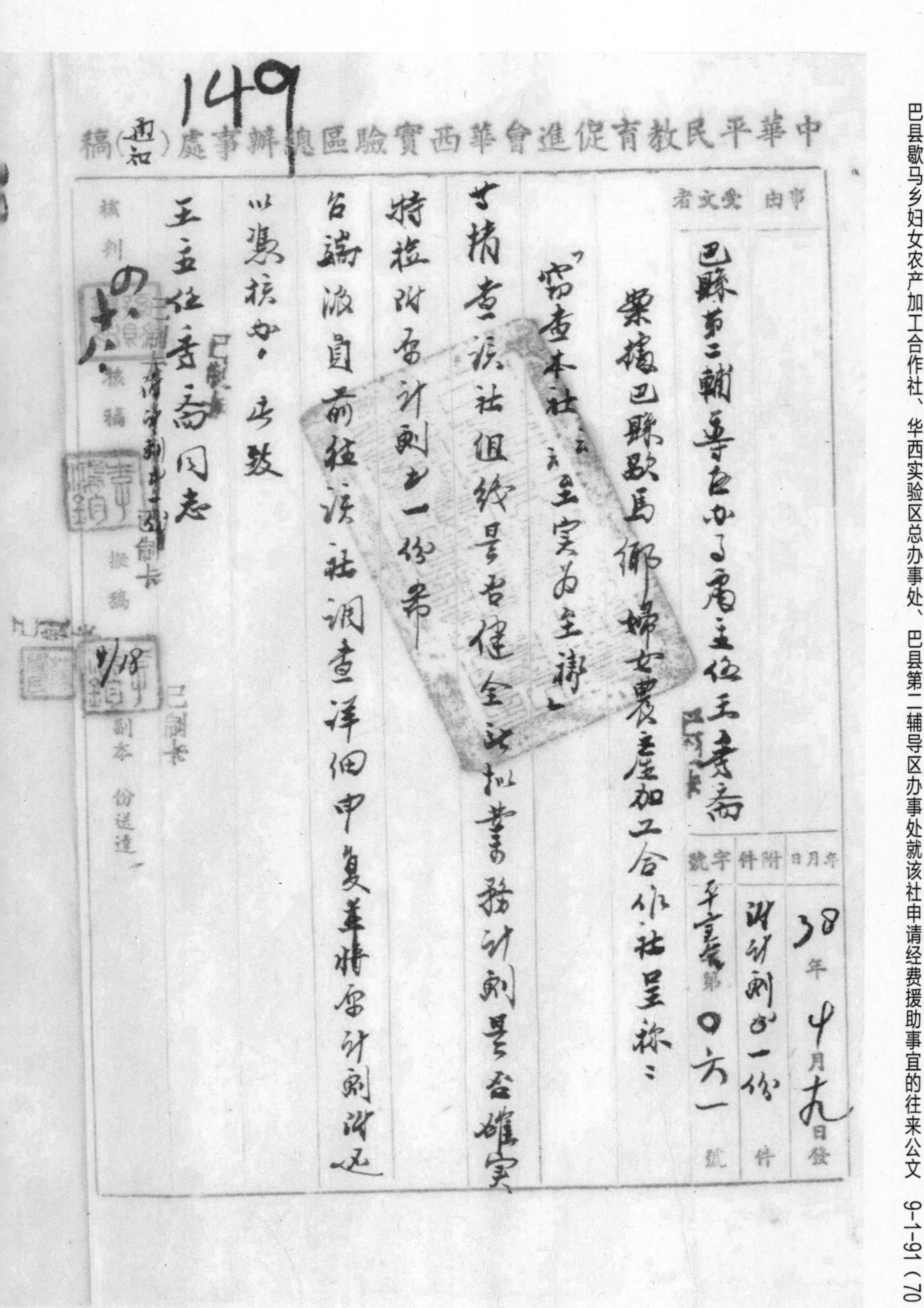
149

中華平民教育促進會華西實驗區總辦事處（通知）稿

事由：

受文者：巴縣第二輔導區辦事處主任王秀斋

案據巴縣歇馬鄉婦女農產加工合作社呈稱：「竊查本社……」云云，「至實為荷」等情。查該社組織是否健全，社擬業務計劃是否確實，特檢附原計劃書一份，希台端派員前往該社調查，詳細申復，並將原計劃附還，以憑核辦。此致

王主任秀斋同志

年月日：38年4月9日發

附件：附計劃書一份

字號：平宣第〇六一號

巴县歇马乡妇女农产加工合作社、华西实验区总办事处、巴县第二辅导区办事处就该社申请经费援助事宜的往来公文 9-1-91（68）

批復

一、該社股金過少（仍出法幣亦不合現行幣制）應以實物繳股折合金圓券向縣府申請變更登記

二、該社請求借米二八五石擬以不超過保證金額倍數為度 [illegible]

呈核 [illegible]

[illegible] 五月五日

已製卡

已製卡

報告 四月卅日 实字第三四號

一、本區歇馬鄉婦女農業生產加工合作社已派員調查

二、該社成立於三十三年十二月十五日領有巴縣政府登記證書證字第〇八三号資金每股法幣壹百元計二六六股共資金法幣二万六千六百元保證責任為十倍

巴县歇马乡妇女农产加工合作社、华西实验区总办事处、巴县第二辅导区办事处就该社申请经费援助事宜的往来公文　9-1-91（68）

理事—周本芬　萬朝会、易德碧　陳淑文

b. 監事主席—牟成碧　羅光碧　謝定容　艾啟容　申正明

c. 製造技術員—徐美玫

d. 輔導机關：鄉建學院農場（代表人李林烈）

4. 該社过去已办有相當成績規模初具組織人事均較完善所請原实亟應扶助之唯請款之時距今已月餘幣值貶甚若以當時預算折米合計約二八.五石（中熟老量歇馬場市價）為收实際成果計其擬貸款請依米折價

謹呈

主任孫

附原計劃書一份

巴縣第二輔導區主任　王秀齋

巴县歇马乡妇女农产加工合作社、华西实验区总办事处、巴县第二辅导区办事处就该社申请经费援助事宜的往来公文 9-1-91（67）

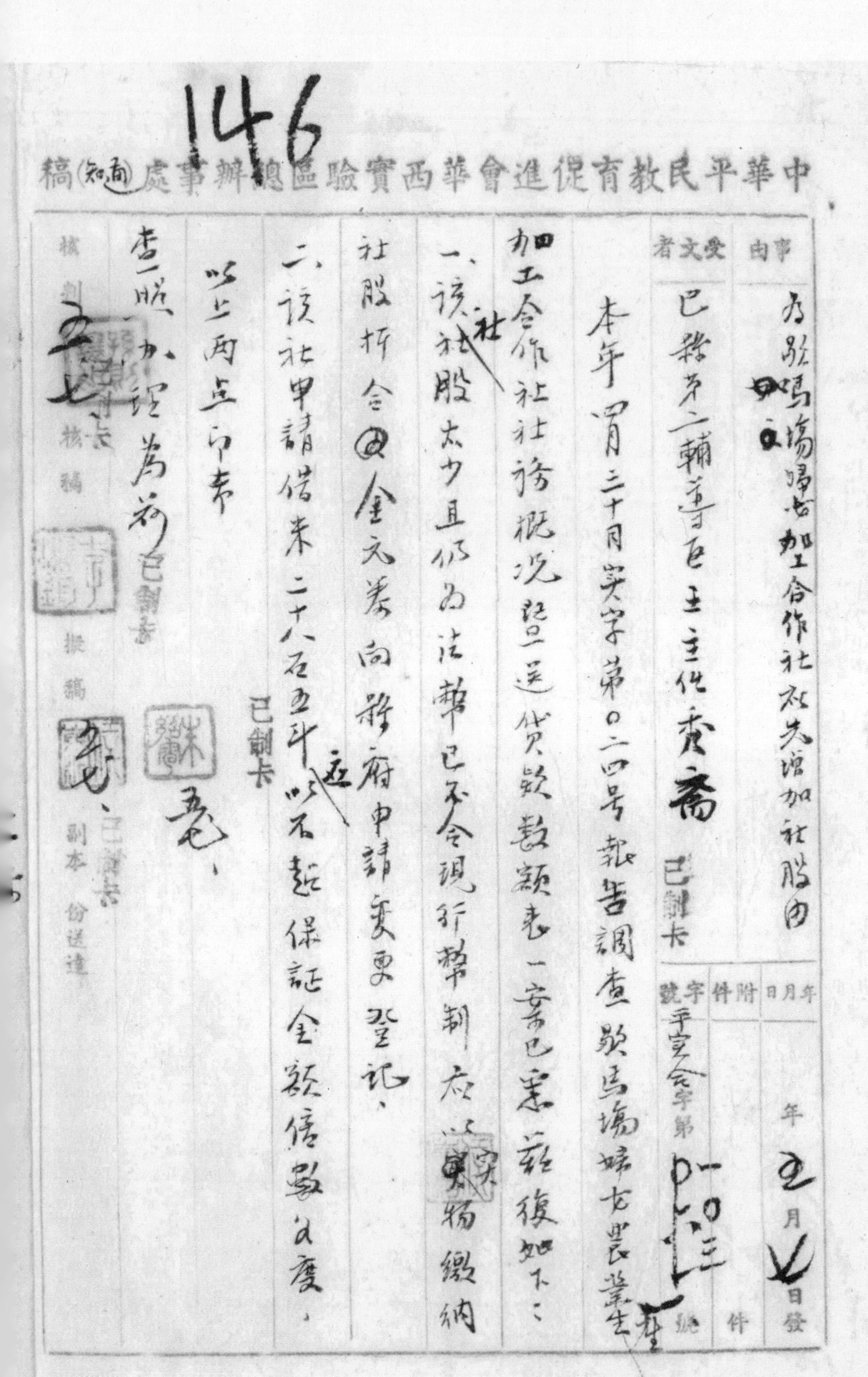

146

中華平民教育促進會華西實驗區總辦事處稿

事由：為歇馬場婦女加工合作社改為增加社股由

受文者：巴縣第二輔導區主任

本年四月二十日實字第〇二四号報告調查歇馬場婦女農業生產加工合作社社務概況暨送貸款數額表一案已悉，茲復如下：

一、該社社股太少且仍為法幣，已不合現行幣制，應該社將繳納社股折合金元券向縣府申請變更登記。

二、該社申請借米二十八石五斗，以不超保證金數倍數為度。

以上兩點，仰希

查照辦理為荷

年 五月 日發

字號：平實合字第

兴建塘堰计划　9-1-54（59）

33

興建塘堰計劃

一、目標：

本區山脈連綿，水源甚多，隨處皆適於鑿塘築堰，此項小型水利較之大型水利工程利宏而效普，故擬積極提倡，第一年度以興修灌溉十八萬畝之塘堰為目標。

二、辦法：

鑿四千個立方公尺之蓄水塘（塘之大小因地而異），可供灌田九十畝（以灌田二公寸深之水量為準），四千個立方公尺之塘，即四千個土方，需工四千個，每工口食以米三市升計，共需米一百二十市石，貸款半數，地方自籌半數，計需米六十市石，美金一元折合米萬元，折合米一十二萬市石。

堰之修築，因地勢而異，無法預為計劃，擬請撥款四萬美金，折合米三萬市石作為貸款，所有築堰工程費，由地方自籌半數，貸助半數，預計可灌田四萬畝。此項小型水利之管理由各農業生產合作社主持。

三、還款辦法：

小型水利貸款，以農業生產合作社為對象，社員用水擬收相當費用，為償還貸款之需。按四千立方公尺之蓄水塘貸米六十市石，灌田九十畝，每畝每年取水租一市斗二升五合，預

34

計六年連同六厘息即可全部還清。

四、預期效果：

二十萬美金，折合米十五萬市石之貸款，可灌田二十二萬畝。小型水利工程，舉辦容易，管理方便，且可遍布全區，農民能大多數皆蒙其利。本區冬季蓄水之田，亦可因而減少，增加春季作物之生產，至於旱災威脅之減輕，更為必然之結果。

項目	灌田畝數	預算需要數	貸款數
蓄水塘	180,000	美金160,000元（合米120,000市石）	美金160,000元（合米120,000市石）
堰	40,000	美金40,000元（合米30,000市石）	美金40,000元（合米30,000市石）
合計	220,000	美金200,000元	美金200,000元

梁滩河灌溉工程复工及进行办法（一九四九年一月二十四日） 9-1-54（325）

186

梁灘河灌溉工程復工及進行辦法 三十八年元月二十四日

1. 為積極推動梁灘河灌溉工程計即日成立工程處及工程隊分負行政及技術之責工程處設正副處長各一人由第三行政區專員及巴縣々長分任之負經費及行政責任包括工程經費之保管支付與報銷工程之發包民工之徵調用地之徵購清丈及一切人事糾紛之處理等事項工程隊由水利局調派及任用工程人員若干人組織之設隊長一人統率負設計及監修工程技術全責

2. 工程處及工程隊皆應向水利局負責

3. 本工程限期半年完成通水工程範圍由工程處々長及工程隊々長商酌決定并呈水利局核示辦理

4.工程處之長暨副處長隨時應有一人留處工作處併與工程隊切
取聯絡
5.工程處設青木関工程隊設工區適中地点兩者應安設電話以
期密切聯繫
6.工程處與工程隊之組織由水利局編定后分發實行
7.工程處各級人員由正副處長遴選派充惟其出納員應由受
益農民推選會計由水利局派員充任所有人員之任用并應由
工程處轉報水利局備查
8.各項工程之單價應按水利局規定之標準計算發給
9.工程隊於各項工程測量設計及工程數量計算確定后應即

梁滩河灌溉工程复工及进行办法（一九四九年一月二十四日） 9-1-54（327）

187

制訂各該工程之設計預表施工細則及合約草案由工程處與工程隊會同承包建造並分呈水利局備查

10. 前条指定合約簽訂后除工程處及工程隊各存一份外另以兩份會呈水利局備查

11. 於合約規定付款期間按其已完數量由工程隊開具工款支付憑單交由承包人持向工程處領取（工款憑單1水利局另有規定）凡未經工程隊之長同意及蓋章之工款工程處不得支付

12. 開工后如發現工程做作不合規定標準而承包人（或民工

[illegible]

理

13. 工程費由水利局視實際需要情形分期撥交工程處使用

14. 監理費由照工程貸款額十分之一由水利局扣存統籌支配
所有工程處工程隊之經常費開辦費施工測量費遣散費
結束費等統由其內開支如有盈虧概由水利局統籌挹注

15. 工程處及工程隊之經費由水利局按月於監理費項下分別撥
付並照水利局標準逐月調整

16. 工程處及工程隊應按月將款項開支情形報水利局備查

17. 工程隊應按旬將施工進度呈報水利局並通知工程處

18. 工程結束后工程隊應於辦理結束期間將竣工圖表及工料決

梁滩河灌溉工程复工及进行办法（一九四九年一月二十四日） 9-1-54（329）

188

算办理完竣交由工程处办理全部工程费之报销并分呈水利局核示工程处之工程费报销并应于该处规定结束期内办理完竣分送水利局转送农复会备案并向受益区农民公佈之

19 工程处及工程队之经费报销均应于规定结束期内办理完竣呈水利局核销

20. 工程完竣后交由梁滩河灌溉区农业生产合作社联合社接收保管理

21 水利局应根据本办法详拟工程处工程队办事细则颁発

[illegible]施行

三、本办法应自[illegible]日本委员会[illegible]

何兆衡

郑[illegible]

张[illegible]

杨恩慈

小型水利贷款报告 9-1-141（110）

65

小型水利貸款報告 六月份

一、本區水利工程隊已於六月成立共分三組進行初步勘查工作

二、截止六月份底申請水利貸款工程者一〇五處俟勘查認為有經濟價值者即撥款修建

三、七月初暫指撥水利貸款一萬元備放以便施工

水利工程队工作报告　9-1-148（254）

125

水利工程隊工作報告

一、八月十二日本隊分二隊出發勘查，第一隊沿璧河作沿河勘查，第二隊沿梅河及璧北河作沿河勘查，迄八月二十日查勘完畢，計其最富灌溉利益確有經濟價值而即須興修者：

Ⅰ.璧河

A.健龍鄉之齊家灘　引水工程

B.接龍鄉之胡里樹　築堰及引水工程

C.丁家鄉之天燈堰　築堰及引水工程

D.城北鄉之石欅橋　築堰工程

Ⅱ.梅河

A三合鄉之匯魚沱 築堤及整理延長引水渠

B.馬坊鄉之矮店橋 築攔河埧及引水渠

C.梓潼鄉之蕭家橋 築埧工程

Ⅲ.廣北河

A.大路鄉之悽塘 築埧及引水渠

B.大路鄉之鷄公嶺 築埧及引水渠

上述諸處工程擬於十月一日起分二隊進行測量工作

2、八月二十三日本隊赴巴五區勘查水利工程二十六日完成南泉勘查

工作繼分二隊出發：

第一隊赴界石鄉及巴十二分區勘查

製印刷紙印刷真文閣寶四山璧

水利工程队工作报告　9-1-148（256）

186

第二队赴鹿角乡文峯乡及巴七区勘查

第三队赴旗坪及巴八区勘查

迄九月二十日始全返璧此次三队共行里程有六千余里其勘查资

料正在整理中

璧山水利工程勘查报告　9-1-154（92）

壁 68

璧山水利工程勘查报告

查此次勘查璧山河水利工程，计自八月十二日出发至二十八日返处，共阅时十日，历经丁家、定林、广普、健龙、石龙、来凤、中兴、狮子、城厢、城北、蒲元、接龙、六塘、龙溪、河边等十五乡。于璧河正流自河边至健龙两岸均尚开展，可以利用河水灌溉，惟河床低下，平行引水灌溉势不可能，筑坝蓄水如不配合汲水工程难能为功；自健龙至广普则河行狭谷中，田亩稀少，实无灌溉价值可言。故璧河正流中除已兴建三搁河堤有渗漏损毁者，拟亦予废弃或加修复外，亦无新兴工程。然正流而外可资利用之支流溪涧颇多，周谘博访，凡有经济价值者，计有孙家滩、关蟠堰、平滩、石梯桥等五处。兹将应行整修工程及新兴工程，依其经济价值之高下为序，分别简述如下，至于详细计划及工赈概算，则有待测量后决定之。

甲　整修工程

（一）来凤堰

来凤堰原系石堰，因建筑形式不合理及安全率不足，遂于三十三年久毁地方人士以該堰存廢影響未廣餘水及灌溉用水之……甚巨堅請修復擬將舊堰完全拆除增添一部料石另按滾水壩式樣建築計全長三十八公尺堰高三公尺九約需五千元左右

總

（六）新橋堰

右護墻坍毁應予修復並擬將墻後土填平約需三百元整

總

（七）朱家橋堰

右端滲漏應予放水後查明來源堵補塞工程甚微

乙　新興工程

共

（八）健龍鄉齊家灘鑿渠灌溉工程　該工程引用水源係自煤窑内流來其流量經常約爲0.30每秒立方公尺計每日夜可灌田三百餘市畝水源地勢頗高水可分由上中下三面引出惟中間一渠必建一渡槽或倒虹吸管外其他并無較大工程所慮該區係邱陵地帶農田不甚集中故必將渠道鑿至甚長始可將水兜

璧山水利工程勘查报告　9-1-154（94）

全利用，但縱如此，亦頗具有修建之價值。

（二）丁家鄉天燈堰築堰工程　天燈堰位于丁家場油房後河內，堰寬十六公尺，高二·五〇公尺，河底窄狹，填基良好，頗利興修。填之中部擬建閘門，作排洪及冲沙之用，故該堰興修後洪水亦不致成災。該堰可由兩岸鑿渠引水灌田，惟該河水源不長，枯水期有斷流之虞，故擬於兩岸適宜處鑿塘于洪水期蓄水，以便更多田畝能受灌溉之利。

（三）接龍鄉胡里樹平橋築堰工程　該河為璧北河上游支流，填以水源有二：一長約八市里，一長約四市里，枯水期流量極小，如天旱過久，可能斷流，此堰宜築填二道，其一位于平橋上約五公尺，填長九公尺，高二公尺五，一位于平橋左一百公尺處，填長十公尺，高二公尺五，兩填共可蓄水約六千立方公尺，其可由該堰引水灌溉之農田約二百五十市畝，可汲水灌溉之農田約四十市畝。

（四）接龍鄉閘[illegible]工程　[illegible]位于接龍場西北約三市里之

六

一・五〇公尺右端已坍毁堰下為狹窄坡度陡峻如不築填則上流之水一洩無餘擬堰身宜加高至一・〇〇公尺右端漏水之大石鑿去一・六〇公尺填身全長約九・六〇公尺在距右端六・〇〇公尺處設排沙閘一道填上可蓄水一市里餘可汲灌溉者約一六〇・〇〇市畝。

（五）城北鄉石硃橋築堰工程　該堰上流水源約六市里枯水期無水流擬築填長九・八〇公尺高六・〇〇公尺可引水灌溉之田畝約一〇・〇〇市畝可汲水灌溉之田畝約六・〇〇市畝。

上述工程確為發展水利之必要與建者故望早作決定立即從事測量督修建等工作以使農村早日得利也

水利工程隊　八月

壁北河流查勘报告（一九四九年八月） 9-1-154（96）

68

壁北河流查勘報告

為壁北河流發源所在地可以資灌溉及發展水力者，多已利用。此次查勘結果：

一、大路鄉

1. 侯家濱 距大路鄉約六〇里，溝兩岸農田現已全部引水灌溉，雖工程建築粗陋，但已足夠灌溉以半田畝，不必再事整修。只可將其利用水力之處，盡量利用，將原建之一水碾，增建為三，以作打紙漿之用。該處河面，不及六〇公尺，引水渠長，亦不過五〇公尺，水之高約八公尺之攔河滾水堰，使入渠水量一定，并將渠道予以整理即可。至新添之二水碾，則另行製造，詳為規定，使該處附近紙廠得輪流分配打漿。工料費用等，俟派隊詳細測量調查後另行列報。

2. 烽塘 距大路鄉約十里，該處農田，兩百年前已截流引水灌田約四〇〇畝，以攔河滾水堰修築工作欠精，現已沖毀一部，引水渠道則漏水頗多，水量損失極大，未克充分利用。該處河堤寬度約為六〇公尺，枯水流量約為〇.二每秒立方公尺，盡量利用，約可灌田五〇〇畝，下游兩筆許義賬會擬予興建之雙磴子埝是否需要興建。

3.鄭公嶺　距大路鄉約十五里，該地農民於山溪中截流引水灌田，所灌溉畝數均屬沿山兩旁乾地，價值極大，只以渠道[illegible]一渠道漏水，受益農田不多，水量未得充分利用，流水最枯時期流量約為〇.〇一五每秒立方公尺，約可灌田四〇〇畝，河面寬度不及十公尺，渠堤高度亦不必超過一公尺，工程費用不多，只引水渠道稍長（約五〇〇公尺），比較費工，擬即派隊測量計劃興建，免使廢棄。

4.馬腦嘴　距大路鄉約十二里，河面寬度約五五公尺，上下水面落差六兩公尺，流量約為〇.六每秒立方公尺，如築一高六公尺之攔河滾水壩可得一公尺之水頭，三二匹馬力水力，亦可將蓄水量灌兩岸之百餘田畝，以工程較多，農田受益不多，擬暫不興築。

二、臨江場　已在壁北河流下游前筆許義賬會，築有一埝，以束水灌溉兩岸田地，灌溉方面，已不必再行興建，只距場約七里之高灘岩，有一懸瀑，落差約高三〇公尺，枯水時期流量約為〇.三二每秒

璧北河流查勘报告（一九四九年八月） 9-1-154（98）

立方公尺，下游巴家平壩適宜建廠房，如能盡量利用約可得一二〇匹馬力水力，只以交通不便，工程費用又暫不能估計。前北碚實驗區求請農復會興建，均未邀准許，擬暫不興建。

六、七塘　七塘附近河流礁灘及蓮花寺灣可利用其水利以作農產加工，但以工程費用較大，不甚經濟，擬不興建。其次則

四、石鼻子堰　原為董評義、張合興等所築，以蓄水灌田，現該堰中段漏水，擬於放水捕魚時派員詳察漏水原因予以整修。

水利工程隊

卅八年八月

壁北河流查勘报告（一九四九年八月）　9-1-154（98）

第四頁

70

梅河查勘報告

梅河發源於璧山縣梅林鄉境，經新灘、[illegible]、[illegible]、三合等鄉，流入江津縣境，長約百里，上游河線多已攔河[illegible]灌溉，[illegible]三合場以下，尚未修建。經此次自下而上查勘結果：

一、高洞水利工程　高洞距三合鄉三華里，上下水落差約六、八公尺，河面寬度約六十公尺，枯水時期流量○、二二每秒立方公尺，河床基礎良好，適宜築堤，如將水位抬高二公尺，引水至下游二里之二郎灘，約可得六公尺的水頭，二三匹馬力水力以作農產加工之用。只以地近大山，交通不便，工程費用又遠非本期決定貸款數目所能負擔，故擬暫緩興辦。

二、團魚凼灌溉工程　團魚凼距三合鄉七里，亦由山中小溪匯成溪流，上有團魚凼煤炭廠，炭廠排水均經此流出，最枯時期流量約為○、○二秒立方公尺，可灌田五○○畝。附近農民早已截流引水灌田，只工程設施不合標準，水量未能盡量利用，浪費頗多，受益農田不足一○○畝，故擬加以整理，使全部流量均得利用。該溪寬度僅三公尺，堤高約一、五公尺

六〇

三、矬磴桥水力及灌溉工程　　矬磴桥距马坊桥约五里，有一瀑流上下水面差六、四公尺，流量在枯水时期约为〇・三五秒立方公尺，河面宽度约六十公尺，河床基础良好，适宜築堰。如得将水位提高一公尺，引水至下游五〇公尺处之桥下，约可得四、五公尺之水头，一五匹马力水力，可作碾米磨麵、搾油等农产加工之用。该地距成渝公路仅五里，附近农产丰富，为米、麦、菜油等出口地，故在工程费用许可情形下，宜予兴建堰上并可增加蓄水容积二〇〇，〇〇〇立方公尺，连同上游□□蓄水可以引水自流灌溉下游左岸农田六，〇〇〇亩，如於马坊桥亦筑一堰，储水容积可增加至百万立方公尺以上，枯水流量並可增加，两岸农田万亩以上均可得灌水救济之利。

六

四、赵门滩蓄水工程　　赵门滩距马坊乡约二〇公里，有六公尺之落差，亦有水磨及简单设备，河面较宽（约五十公尺），费用较大，暂可不必整理。其上游三〇公里之桥下闸门石，作用如一活动堰，可以蓄积大量水量，两岸□亩农田均可获得救济，只须予以闸门规定，亦不外兴建两岸农

意 見 書

四區龍藏寺查。

五、高橋攔河蓄水工程　高橋在大梓潼鄉下游一里處，原有蓄堰蓄水灌田，可救濟灌溉農田一〇〇畝，以久未修，堰因沖毀，宜加以補修。工程費用於測量蕭家橋築堰蓄水工程時，一併估計列報。

六、蕭家橋築堰蓄水工程　蕭家橋在大梓潼鄉上游四里處，河面寬約十八尺，擬築一堰蓄水，救濟西岸三百餘畝農田，工程費用不多，派隊測量後即可決定堰之高度及工程費用等。

七、倒𥶡子灌溉工程　倒𥶡子在梓潼、福祿兩鄉之間山麓，附近農民自己行截流引水灌田，只以工程不合標準，分配制度未克建立，時因爭水而起糾紛，水量又未能充分利用，良深可惜。擬飭派隊測量，加以整理。

水利工程隊

卅八年八月

梅河查勘报告（一九四九年八月）　9-1-154（101）

璧山县水利座谈会谈记录（一九四九年八月六日） 9-1-154（104）

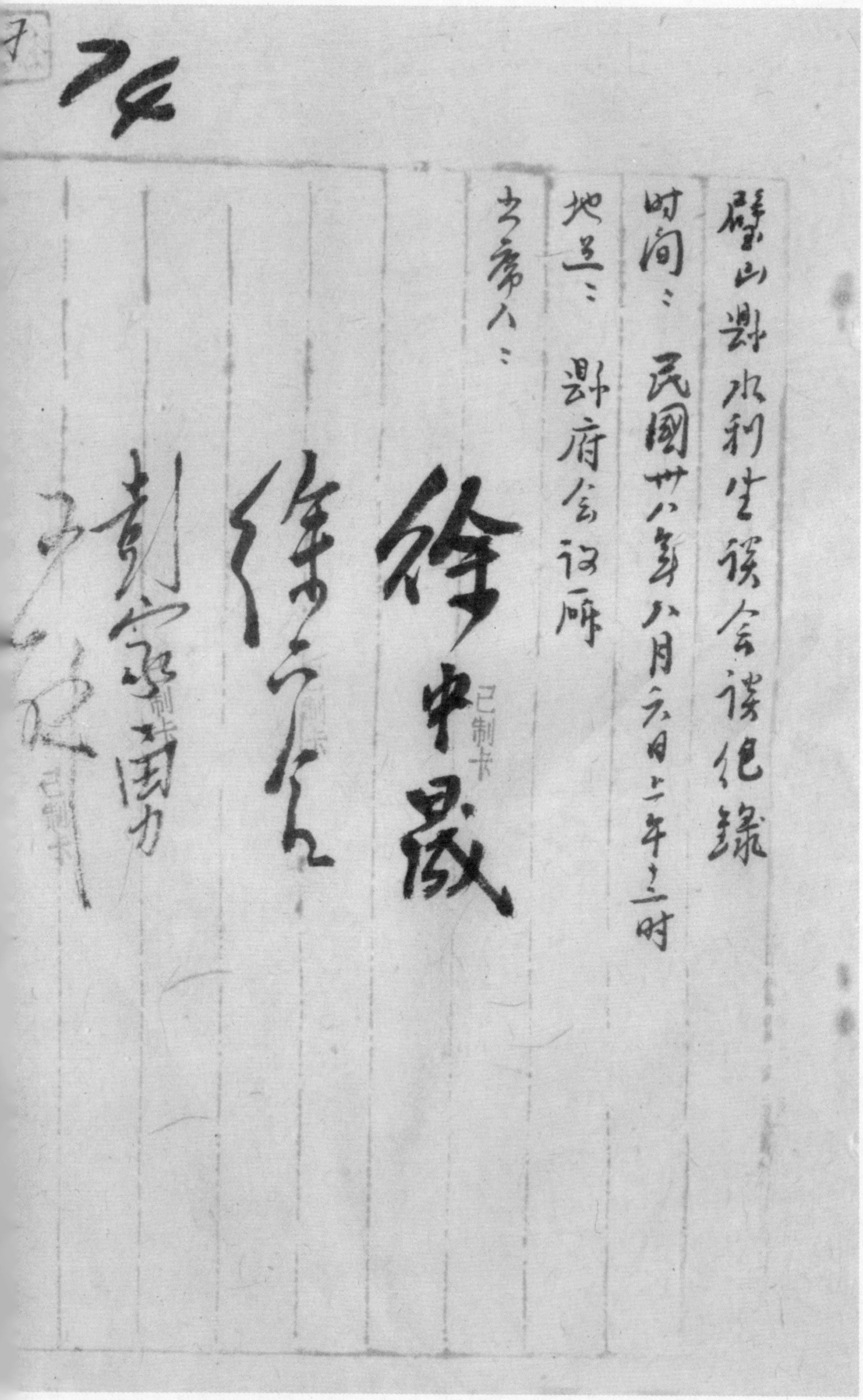

76

璧山县水利坐谈会谈话录

时间：民国卅八年八月六日上午十时

地点：县府会议所

出席人：

徐中微

徐□□

刘宗□ 周力

□□□

璧山县水利座谈会谈记录（一九四九年八月六日） 9-1-154（105）

张吉澄

主席 徐中晟　纪录 龙居禾

主席报告（略）

讨论

一、本县水利如何实施案

议决：先行选定位置再送由县府传工程师[illegible]查勘

璧山县水利座谈会谈记录（一九四九年八月六日） 9-1-154（106）

75

璧河下游以下築堰地点

一、小瓮上下間搭舊壩脚、

二、磨滩河、

三、文筆咀舊堰地址、水東門橋下面

四、来凤驿坊水堰整修

五、石龍健龍磨盘猪河查勘

六、引青木関龍洞水入璧河

七、三個滩築坊水堰

梅江

一、梓潼河梁前……

二、捧檯下高桥、寨坝（太和境内待查勘）

三、赶门滩

四、马坊镇登桥（规模较大）

璧北

大路马脑嘴、

璧城附近河流疏濬两边筑保坎

候派查勘各乡水利人员旅费当可通令各乡接待

阅 八、六

已抄

创办蒲河水力发电厂计划概况书 9-1-202（72）

67

创办蒲河水力发电厂计划概况书

一、宗旨 蒲河位于璧南交界，靠(?)两公路，水运频繁，煤铁矿藏丰富，筹办水电，激与适应环境需要，符合筹办人等兴趣，不计利钝，纯以建设蒲封(?)服务公众为宗旨

二、命名 定名为蒲河水力发电厂

三、地址 选择花埂(?)侧七星桥下河边，地水头高十三英尺，呈经报县府，经李(?)奉批已转省府核备

四、集股情形 定为一百股，每股金圆一千元，总计十万
[illegible]二股分[illegible]由筹备人等出足数字

於卅七年十二月表[illegible]股[illegible]准[illegible]進行並[illegible]三[illegible]

併由籌備處辦理

五、工程部　聘定南泉水電廠工程師劉子仪担任所

需局達水輪機一部由彼負責翻造現已完成

六、業務計劃　估收電費[illegible]十二匹半可使廿多

盞電燈三百五十盞下午六時開十二時關另裝置

一個直流交流發電機一只以備日間充電兼

用蒲河[illegible]相碾鋪公營[illegible]完成碾鋪並以

同組織好貸借大十碾鋪給五十家左右電用

鋪燈等至一千盞[illegible]之後[illegible]

创办蒲河水力发电厂计划概况书 9-1-202（75）

68

營業

七、架綫 商定由地方組織架綫委員會負責架設

三相四綫全長一千八百公尺

八、收費 按最低標準每盞以等美燈油計日延

十五日併檢計算

九、工程進度 機械工程木輪機已全部完成約占

木工程已完十分之七。

該負責人等所稱以此時銀元之

價值而論僅差八百元左右即可全部

完成需时三个月即可发电

水利组工作概要 9-1-208（173）

118

水利组工作概要：

水利组前身名为水利工程队，成立于一九四九年六月受农业组领导。一九五〇年二月始改成水利组，脱离农业组而独立，改由乡建院教授郭[illegible]欢当组长。在水利组期间所完成的工作计有

(一)梁滩河堰水工程：时间：一九五〇年三月至七月。工作人员：约二十人。所化工程费约十一万余斤米。完成的工程其大者计有①渠首工程②石渡槽一座③木渡槽一座。约可灌溉农田叁千市亩。

(二)西渠水电测量工作：时间：一九五〇年六月内。工作人员六人。因中途变更计划不拟修建，一切无具体结果。

(三)协助川东行署修复江北龙王乡褚公堰灌溉工程：时间：一九五〇年十月起，目前尚在工作中，本组参加工程人员五人。

(四)测量璧山大路乡傅家坝灌溉工程：时间：一九五〇年十一月内。工作人员八人。预计需工程费千余市石，可灌农田五百余市亩。

(五)测量津璧公路：由本组参加工作人员八人。一九五〇年十二月廿七日起至一九五一年一月八日止，计十三天完成了全部野外工作，计二十四[illegible]

现正整作野外工程材料的内业工作中

興辦小型水利辦法

一、凡本區各農業生產合作社如感於水旱之威脅可申請貸款舉辦小型水利如

1. 灌溉之工程——鑿塘、築堰、疏浚、修整舊塘堰

2. 排水之工程——疏通水道

3. 購置改良抽水機

二、各社申請貸款時應根據下列項目編擬計劃

1. 小地名、地勢與附近要地圖

2. 當地水源及每年中各月水源之變遷及變動情形。

3. 當地所受水旱影響之程度與事實

4. 興辦水利所需之工程類別。

5. 工程之估計（工料、數量、材料類別、數量所需經費與其完成時間等）

6. 可能受益之田畝數。

7. 耕作此項受益田畝之社員姓名及其需要款元。

兴办小型水利办法　9-1-224（123）

三、業此計劃須由當地輔導員及區主任召集社員詳其意見轉呈總辦事處再派技術人員實地勘察後始據為計劃之取捨。

四、決定舉辦後，即由技術人員編擬具體實施計劃，貸款與工程在地之輔導區負責監督，總辦事處隨時派員督導之。

五、工程完成後，社員應就受益田畝之多少，逐年分擔受益貸款償還貸款。如因工程之舉辦（如築壩塘）致不能再耕作之土地，其所有人得酌量減免此項費用。

六、工程利益如及於非社員之田畝時，對於受益農民應使其入社，對於地主應令其依公議繳納受益費，均須事前商妥，勿致事後糾紛。

七、擬請購置抽水機之合作社，必須該社所在地便於運輸與[illegible]地灌溉者，始得申請代款，並參照前述各項辦理。

八、小型水利貸款最多貸給全部費用之七成，由社員籌足三成資金送會，期限四年，逐年攤還，利隨本減，利率為週息八厘，代貸款手續照農民銀行規定手續辦理，自本年五月份開始申請。

华西实验区小型水利工程贷款推进办法　9-1-224（125）

華西實驗區小型水利工程貸款推進辦法

一、工程目標：本年依據貸款預算計劃於巴璧碚三縣局完成小型水利工程一〇五處

二、貸款對象：舉辦小型水利貸款以農業生產合作社為對象

三、工程種類：以工程簡易而收益之大之小型水利為限其種類如左：

（一）挖塘築堰或整修舊塘堰

（二）疏通水道

四、工作範圍：第一期暫以巴璧碚三縣局為工作範圍其先後緩急由總辦事處按各區工作情形決定之

五、申請勘查水利工程應備之圖書：

（一）編擬工程說明書其內容應包括下列各項：

（1）工程名稱地名地勢

华西实验区小型水利工程贷款推进办法　9-1-224（126）

(4)興辦工程〔所〕需各項材料名稱及數……

(5)工程完成後可能受益田畝

(6)受益田畝社員與非社員各若干

(7)可能自籌之工料數與籌措方法

(二)繪製簡要工程圖

六、申請程序：合作社小型水利工程申請勘查圖書應繪擬二份送所在之輔導區辦事處由輔導員及區主任分別調查審核後備文轉送總辦事處核辦

七、初審程序：總辦事處接到各輔導區辦事處轉送之合作社[illegible]水利工程圖書後即由水利合作及農業人員所組之審查小組共同作初步之審查合於經濟條件屬於小型水利範圍有興辦必要時即派員實地勘查再行決定

八、勘查事項：凡申請勘查工程經初審決定實地勘查時應注意下列事項：

(一)地質勘查：

华西实验区小型水利工程贷款推进办法　9-1-224（127）

73

1、土質：(a)土質　(b)土層深度
2、石質：(a)石質　(b)石層厚度

(二)地形勘查：
1、擬修工程位置
2、受水區情況：(a)受水面積　(b)逕流係數
(c)土壤侵蝕情形
3、可灌面積：(a)旱田　(b)水田

(三)工資調查：
1、工資：(a)石工　(b)土工
2、雇工難易或自籌工數
3、材料估計：
(a)石料：(1)名称　(2)單價　(3)運距　(4)數量
(b)木料：(1)名称　(2)單價　(3)運距　(4)數量
(c)粘土：(1)運距　(2)數量
(d)石灰：(1)單價　(2)數量
(e)水泥：(1)單價　(2)數量

华西实验区小型水利工程贷款推进办法　9-1-224（128）

（五）受益人社員與非社員之比例調查

九、貸款數額：每一單位工程本區貸放全部工程費之七成以銀元一千元為原則由合作社自籌三成其須自籌之款可以勞力材料代替之

十、貸款期限及利率：貸款期限依工程之大小定為一年至四年其利率以月息八厘計算

十一、貸款手續：水利工程經實地勘查有興办必要時即通知合作社依照貸款办法之規定手續申請貸款

十二、工程督修：合作社領得貸款後七日内即須開工其工程進行期間本區派工程人員會同駐鄉輔導員指導修築並監督貸款之支用情形

十三、工程驗收：工程完竣後即應報請總辦事處派員會同輔導區辦事處驗收

十四、本辦法自公佈之日施行

申请查勘小型农田水利工程须知　9-1-224（129）

74

申請查勘小型農田水利工程須知

一、申請種類

1、修整舊塘　舊塘淤泥、坍毀、漏水，或可擴大者
2、修建新塘　地形易於集水且便於灌溉田畝者
3、修整舊埝　舊埝淤塞、坍毀、漏水者
4、修建新埝　地形宜於積水且興築容易灌溉便利者
5、攔河蓄水　河床宜於蓄積水量興築容易灌溉便利者

二、受水面積估計

凡雨水降落後，均流聚於某一處所之面積，稱受水面積。塘、埝受水面積，應作粗略估計。以畝為單位。如係河流，其受水面積，應自源頭計至築埝築堤處所。河水流量，如每秒鐘為〇、一立方公尺，一日夜即有八、六四〇立方公尺之水量可資利用，、因蓄於七二公尺長，三〇公尺寬，四公尺水深之

申请查勘小型农田水利工程须知　9-1-224（130）

凡能以所蓄或經築塘、築堰攔[illegible]汲取以灌溉之田畝，称灌溉面積。每畝灌溉一次，約需水量一二〇立方公尺。能灌溉之田畝，應作粗略估計。以畝為單位。

四、土石方估計

修築塘、埝，均須開挖及填築土方，開採及安砌石方，其數量、單價、人工，均一一作粗略估計。土方、石方均以立公方尺計，單價以米計。

五、工款估計

開採石方挖掘土方安砌石方填築土方等均估工計價（工價以米計）石灰（每安砌條石一立方公尺約需七〇斤）河沙（每安砌条石一立方公尺約需〇·一五立方公尺）等所需數量及單價總價等均一併作粗略估計

六、工程效益估計

工程完成後，受益田畝所增加之農產收益，須作粗略估計。

涪陵荣桂乡第四保修复白水洞堰工程总结 9-1-270（50）

49

涪陵崇桂鄉第四保修復白水洞堰工程總结

一、白水洞的堰是怎樣失修的

白水洞這個地方，是上由馬武鄉龍安鄉的一条小河经过地處崇桂第四保的一個小地名，它的两边，全是高山，水流至此，因地势突然下沉，便顯出了約有六七丈的一個大瀑布，第四保的地势也就由此逐渐低下，逐渐平坦，到了張家堡這個地方，就現出了约有三百老石的水田面積。

在若干年前，這些水田，全賴白水洞的堰水来灌溉，後因堰堤年久失修，水道圮毁，這些田便由只能靠天吃飯而減産，甚至把田变成土的就有数十老石。

這堰失修的原因有二，第一是田的所有权屬於封建地主的，因為有了灌溉之利而增加了收益，反而成了地主对佃農每年加租加押，進行更大剥削的藉口，所以佃農们是不肯修堰的，而地主因為只知道剥削地租，并把剥削得来的地租用之於驕奢淫逸的生活，良心上，尤其是因

50

為田不是他们自己种的，他们更不願修復。第二「就是封建迷信的風水之説」妨碍了這堰的修復，在這堰的入水口處，有一個大石頭，而被年復一年的洪水冲蝕把放水口冲低的白水洞堰，是非把這個大石頭鑿斷通不可能継續流水的，悪霸地主黄曙嵐認為是他家的風水石，禁止打斷，因而這堰就在過去封建勢力統治下，廢棄了二十餘年無法修復。

六、群衆是怎樣發動的

今年政府為了提高生產，增加收益，特發出了修復塘堰的號召，我農指示就召開了第四保的農会幹部会議，説明了政府號召修復塘堰的意義，及現在修復塘堰是完全為了農民自己而不是為了地主的道理，以打通提高他们的認識，并激動他们的積極情緒，経過他们討論研究後，幹部们興奮了，都堅決的表示願為修復第四保的塘堰而斗争。

堰是決定修復了，但幹部们感到僅先修白水洞這一条堰，是不能動員全保農民群众的，因而就計劃着把「叫化子崖」及「聖水寺」的堰，和全保

涪陵荣桂乡第四保修复白水洞堰工程总结　9-1-270（52）

51

的塘都消先後修復起來，這樣，不但使每甲每戶的思想顧慮排除乾淨，對於動員上也比較容易些，農會的幹部們就在這原則下分别去宣傳和動員群衆使農民群衆先來一個思想動員和醞釀，以便發揮出他們潛在的偉大力量來。

在這個動員的過程中，有些有土無田的，得不到塘堰灌溉利益的農民們，都以"挖空土""打田坎"為辭，不願參加這修堰工作，農會的幹部們，就商討了先由組織變工隊給他們助耕，再於減租退押或土改時以予以適當的照顧的辦法，號召他們積極參加工作，就在這樣地號召醞釀動員下，全保農民都動員起來了，不但農會幹部興奮緊張起來，農民群衆們也積極起來了，一致要求願在早日開工，迅速完成這修復塘堰的任務。

三、農民興奮而積極的籌備開工

第四保農會就在這農民群衆的情緒高漲之時，召開了全保農民群衆籌備會議，在籌備會上，農民群衆討論了計劃，分工，及一切準備事宜，因此他們決議在農會下設立有設計工程責任的設計組，和籌劃經費設備工具，并保管責任的總務組，以及登記工作人數并記載勤惰的監工組，直接領導群众修堰的工作組，及結合工程解決冬耕的变工隊。

工具方面：決議鋤頭扁担由农民群众自行帶來，抬石頭的杠子，由總務組筹備，抬石頭用的繩子，和挑泥土用的箢篼，利用紫水寺的竹子，分給各甲編製，送總務保管。

經費方面：因需石灰一千斤，同時需八十個石工，而石工是技術人員，群众認為應供給伙食，便決議統由農會先行籌備，俟減租退押後，再設法歸還。至於人工方面：決定每甲每天動員十人修堰，全保四名石工，一齊參加，其餘的人即為变工隊，對地主男女，亦須令其參加修堰工作，使其在勞動中改造自己，這些問題經群众討論決定後，就決定了十二月十日為開工日期，又為了顧及冬耕和群众的吃飯時間，就決定每天上午八時至下午五時為工作時間，又為了檢討當天的工作，使每個人都有申述意見的机會，決定於每日收工時間，開一個臨時檢討會，監工組也就這时把應該表揚和批評的，我們在公佈出來，此外，幹部們必須在每晚再舉行一個商討會，計劃次日的工作。

涪陵荣桂乡第四保修复白水洞堰工程总结 9-1-270（54）

53

四、勝利的克服困難，基本上完成了水堰工程

當工程開始的时候，認為這個堰只須十五公尺長，高和寬各一公尺，利用堰堤附近的亂石頭即可砌成，經工作二日後，又感洪水季節的山洪力大，非把這堰堤加強不可，但附近的亂石頭，已是用盡，也只完成了堰堤的五分之一，在这种情况下，在每天收工時的檢討會上，商討了利用無主的古墓石头來補充，但古墓石頭頗大，每方至少八人始能抬走，而这些古墓又都在離堰堤一華里之遠的地方，且天雨泥濘，無路可通，農民群众们，終於利用樹木將路修好，把石頭順利的運完了。

當工程初展開时，以不能容納將近二百人來共同一起工作，事先幹部们也没有把群众来分工，当會素主任號召有力的男同志去抬石頭，婦女和其他男工同志们挖堰溝和挑泥土，於是抬石頭的爭先取扛子拿繩子，挖溝挑土的的，就提着鋤頭挑着籃子，積極的迅速的各自去工作了。

群众的工作情緒是隨着工作的進展而逐步提高的，參加工作兩天後的石工況少周代表石工說：「石工是工人，是領導階級，就要做得好，做得多，還要堅決

54

的完成任务，若不做好做完，就對不起毛主席」！當他（她）們到只种少許土的婦女同志「你並得不到这個堰的好處，妳為啥子还要来参加這工作呢」？她們就会答覆你說：「我們雖是沒有种田，得不到这個堰的好處，只要增加了別人的收益也是好的，天下乾人是一家呀！借取起来也容易，就是買着吃也便宜些，窮人的心要比伸根的心好些」。

農會的幹部们也更為積極的帶頭工作，他們各自帶伙食，毫不鬆懈的做整日工作，這樣又激動了群众的心，志願参加做整日的工的，就有一十五人之多，如第八中心学校的小朋友，每於放学後成群的来慰问農民群众们，當他们歌唱「咱们工人有力量」「团结就是力量」的歌曲時，大家更為愉快的工作，情緒也更為高漲了，農民们每於休息的時间，還討論着自己的工作，其中的積極份子如冉炳宣、查三昌、張致和、尹海山、胡松山和陳继輝、任淑青、夏忠貴、三位婦女同志等，表現了肯牺牲的積極精神，都奮力地担石担泥土工作。

當堰堤工程正在進行的時候，若工隊也極積的展開了助耕工作，他們為

涪陵荣桂乡第四保修复白水洞堰工程总结　9-1-270（56）

55

第八甲打了不少的田坎，為那些抬石頭的挖了不少空土，這些工作大半都是由沒有参加修堰的婦女同志們負責搞起來的，就在這樣緊張的工作下，於十六天內把這条長有十五公尺寬二公尺高一公尺半的堤基本上勝利的完成了，未完的少数導水溝的工作，等到減租退押反霸的工作搞好後再來完成它。

這個堰共計用了六百八十四個工（地主劳動不在內）其中女工就佔有二百二十八個，另外有石工七十八個，共用了石灰一千斤，人民幣六萬四千元，食米五市斗叁升五合。像这樣費用少還能完成如此大的工程，同時又不誤冬耕，这完全証明了劳動人民的团结力是能克服任何困難的。

五、幾點經驗與教訓

在這個修堰工程中，因為事先沒有請一位有水利技術的人員來指導，和周密的勘測一下，以致堰虽修好了，還是存在着堅固耐用的懷疑心理，同時在河底大石頭下发現了漏水空隙，致使放堰水時，水不能流入堰頭，再如因為事先沒有周密而詳尽的計劃好，致使千餘人挑來的泥土一夜被水冲垮，當時叫化

涪陵荣桂乡第四保修复白水洞堰工程总结　9-1-270（57）

56

子崖口的堰溝时，因为路線没有决定好，使七十余人工等了有一小时之久，這些都是浪费人力之處。又如這次没有採取分工競賽的辦法，一般說来，就没有表現出高度的劳動積極性来，這就說明了搞這工作，還存在着一些缺点，但這個工作中我们也感覺到有些经验，例如半日制的工作，不但不需伙食因而也節省很少的經費可以完成较大的工程，同時這修復塘堰的工作，與生產工作緊密的結合，利用农工隊的组织，進行冬耕，也并未因修復塘堰而妨碍生產工作的正常進行，因而也減去了农民们的生產顧慮而提高了工作情绪安心的工作。

六、对今後的意見

一、对於修復塘堰工程，应事先請專门技術人員指導勘测方能擬出較詳尽的計劃完成經久耐用灌溉本。

二、今後動員群众，必須事先大力宣傳教育以去掉其思想顧慮，工作情緒方能提高，工作的勝利完成，才有完全把握。

三、多用競賽办法，并須利用黑板报，以表扬鼓励積極份子，使之成為工作

涪陵荣桂乡第四保修复白水洞堰工程总结　9-1-270（58）

57

領導的核心力量。

四、今後修復任何一個塘堰，必須尽量免除重男輕女的陋習，把廣大農村的婦女力量組織到修復塘堰的工作中來，使工作的進行和完成更為順利。

虎堰河水利工程委员会、华西实验区水利工程队、巴县第五辅导区办事处及华西实验区总办事处为虎堰河水利工程贷款事宜的往来公文 9-1-102（85）

虎堰河水利工程委員會 呈　虎建字第一號 三十八年十月 日

事由：為興辦虎堰河水利工程賫呈工程費預算圖表懇祈

鑒核貸款由

查南泉花溪上游虎堰河山水歸漕源遠流長大可利用於農田灌溉及工業動力興水道運輸諸端祇以溪內亂石嶙峋抑且地勢高低差度甚鉅鑿濬工程頗費周章本年九月四日

鈞座因公道出斯地談及地方建設 屬等當即建議擬將此虎堰河自虎嘯口溯江而上經過界石鹿角仁厚三鄉轄區之頭灘蒲落塘以迄堰口一帶分段築堤疏濬開鑿堰溝既可灌溉兩岸約八千餘畝之農田複可利用築堤存蓄固定水量以作農產加工或副業之動力更

虎堰河水利工程委员会、华西实验区水利工程队、巴县第五辅导区办事处及华西实验区总办事处为虎堰河水利工程贷款事宜的往来公文　9-1-102（86）

77

可藉以分段行船便利水道運輸其裨益於界鹿南三鄉居民之農村經濟實非淺尠此項建議深得鈞座贊許爰由毓等遵囑先與界石鹿角兩鄉有關首長交換意見當於九月五六兩日分別在界石鹿角兩鄉約集各當地鄉長代表會主席中心校長地區參議員及公正士紳等會商僉以上述河流之疏濬築堤鑿堰工作實為當前振興農村經濟之無上要圖爰定期於九月七日在南泉召開大會邀集有關各該鄉局地方法團學校首長民意代表公正士紳等一體參加頗形踴躍當經會議決定組成「虎堰河水利工程委員會」推定毓等為委員其對上項工程之初步測勘及工程費預算之編造均經指

73

定專人負責分頭進行現勘測工程業已竣事并製成各項草圖及工程費預算表總計約需工料費用銀圓貳萬柒仟貳佰伍拾元正茲謹檢具虎堰河地形草圖一張虎嘯口頭灘蒲落塘堰口等地橫斷面草圖各一張工程預算表一紙預算書一份賫請

鈞座鑒核懇即

賜准照章貸款以便興工而利農村所呈各節是否有當伏祈

核示祇遵！

謹呈

華西實驗區主任孫

附件如文

虎堰河水利工程委员会、华西实验区水利工程队、巴县第五辅导区办事处及华西实验区总办事处为虎堰河水利工程贷款事宜的往来公文　9-1-102（87）

虎堰河水利工程委员会、华西实验区水利工程队、巴县第五辅导区办事处及华西实验区总办事处为虎堰河水利工程贷款事宜的往来公文　9-1-102（88）

74

虎堰河水利工程委員會委員 蔣

（縣指導員）秦文彬

（南泉管理局長）許敬輿

（界石鄉長）朱大偉

（鹿角鄉長）劉德恩

（南泉參議員）許湘聲

（南泉代表會主席）王仲珊

（界石參議員）張克敦

（界石代表會主席）石錫光

（鹿角參議員）許楚栩

虎堰河水利工程委员会、华西实验区水利工程队、巴县第五辅导区办事处及华西实验区总办事处为虎堰河水利工程贷款事宜的往来公文　9-1-102（89）

75

（鹿角代表會主席）周精初

虎堰河水利工程委员会、华西实验区水利工程队、巴县第五辅导区办事处及华西实验区总办事处为虎堰河水利工程贷款事宜的往来公文　9-1-102（90）

虎堰河水利工程預算書

民國三十八年十月十二日造報

款	項	名稱	金額	備考
1		虎堰河水利工程費	二七，二五〇.〇〇元	全工程需石方二一九七·五公方，水泥三百桶及開闢灌田水道之工程費與雜支等，合計共支如上數。
	1	虎嘯口工程費	六，〇七五.〇〇	計石方四〇五公方，完成每石方工程費需十五元，合計如上數。
	2	頭灘工程費	五，一〇〇.〇〇	計石方三四〇公方，完成每石方工程費需十五元，合計如上數。
	3	蒲落塘工程費	五，七七五.〇〇	計石方三八五公方，完成每石方工程費需十五元，合計如上數。
	4	堰口工程費	一，〇〇〇.〇〇	計石方六七·五公方，完成每石方工程費需十五元，合計如上數。
	5	水泥	四，八〇〇.〇〇	計需水泥三百桶，每桶連運力十六元，合計如上數。
	6	水道工程費	三，五〇〇.〇〇	開闢灌溉田畝水道，估計共需工程費如上數。
	7	雜費	一，〇〇〇.〇〇	雜項開支，約計如上數。

虎堰河水利工程委员会、华西实验区水利工程队、巴县第五辅导区办事处及华西实验区总办事处为虎堰河水利工程贷款事宜的往来公文　9-1-102（102）

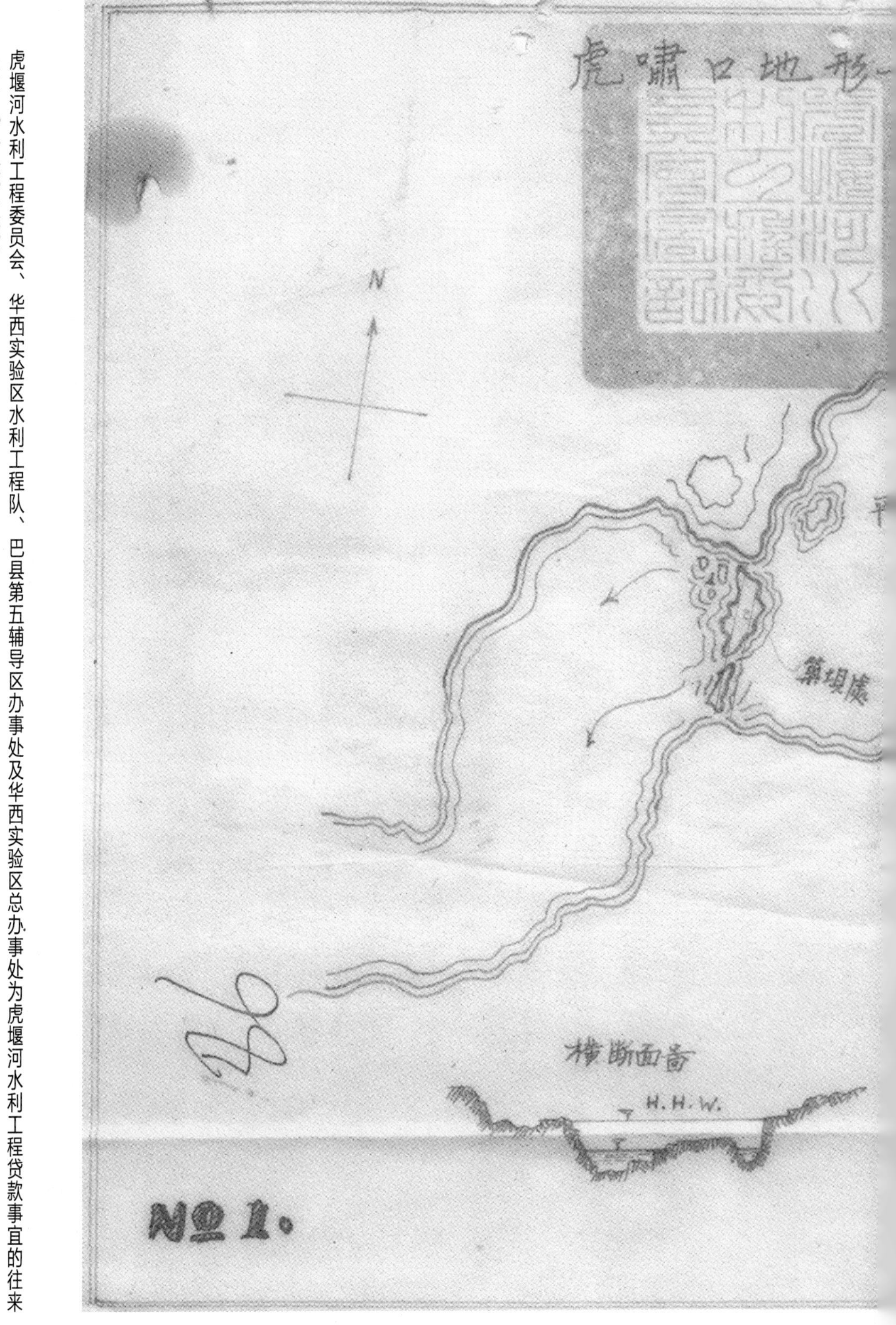

虎堰河水利工程委员会、华西实验区水利工程队、巴县第五辅导区办事处及华西实验区总办事处为虎堰河水利工程贷款事宜的往来公文　9-1-102（102）

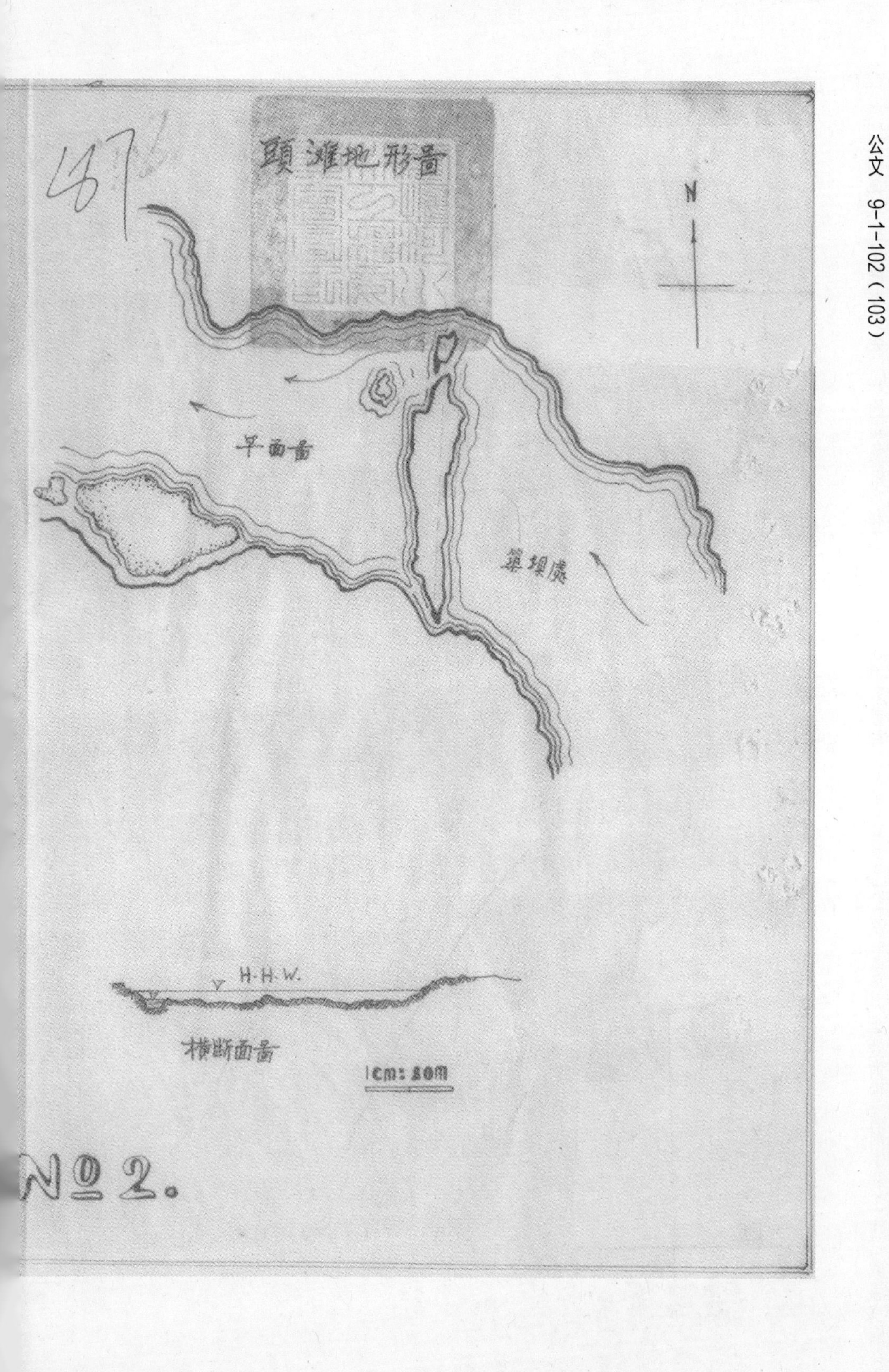

虎堰河水利工程委员会、华西实验区水利工程队、巴县第五辅导区办事处及华西实验区总办事处为虎堰河水利工程贷款事宜的往来公文 9-1-102（103）

虎堰河水利工程委员会、华西实验区水利工程队、巴县第五辅导区办事处及华西实验区总办事处为虎堰河水利工程贷款事宜的往来公文　9-1-102（104）

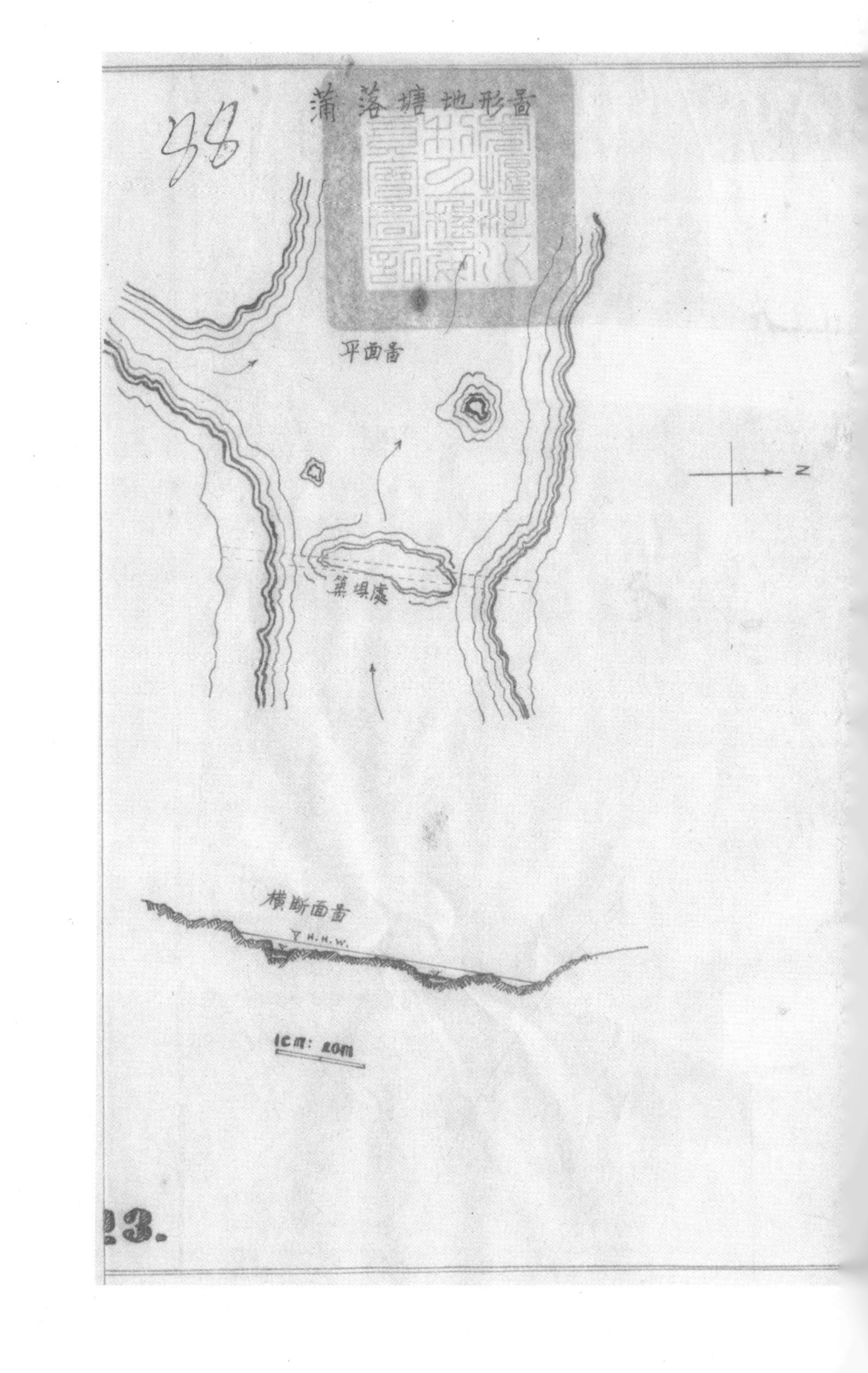

虎堰河水利工程委员会、华西实验区水利工程队、巴县第五辅导区办事处及华西实验区总办事处为虎堰河水利工程贷款事宜的往来公文 9-1-102（105）

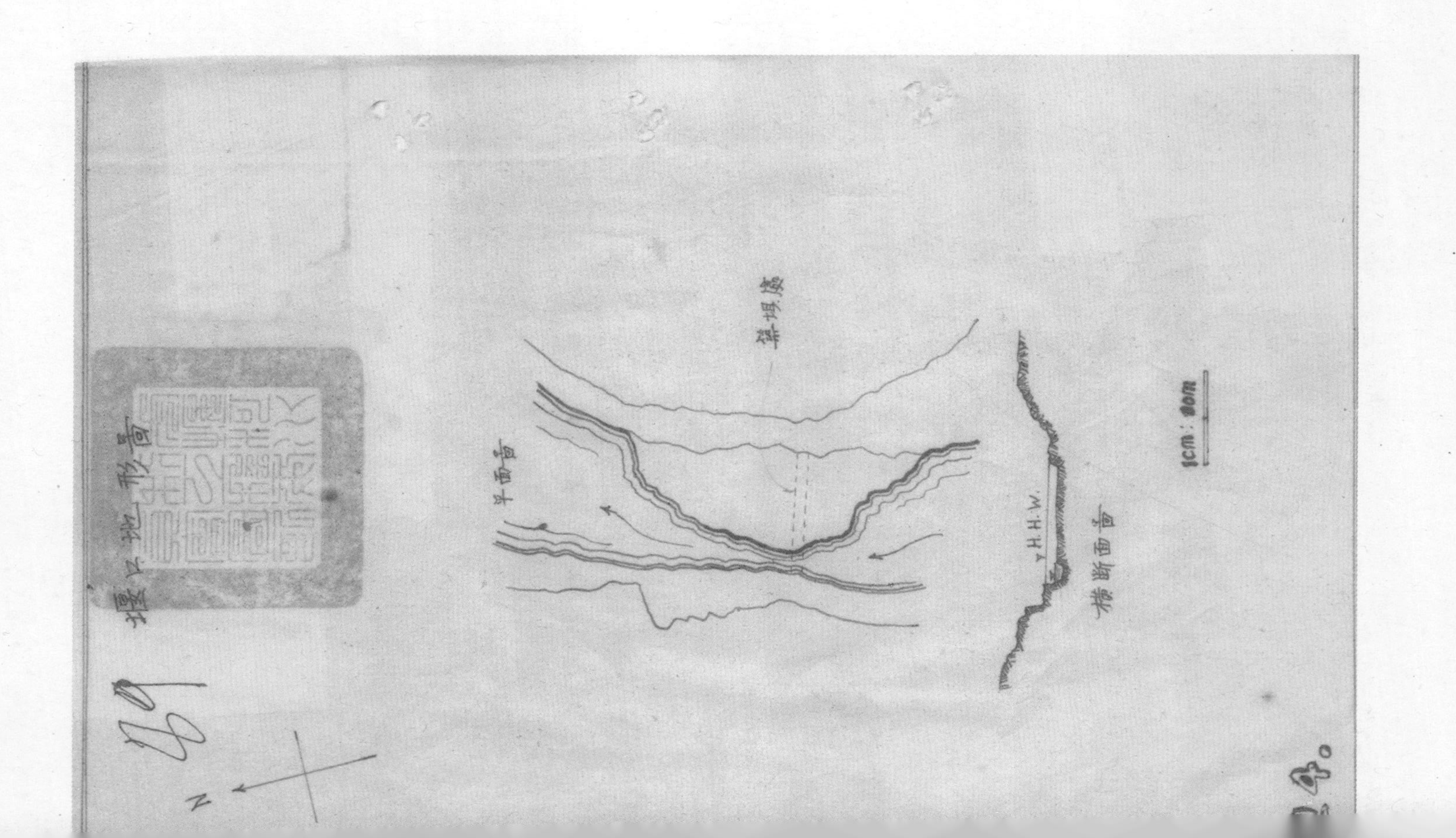

虎堰河水利工程委员会、华西实验区水利工程队、巴县第五辅导区办事处及华西实验区总办事处为虎堰河水利工程贷款事宜的往来公文 9-1-102（106）

90 虎堰河提垻工程預算表

38年9月30日

1. 虎嘯口

垻長30m 高3m 寬3.5m 石方=315立方公尺

兩岸護牆 長20m 高3m 寬1.5m 石方=90立方公尺

全垻合計 石方=405m³立方公尺『石工費每15元1公方』

全垻石工費 405×15=6075圓

2. 頭灘

垻長70m 高2m 寬2m 石方=280立方公尺

兩岸護牆長30m 高2m 寬1.m 石方=60立方公尺

全垻合計 石方=340m³立方公尺 工費=340×15=5100圓

3. 蒲落塘

垻長57m 高2.m 寬2.5m 石方=285立方公尺

兩岸護牆 100m³公尺 『因兩岸泥土故護牆較多』

全垻合計 385m³立方公尺 工費=385×15=5775圓

4. 堰口

垻長30m 高1.5m 寬1.5m 合計石方67.5立方尺

全垻合計工費 67.5×15=1000圓

5. 水泥

300桶 每桶16圓 300×16=4800圓

6. 灌溉

水道工程費 全部估計 3500圓 雜支1000圓

7.

總計工費料費等：6075+5100+5775+1000+4800+3500+1000=

27250圓

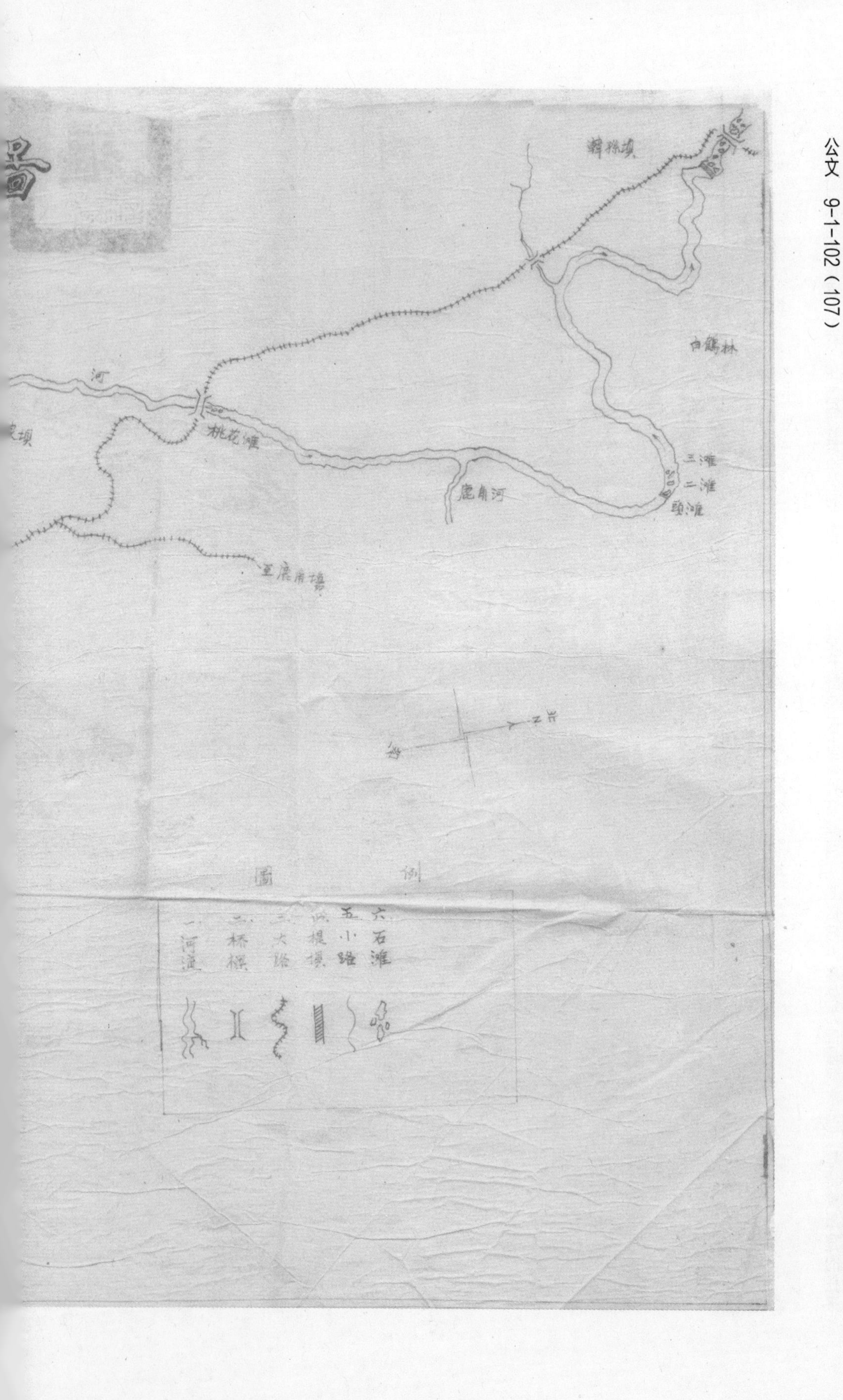

虎堰河水利工程委员会、华西实验区水利工程队、巴县第五辅导区办事处及华西实验区总办事处为虎堰河水利工程贷款事宜的往来公文　9-1-102（107）

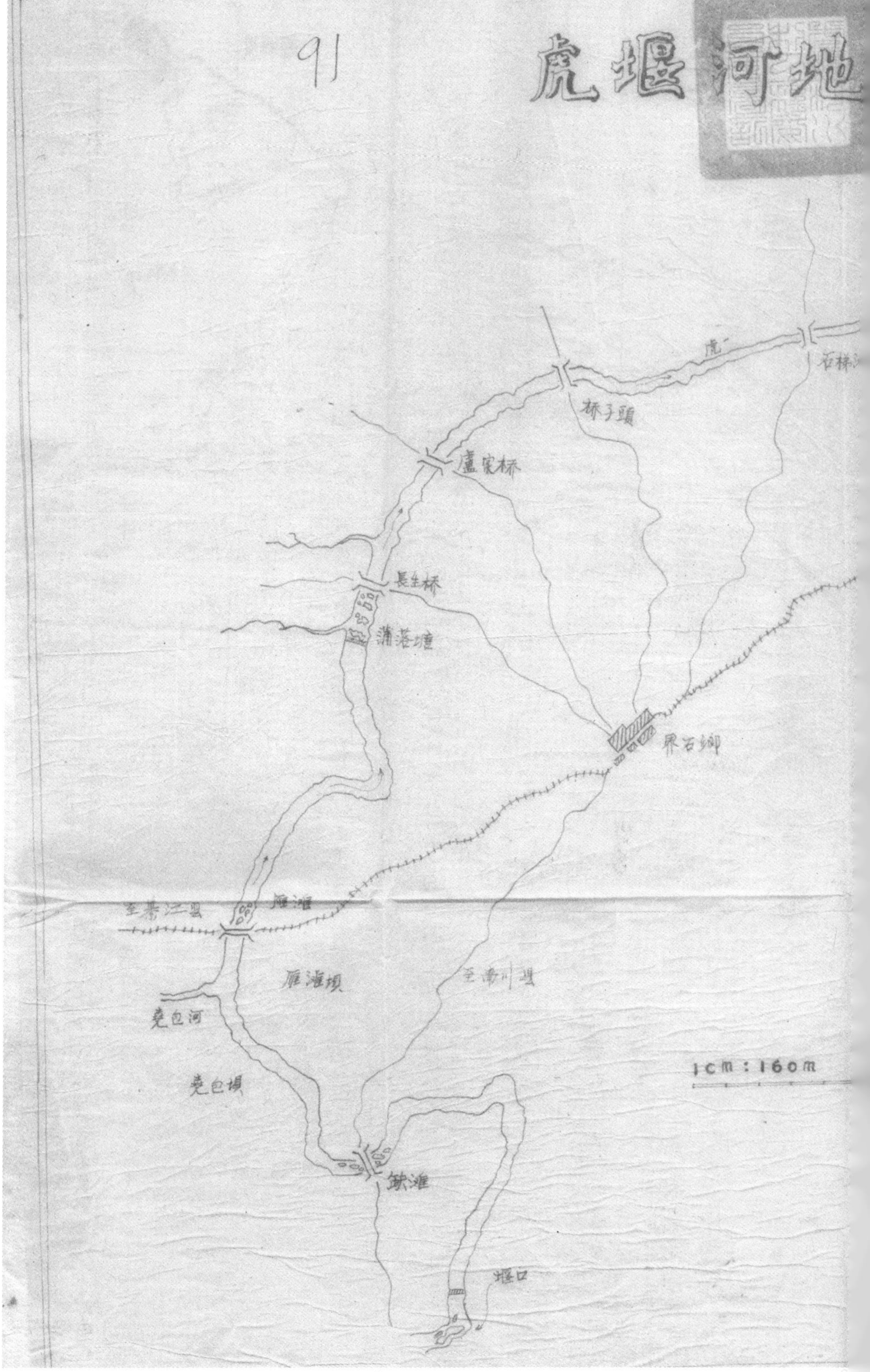

虎堰河水利工程委员会、华西实验区水利工程队、巴县第五辅导区办事处及华西实验区总办事处为虎堰河水利工程贷款事宜的往来公文　9-1-102（108）

虎堰河水利工程委员会、华西实验区水利工程队、巴县第五辅导区办事处及华西实验区总办事处为虎堰河水利工程贷款事宜的往来公文 9-1-102（83）

查關於水利貸款按照本處小型轉貸款推進辦法
規定貸款對象為農業合作社，貸款數額以每單
位貸銀元壹仟元為原則。查虎堰河水利工程其
組織為水利工程委員會，工程費估計為銀元貳萬
柒仟餘元，均與本處水利貸款辦法不符，但據呈稱
該項計劃[illegible]業[illegible]深得 主座贊許，究可否示以
核貸數元，或聯合受益區域組織（農業合作社聯合）水利合作社
核示。十卅
所編貸款改應由地方自籌[illegible]夫
[illegible]

虎堰河水利工程委员会、华西实验区水利工程队、巴县第五辅导区办事处及华西实验区总办事处为虎堰河水利工程贷款事宜的往来公文　9-1-102（84）

查虎堰河水利委員會水利貸款事不合本處小型水利貸款推進辦法之規定照章不予貸款惟虎嘯口一地形經濟之實有興修之價值不予貸款有非本意且據呈稱該項計劃深得主座贊許而告予以貸款敬此特呈

主座鑒核示奪　此致

合作組

水利工程隊（印）　十、廿

留呈

擬予候核定　十、廿

70

中華平民教育促進會華西實驗區總辦事處用箋

中華平民教育促進會華西實驗區本部　水利工程隊

虎堰河水利工程委员会、华西实验区水利工程队、巴县第五辅导区办事处及华西实验区总办事处为虎堰河水利工程贷款事宜的往来公文 9-1-102（91）

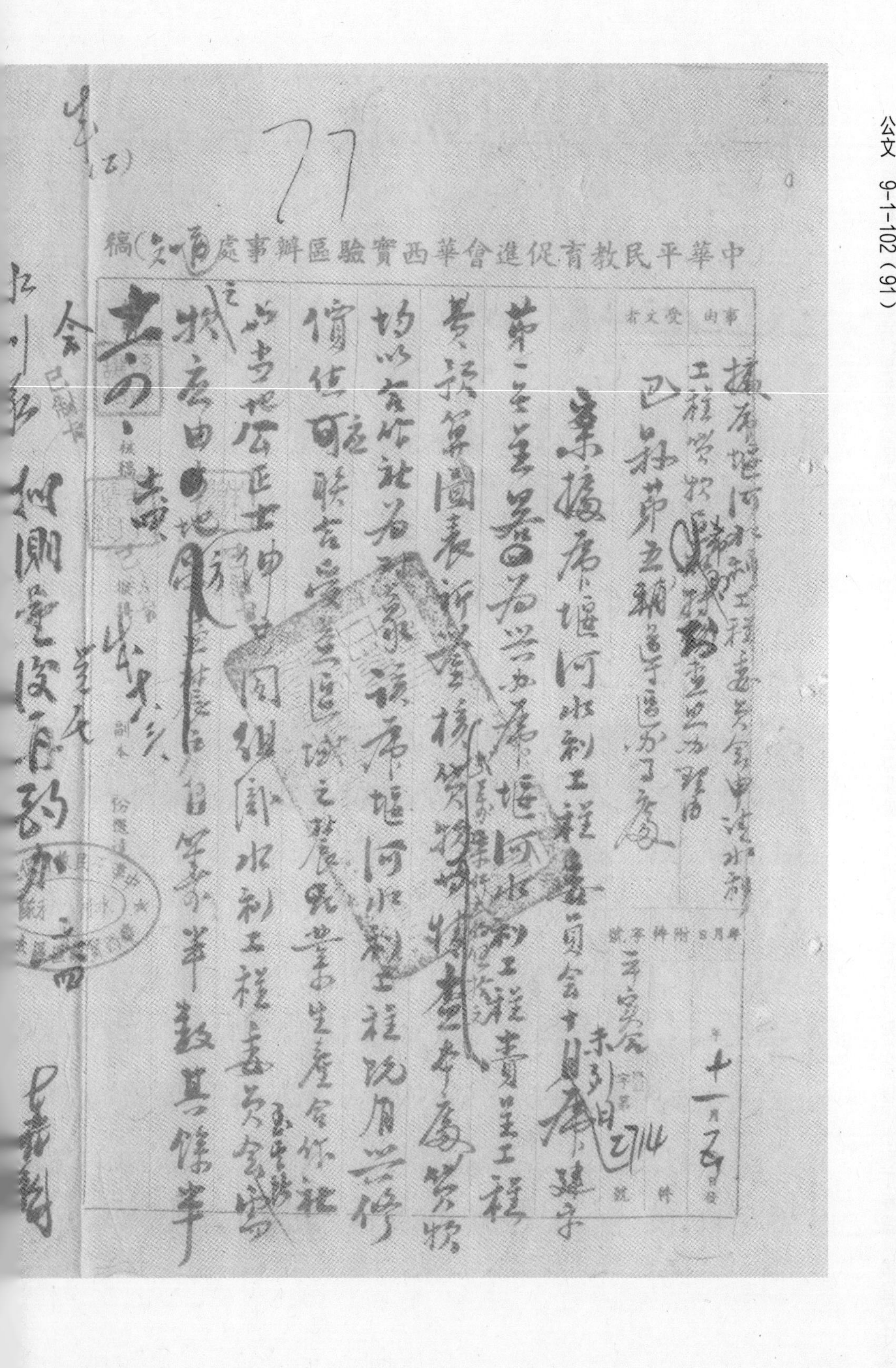
中華平民教育促進會華西實驗區辦事處稿

事由

受文者

年月日發

附件

字號

虎堰河水利工程委员会、华西实验区水利工程队、巴县第五辅导区办事处及华西实验区总办事处为虎堰河水利工程贷款事宜的往来公文　9-1-102（92）

78

中華平民教育促進會華西實驗區辦事處（　　）稿

事由

受文者

附件字號

核判

核稿

擬稿

副本一份送達

款由受益地区之林区共某生产合作社负责，由区照章（依各该社受益田亩数量贴）贷放完成办理申请贷款手续，（俟）待款到后再为填写……同时……

（至需款确数待本处水利工程队详细测量后再行核定）

主任 孙○○

虎堰河水利工程委员会

中央农业实验所北碚试验场与北碚辅导区办事处、华西实验区总办事处为该场整修水塘贷款问题的往来公文 9-1-102（100）

（一）旅费表示会计照发 蔡
（二）勘查报告书送农委会及合作组分别核办 九廿六

北碚农事试验场申请整修蓄塘，经勘查结果：其中较大之一塘，只挖少数淤泥即可，可请其自行办理，其余两塘，因灌入之水时夹带泥沙所淤积，塘皆堤岸又不时崩毁，宜将淤泥挖去，约共一千五百土方（四方），并酌用条石护岸，约七十丈方左右），全部工程费用，约计陆万元，整修完竣后，该场灌田三〇亩，该土四〇亩，经济价值极大，又该场系一育种试验场所，与本区推广优良品种有关，并宜派员前去测量，报印施工，兹将勘查据实明细表及工作日记，随赍请

中央农业实验所北碚试验场与北碚辅导区办事处、华西实验区总办事处为该场整修水塘贷款问题的往来公文　9-1-102（101）

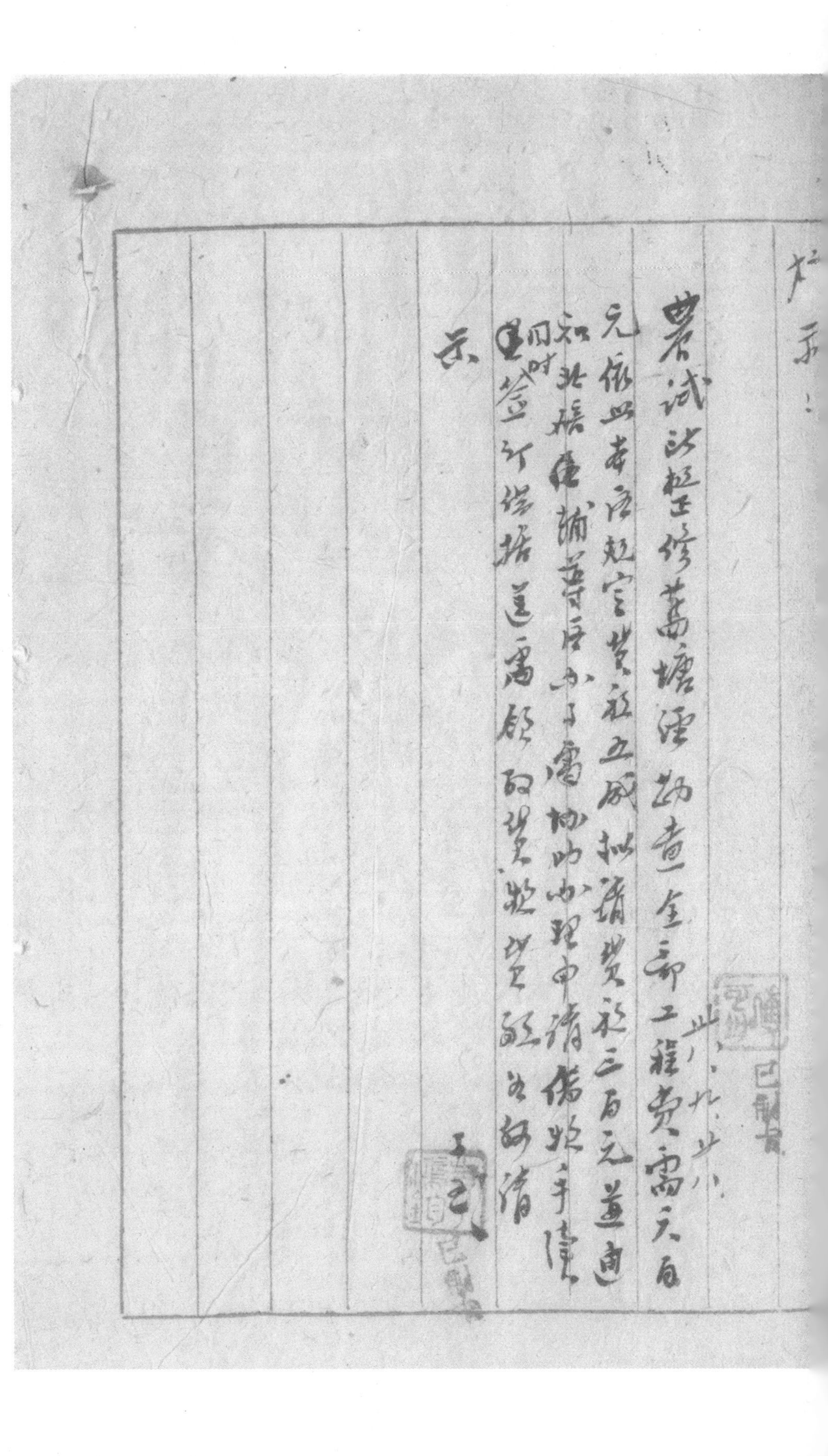

於示：

農試場整修蓄塘經勘查全部工程費需六百元，依此本處規定貸款五成，擬請貸款三百元，並通知北碚辅導區办事處協助办理申請借款手續，同时呈签订借據送處簽發貸款為禱。請

示

卅八、九、廿八

中央农业实验所北碚试验场与北碚辅导区办事处、华西实验区总办事处为该场整修水塘贷款问题的往来公文 9-1-102（98）

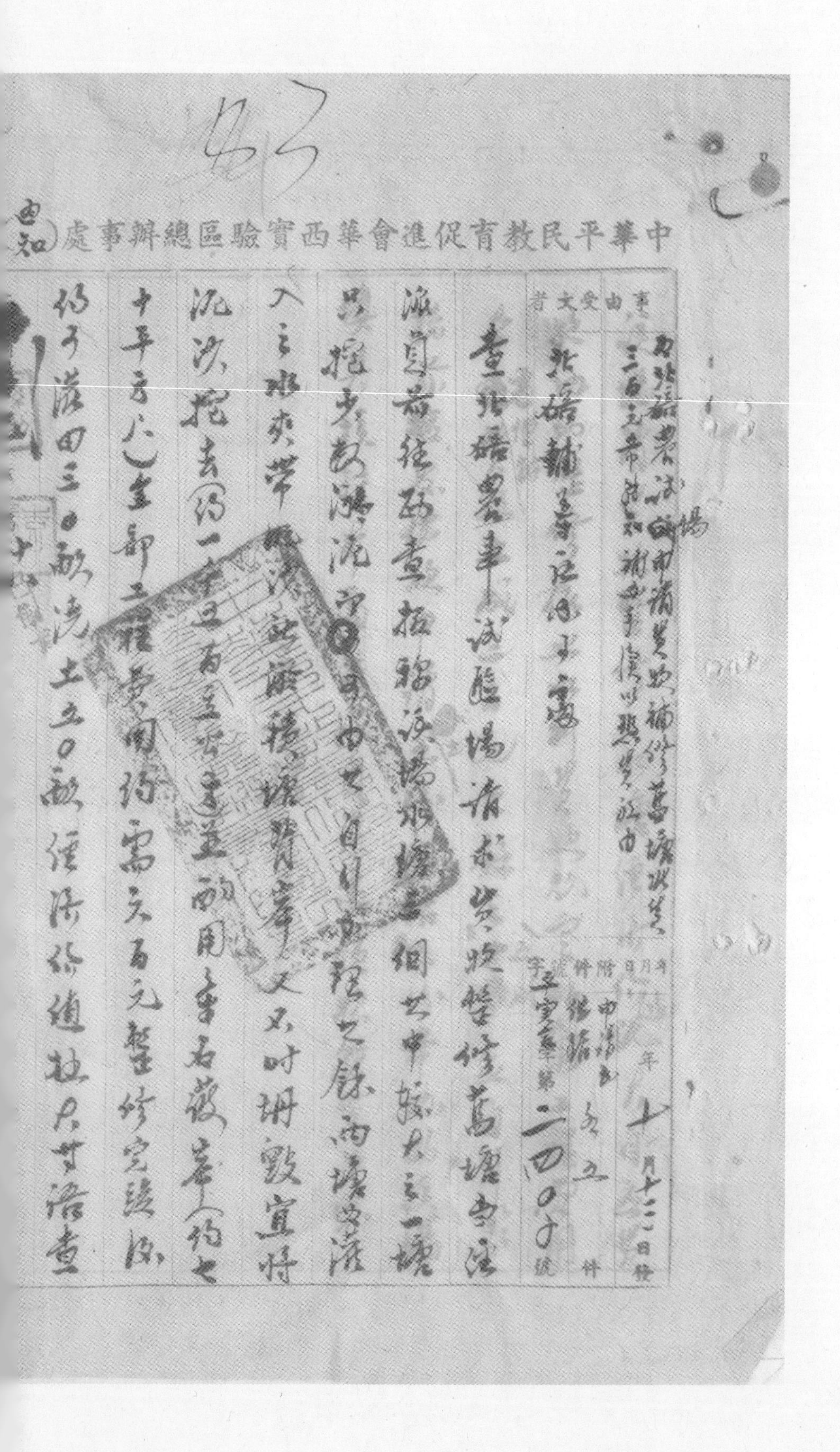
中華平民教育促進會華西實驗區總辦事處

事由：為北碚農業試驗場申請貸款補修舊塘水堰三百五十萬請知照辦理具報由

受文者：北碚輔導區主任于

查北碚農業試驗場請求貸款整修舊塘堰，派員前往查勘，據報該場水塘三個，其中較大之一塘只挖出數潮流[illegible]由也自行料理之餘，兩塘收灌入之水亦常被沉泥淤積，塘岸又不時坍毀，宜將沉泥挖去（約一[illegible]），並酌用條石砌岸（約七十平方尺），全部工程共需約六百元，整修完該塘約可灌田三十畝，洗土五十畝，便活給適[illegible]

年 十月十二日發

附件：申請書

字號：華實農字第二四〇六號

84

[illegible]
水塘助整修依照水利贷款规定所需工程费用
本处借给贷款五成三百元之谱其余五成应自行筹
措兹发借款申请书五份担保书五份希协助该场
填具后并派员来处领取贷款为盼
主任　孙〇〇

中央农业实验所北碚试验场与北碚辅导区办事处、华西实验区总办事处为该场整修水塘贷款问题的往来公文 9-1-102（95）

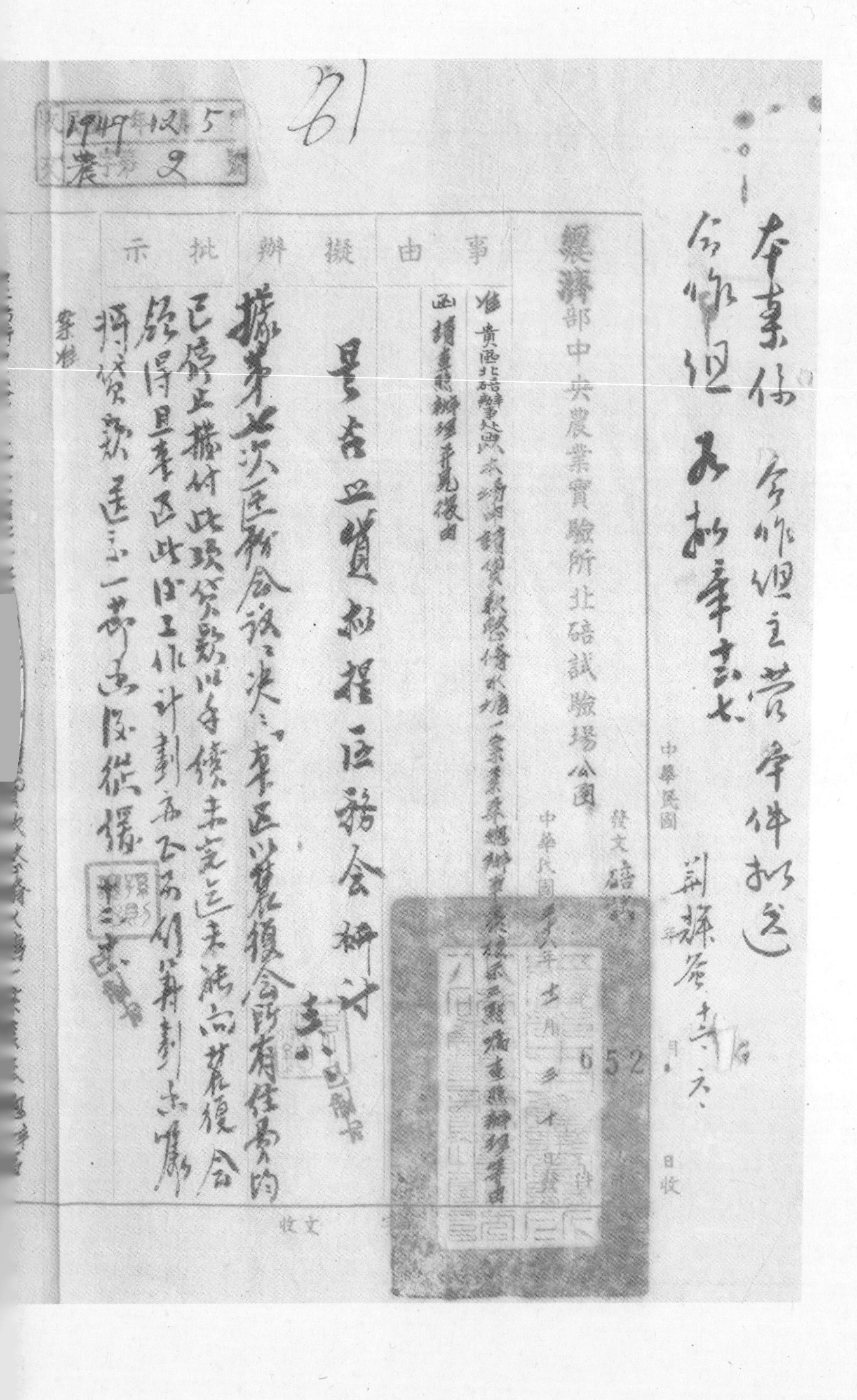

經濟部中央農業實驗所北碚試驗場公函

發文 碚試字第 652 號

中華民國三十八年十二月三日

事由：准貴區北碚辦事處與本場商請貸款整修水塘一案……函請查照辦理并見復由

擬辦

批示

收文

中央农业实验所北碚试验场与北碚辅导区办事处、华西实验区总办事处为该场整修水塘贷款问题的往来公文　9-1-102（96）

處平賓合字第二八四一號通知核定一借款期限應為一年二借款金額折合黃谷應按中央價格折合三須邀保證人擔應商請當地主管官署加保蓋印檢還原申請書及借據等件囑查照辦理等由茲謹分述于次：

一、查本場為事業機關與普通合作社性質不同且本場整修水塘並經 貴區孫主任批准為爭取時效並簡化手續起見可毋須辦理保證手續

二、折合黃谷係由本場派員會同 貴區北碚辦事處主任辦理者似無過多過少之弊

三、遇來物價波動急劇為防貨幣貶值起見對于貸款即請按照上次折合黃谷玖拾市石數目比照目前市價派員送款（應請撥付硬幣如何折算付款時再洽商酌）來場交付應辦各項手續當即同時辦理

四、水塘工程早已進行并經完成過半對于 貴區貸款遲遲不發影響工作之進

中央农业实验所北碚试验场与北碚辅导区办事处、华西实验区总办事处为该场整修水塘贷款问题的往来公文 9-1-102(97)

62

村殊鉅現以急需款項應用除請 派員來場視察外應請 即將貸款延予撥發免致工程中斷以竟全功

上述各節除函復 貴區北碚辦事處轉請從速辦理外相應函達 敬請

查照辦理並見復為荷

此致

中華平民教育促進會華西實驗區

場長

监印 鄒[illegible]

华西实验区总办事处为开展农村小型水利工作等相关事宜与璧山县政府的往来公文　9-1-154（72）

中華平民教育促進會華西實驗區總辦事處（公函）（正）本

事由：爲本區開展農村小型水利工作請予協助由

受文者：璧山縣政府

一、查本區舉辦各地農村小型水利工作及小型水利工程貸款事宜均已積極展開除經通知本區所轄各輔導區分別調查具報以憑核辦外相應函請
貴府隨時予以協助

二、請檢寄
貴府轄區詳盡之地形圖地籍圖行政區域劃分圖各壹份及水文資料水旱災害歷年統計資料及其他一切有關水利工程之資料以爲本區水利工作人員之參考而利工作之進行

卅八年七月十二日　農字第二一四號

說明：（一）此公文紙「通知」「報告」「公函」「代電」均可用，第一個大（　）內係寫文別如「通知」「報告」「代電」等，第二個小（　）內係寫「正」本或「副」本。（二）正本給受文者，副本給有關係者，如輔導區主任因公報告總辦事處，必要時得以副本給縣（局）政府。

稿

48

中華平民教育促進會華西實驗區總辦事處（　）

事由
受文者

接上頁

三、請　分令貴府所轄各鄉鎮公所凡有本區水利工作人員前往進行查勘測量等項工作時煩予以各方之便利及協助並供給當地各項實際資料

四、即請　查照見覆為荷

主任　孫則讓

已制卡

本府并無各鄉鎮（土地農地）地籍圖

一、飭各鄉鎮、
二、檢地形圖所詢區域副分圖（已檢備送）、
三、地籍圖請七科辦、
四、水文資料水旱災害統計併飭各查卷办理、

附件
年　月　日
字第　號

說明
（一）此公文紙「通知」「報告」「公函」「代電」均可用
（二）第一個大（　）內係寫文別如「通知」「報告」「代電」等
（三）第二個小（　）內係寫「正」本或「副」本
（四）正本給受文者，副本給有關係者，如補要由主任因公報告總辦事處，必要時以副本給縣（局）政府

华西实验区总办事处为开展农村小型水利工作等相关事宜与璧山县政府的往来公文　9-1-154（74）

为奉华西实验区总办事处开展农村小型水利工作令仰遵照协助具由

八月四日

令　训
建供

令各乡镇公所
农推所指导员

案准

中华平民教育促进会华西实验区总办事处公函丁第二一四号公函开：

一查本区举办各地农村　云　云　等由

[illegible]

4

50

等由。准此，除函复并分令外，合行令仰该府即便遵照，随时并将各种可以修建之水利工程函告本区驻县辅导区派员查勘协助办理为要。

此令

刘　专　徐　100

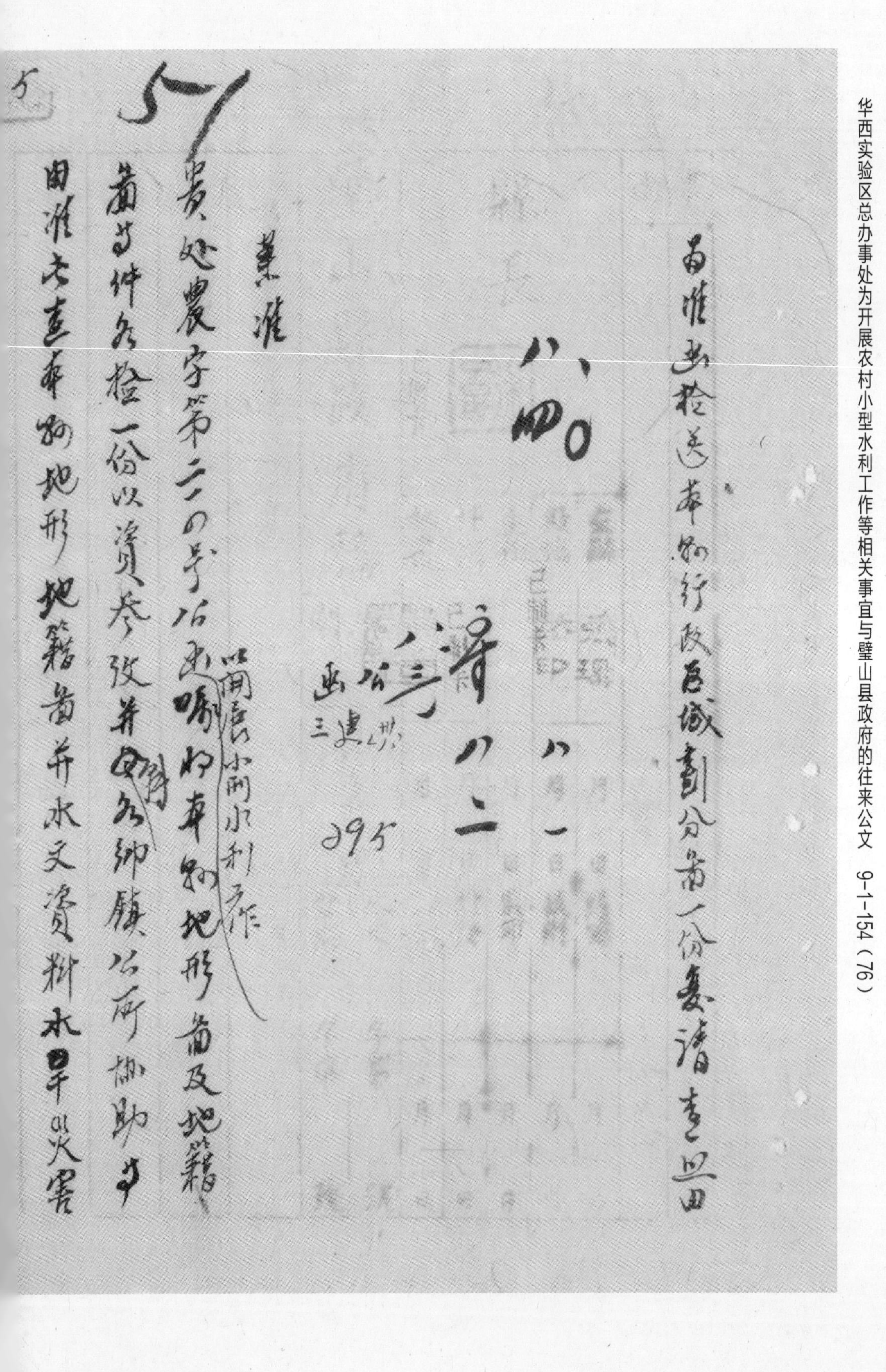
函准检送本县行政区域划分图一份复请查照由

案准
贵处农字第二一〇号公函嘱将本县地形图及地籍图等件各检一份以资参考并令饬各乡镇公所协助等由准此查本县地形、地籍图并水文资料、水旱灾害

华西实验区总办事处为开展农村小型水利工作等相关事宜与璧山县政府的往来公文　9-1-154（76）

73

统计式件，经查卷内属未办理完毕。又稽前由，除分令所属随时协助外，拟请检同本乡行政区域划分图一份，复请贵处烦为查照为荷。

此致

中华平民教育促进会华西实验区总办事处

附送本乡行政区域划分图一纸

乡长 [illegible]

经济部长江水利工程局为定址北碚致璧山县政府的公函　9-1-154（77）

480

52

清 2825 38 10 17

經濟部長江水利工程局（公函）

事由	擬辦	說明	批示
	存 十月		

發文濟總字第○○○七號
中華民國卅八年十月十五日　時發
附件
中華民國　年　月　日　時收
收文　字第　號
中華民國　年　月　日　時交辦
中華民國　年　月　日　時擬辦

经济部长江水利工程局为定址北碚致璧山县政府的公函　9-1-154（78）

逕啓者：查本局業經奉令在北碚成立，茲覓定北碚中山路八二號為局址，正式辦公，除呈報並分函外，相應函達，希即查照，惠予協助為荷！此致

璧山縣政府

[illegible]局長 傅汝霖

已編卡

璧山县政府关于一九四九年度查勘全县水利旅费预算与璧山县参议会的往来公函 9-1-154（89）

63

会计室核明签章 九六

惠速签办

水利

为准函送三十八年度查勘全县水利旅费预算书一份函请查照议复案由

已制卡

县长 九六

八 卅一

九 一

会计室签章

请

公 函 三建 367

叶专员前准

华西实验区总办事处农字第二〇号公函略开为本区举办各地农村小型水利工作及小型水利工程贷款等业均已积极展开除经通知本区所辖各辅导区

21　64

分别调查准备兴修蓄水塘堰或水堰等水利
工程具报以凭核办，嘱即随时予以协助，并由准县查本府辖境
狭小，两山夹抱，中部兴办水利（地势系属丘陵，往昔因年失频仍）更为重要，当经派员会同
华西实验区水利委员查勘全县水利，兹特按照实际需要
造具本府查勘水利旅费预算书，检同该项
预算书一份函请
贵会烦为查照审议见复为荷
此致
璧山县参议会
计送卅八年度查勘水利旅费预算书一份
县长徐○○

璧山县政府关于一九四九年度查勘全县水利旅费预算与璧山县参议会的往来公函 9-1-154（91）

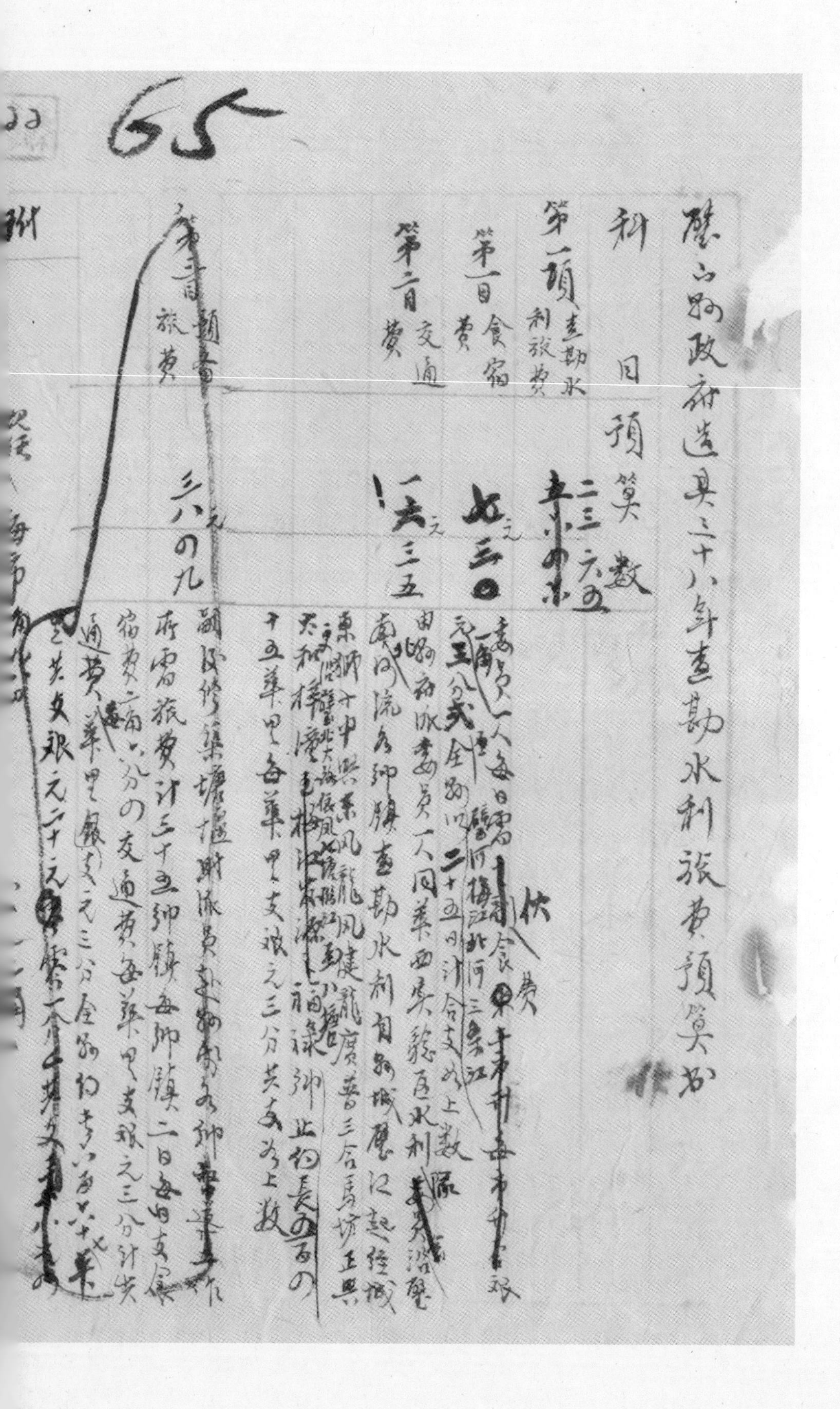

璧山县政府造具三十八年查勘水利旅费预算书

科目	预算数
第一项 查勘水利旅费	二三六元五〇
第一目 食宿费	[illegible]
第二目 交通费	[illegible]
第三目 旅费	[illegible]

璧山县政府关于一九四九年度查勘全县水利旅费预算与璧山县参议会的往来公函 9-1-154（79）

四川省璧山县参议会公函 （卅）议十二字第 号

中华民国卅八年十月十五日

事由：为准函以造送卅八年度查勘全县水利旅费预算书嘱议复过办一案经会决议函复查照由

案准

贵府共建三字第三六七号公函以准函造送卅八年度查勘全县水利旅费预算书嘱议复过办等由附上项预算书一份准此本案经提交本会首届第十二次大会第四次会讨论决议：“本案准照通过”等语纪录在卷准函前由相应录案函复

查照为荷

此致

璧山縣政府

議長何鉽

副議長傅友仁

璧山县政府关于一九四九年度查勘全县水利旅费预算与璧山县参议会的往来公函 9-1-154（80）

請款書 存根聯 字第十三號

領款機關	年月份	用途	金額	備	攷
縣政府	三十八年十月份	勘查水利旅費	貳拾三元六角五分		

預算科目 款 項 目

長官　主辦會計人員　主辦出納人員

中華民國三十八年十月二十四日

璧山县政府就本县水患情况呈四川省第三区保安司令部的公函 9-1-154（81）

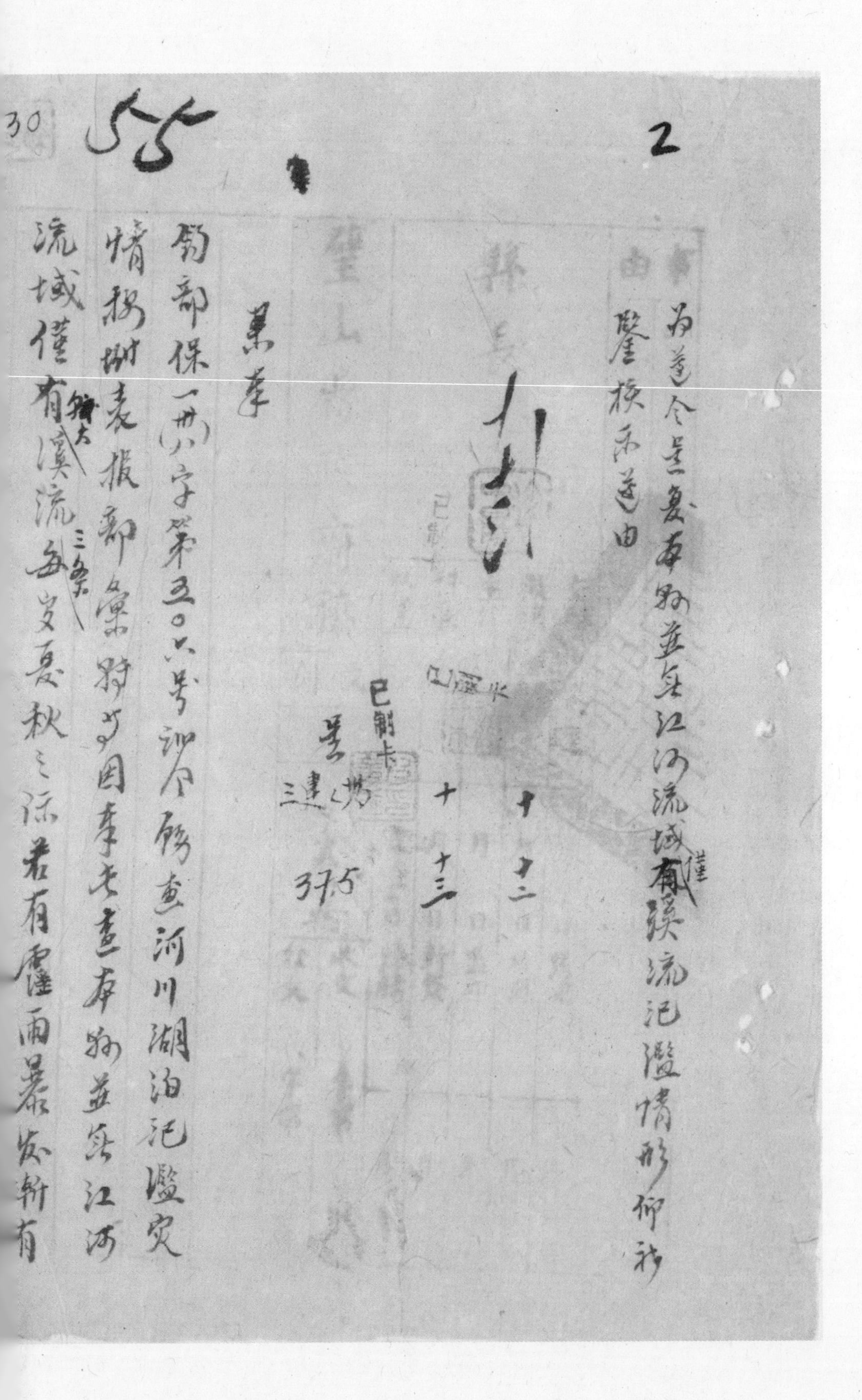
為遵令呈復本縣並無江河流域僅有溪流氾濫情形仰祈
鑒核示遵由

案奉
鈞部保一卅八字第五〇六號訓令飭查河川湖泊氾濫災
情按附表報部為要等因奉此查本縣並無江河
流域僅有溪流每歲夏秋之際若有霪雨暴發輒有

璧山县政府就本县水患情况呈四川省第三区保安司令部的公函　9-1-154（82）

汜滥情事，惟时甚暂，现水量仍复原状，至于平时尤少

水患，关于本案前因，理合将本县各江河各情形备文

呈复

钧部鉴核备查。[illegible]

谨呈

四川省第三区保安司令部

璧山县县长 [illegible]

四川省政府、璧山县政府关于地方兴办水利工程经费按田亩摊筹附收并提交县参议会审议的公文 9-1-154（83）

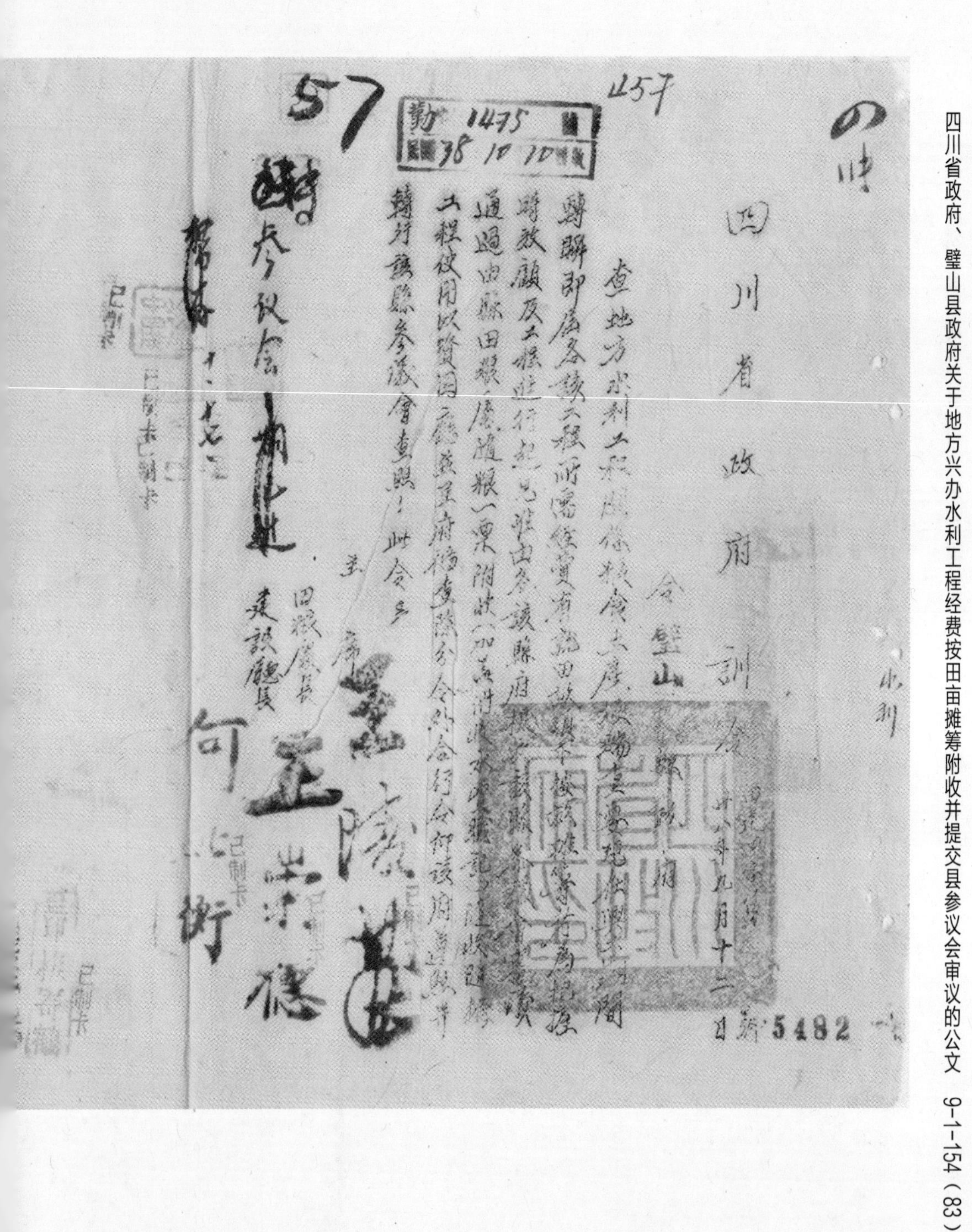

四川省政府訓令 卅八年九月十二日 [illegible]字第5482號

令璧山縣政府

查地方水利工程關係救濟生產，[illegible]

轉飭即屬各該工程所需經費有關田畝[illegible]

時救[illegible]及工程進行起見，准由各該縣府[illegible]

通過由縣田糧處隨糧一東附收（加[illegible]）[illegible]

工程使用，以資因應。[illegible]府核[illegible]，除分令外，合行令仰該府遵照，并

轉行該縣參議會查照！此令。

主席 王陵基

建設廳長 何北衡

田糧處長 [illegible]

四川省政府、璧山县政府关于地方兴办水利工程经费按田亩摊筹附收并提交县参议会审议的公文 9-1-154（84）

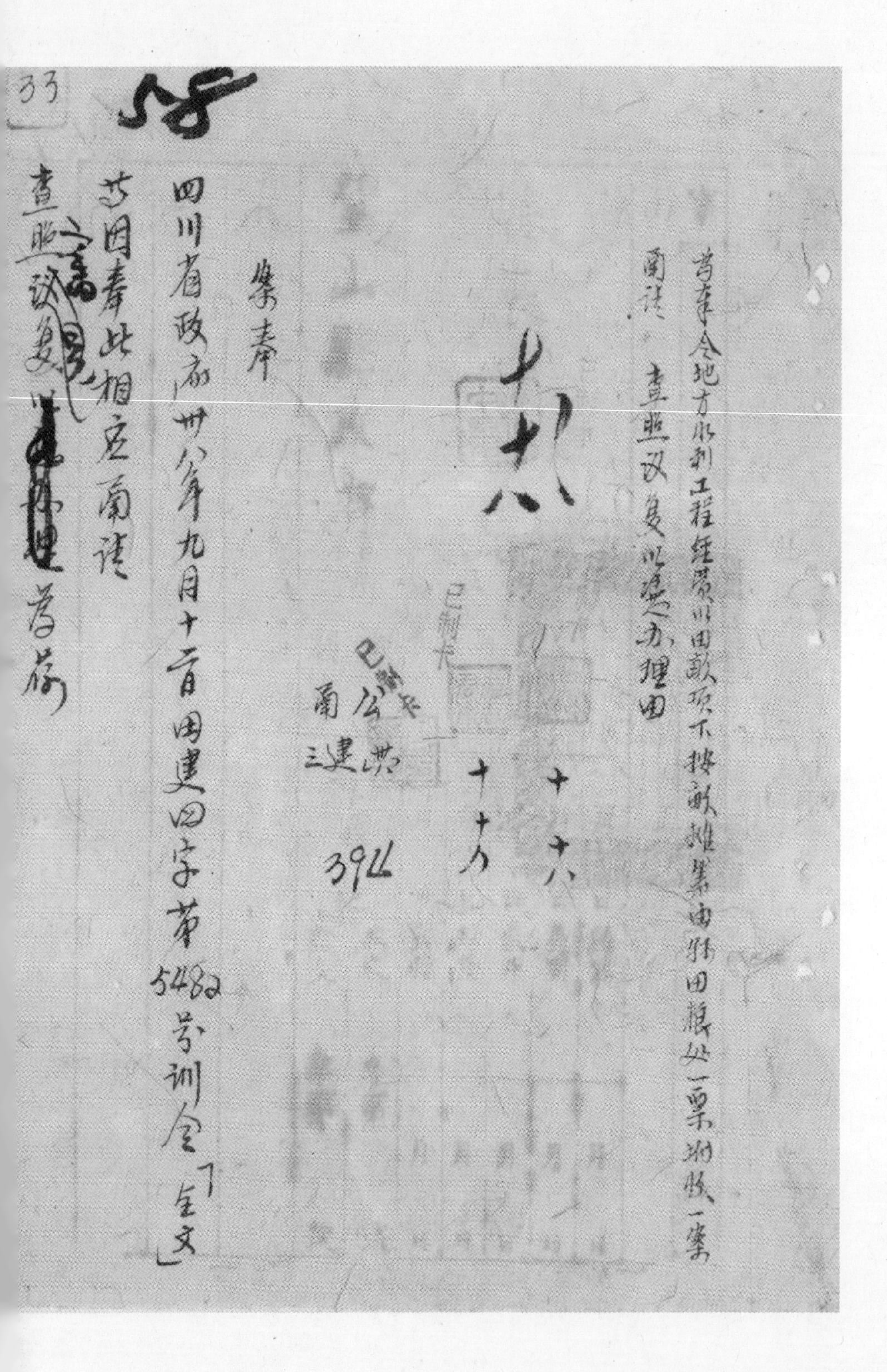
为奉令地方水利工程经费以田亩项下按亩摊筹由县田粮处一并附收一案
函请 查照议复以凭办理由

案奉
四川省政府卅八年九月十一日田建四字第5482号训令「全文」
等因奉此相应函请
查照议复……为荷

已制卡

四川省政府、璧山县政府关于地方兴办水利工程经费按田亩摊筹附收并提交县参议会审议的公文　9-1-154（85）

32

59

此致

璧山县参议会

县长　孙〇〇

璧山县正兴乡为该乡新旧堰塘请派员查勘以利兴建与璧山县政府的往来公函　9-1-154（86）

四

農

並[illegible]名[illegible]略圖[illegible]請县水利隊
已[illegible]查，應即以合作社名義申請

事由——報告　三十八年八月廿日于正興中心學校

事由　呈報本鄉新舊堰塘請派員查勘由

案奉

鈞府卅八建三字第三三一號訓令，飭查報新舊塘堰，以便派員查勘等因，奉此，遵即調查計正興共十五保，除第一保外，均有新舊塘堰待勘修建築，並於農社計劃書上載請派員查勘修築各在案，令再

璧山县正兴乡为该乡新旧堰塘请派员查勘以利兴建与璧山县政府的往来公函 9-1-154（86）

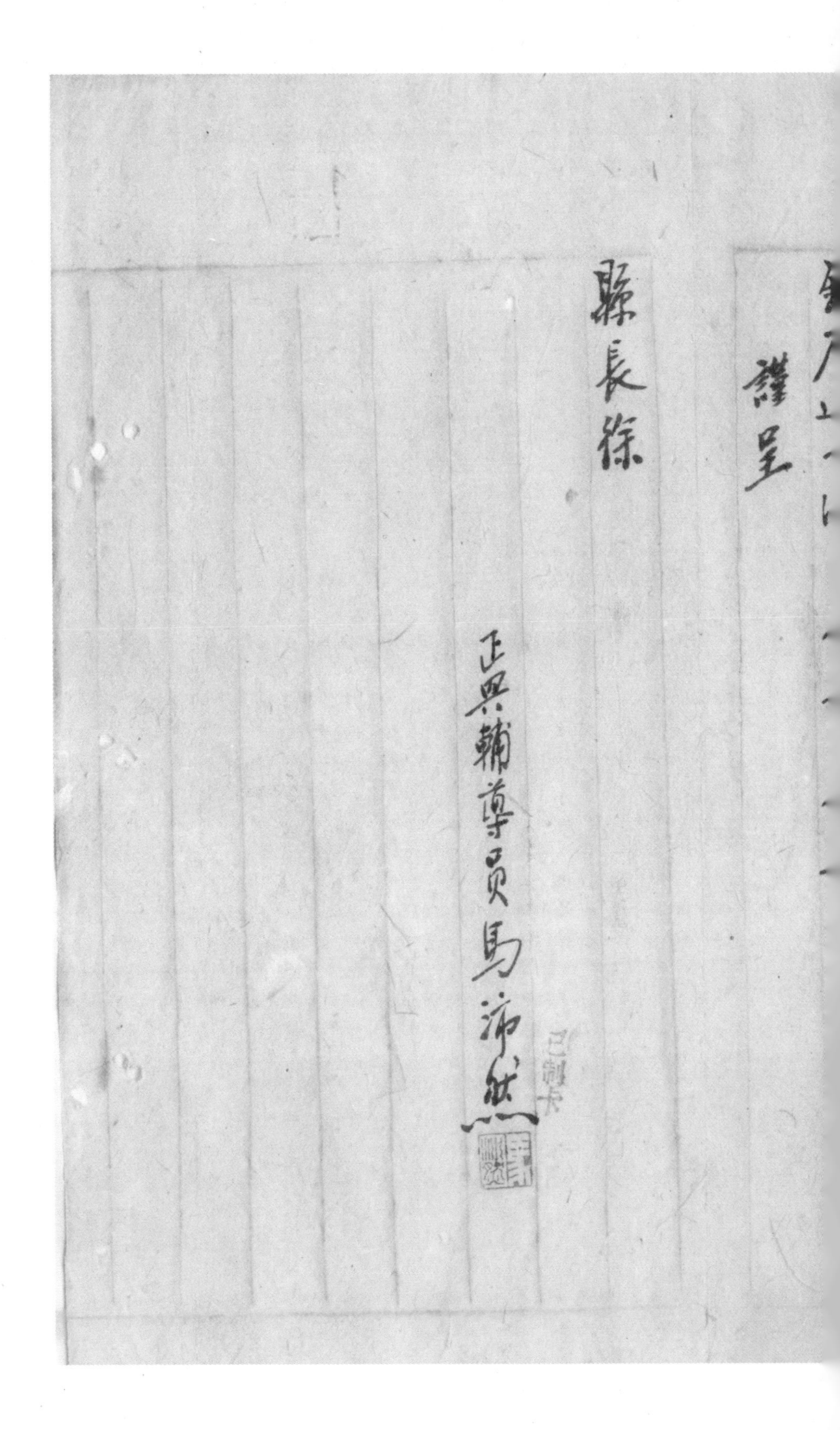

謹呈

縣長徐

正興輔導員馬沛然

已制卡

璧山县正兴乡为该乡新旧堰塘请派员查勘以利兴建与璧山县政府的往来公函　9-1-154（87）

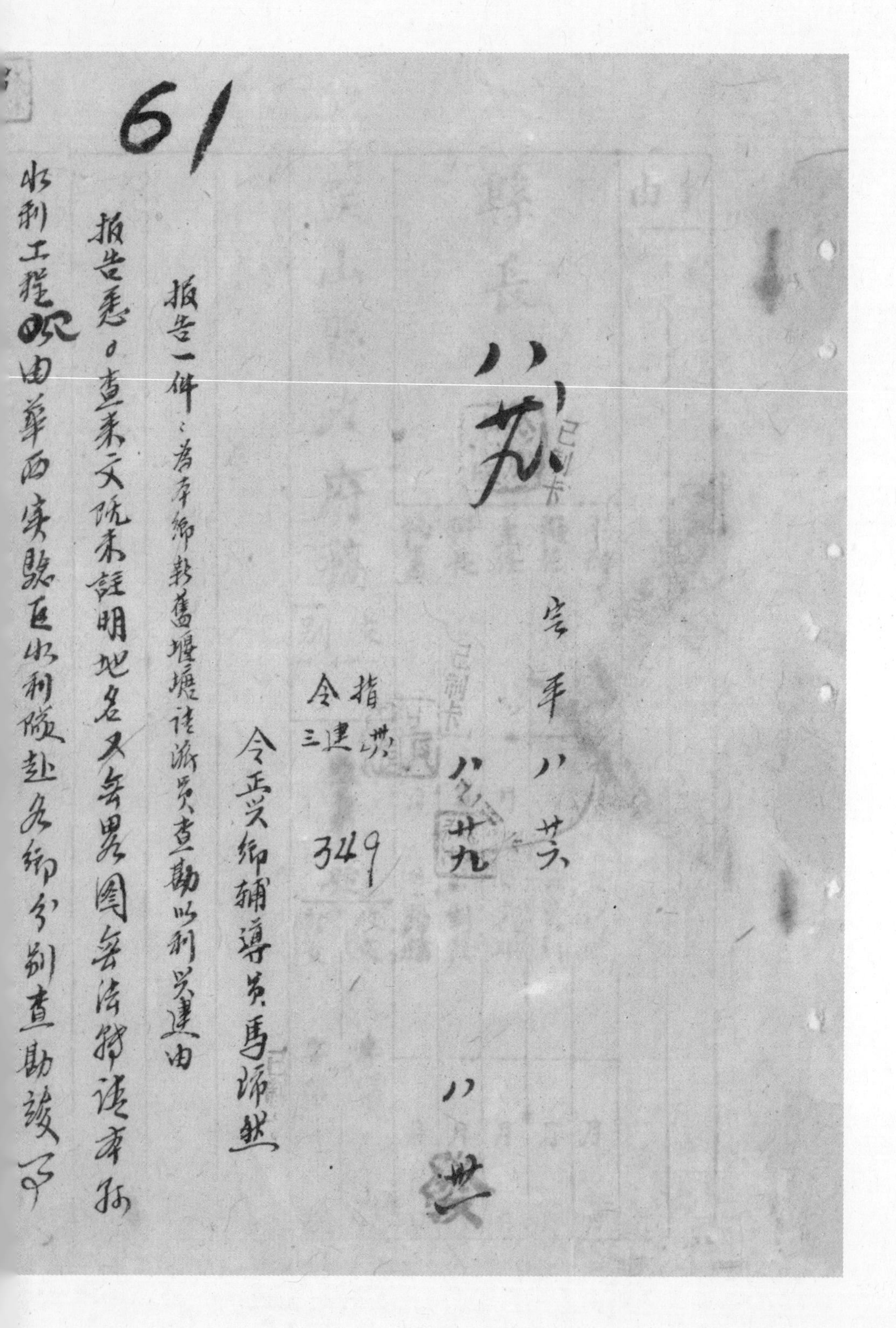
61

字第八芃号

指令 三建洪 349

令正兴乡辅导员马瑞然

报告一件：为本乡新旧堰塘请派员查勘以利兴建由

报告悉。查来文既未注明地名又无界图无法转请本孙

水利工程㕭由华西实验区水利队赴各乡分别查勘竣事

璧山县正兴乡为该乡新旧堰塘请派员查勘以利兴建与璧山县政府的往来公函 9-1-154（88）

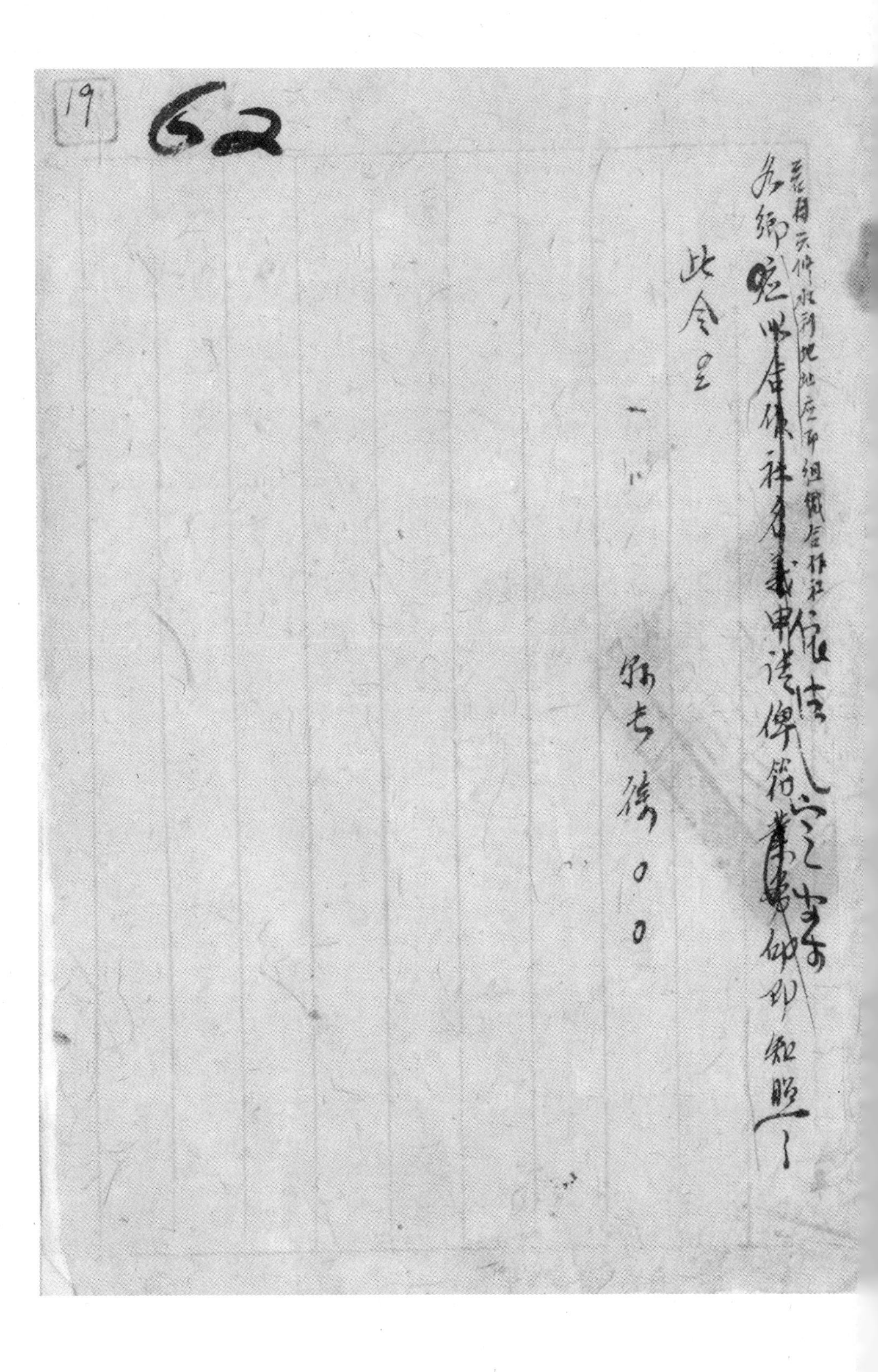
19

62

若有六件水利地址应即组织合作社依法

各乡镇照此合作社名義申请借贷以资兴修仰即知照

此令呈

一 八

县长 徐○○

四川省第三区保安司令部关于奉令查报辖区泛滥详情按期表报给璧山县政府的训令　9-1-154（102）

事由：为奉省令查报辖区泛滥详情按照表报一案令仰遵照按期报以凭汇转由

四川省第三区保安司令部训令　民国三十八年九月　日发　字第5106号

令璧山县政府

案奉

四川省政府
四川省保安司令部保参二枫字第三六二〇号代电开：

"一、准国防部三十八年七月十三日伊文字第三二号代电开：一、河川湖泊泛滥影响军事至大，本部亟需是项详细资料参考，六、请饬主管水利机构及专

四川省第三区保安司令部关于奉令查报辖区泛滥详情按期表报给璧山县政府的训令　9-1-154（102）

樂小等為要△仰按照填報來府以憑核轉

等因奉此除分令外合亟令仰遵照按照填報來部以憑彙轉

為要！

此令！

兼司令　孫

奉附

遵查江河流域僅有溪流夏秋之間霪雨暴發始有泛濫情事惟時不久水位仍復原狀備文

呈復　十一　十二

已制卡

已制卡

璧山县为函送本县河流适宜兴修堵水坝地址一览表致华西实验区总办事处的公函（附：璧山县河流适宜兴修堵水坝地址一览表）

9-1-154（108）

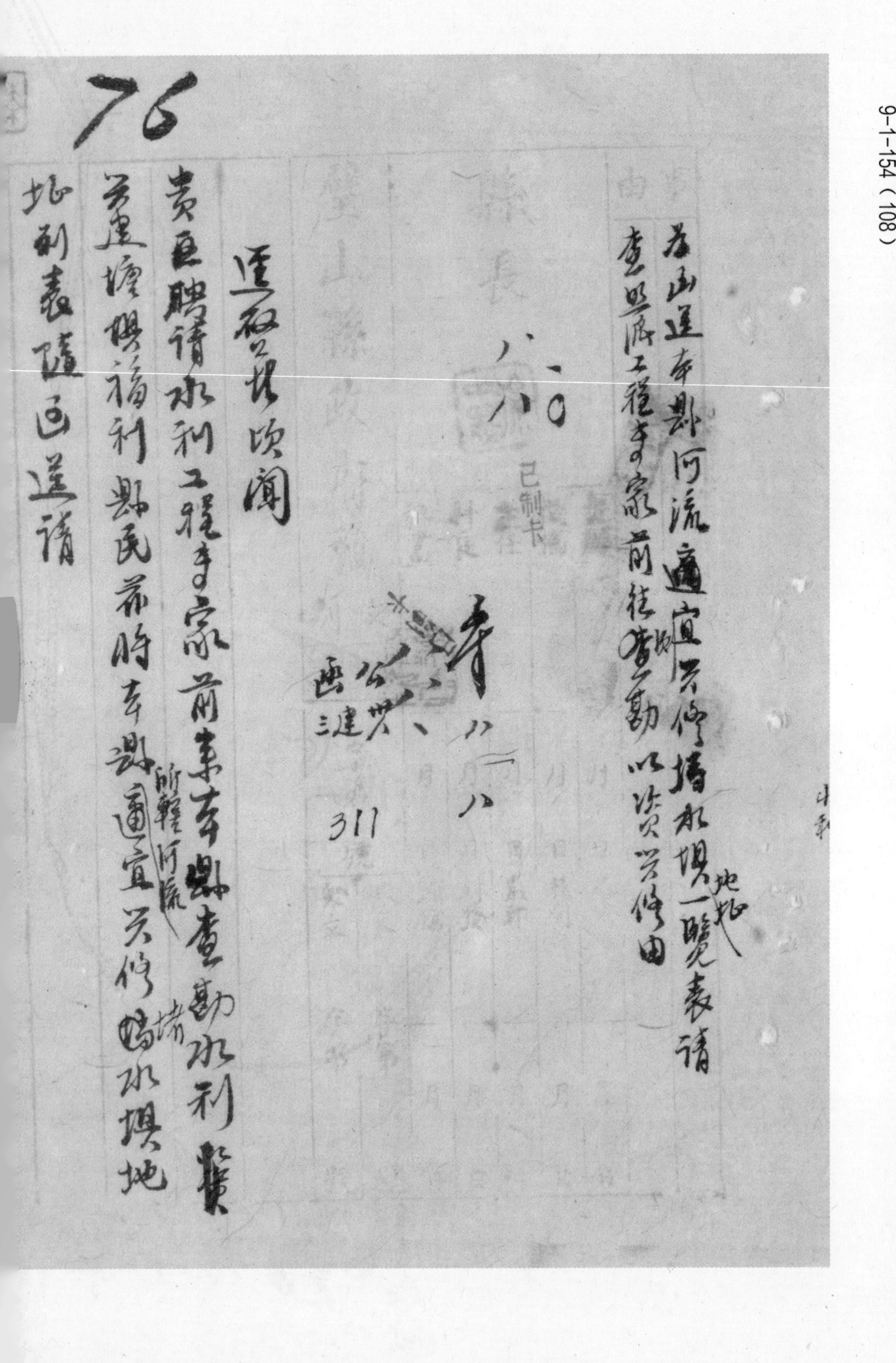
76

為函送本縣河流適宜興修堵水壩地址一覽表請
查照派工程專家前往勘以資興修由

縣長

八·十

已制卡

逕啟者頃閱
貴區聘請水利工程專家前來本縣查勘水利業
為達堵壩福利縣民於時本縣所轄河流適宜興修堵水壩地
址列表隨函送請

璧山县为函送本县河流适宜兴修堵水坝地址一览表致华西实验区总办事处的公函（附：璧山县河流适宜兴修堵水坝地址一览表）
9-1-154（109）

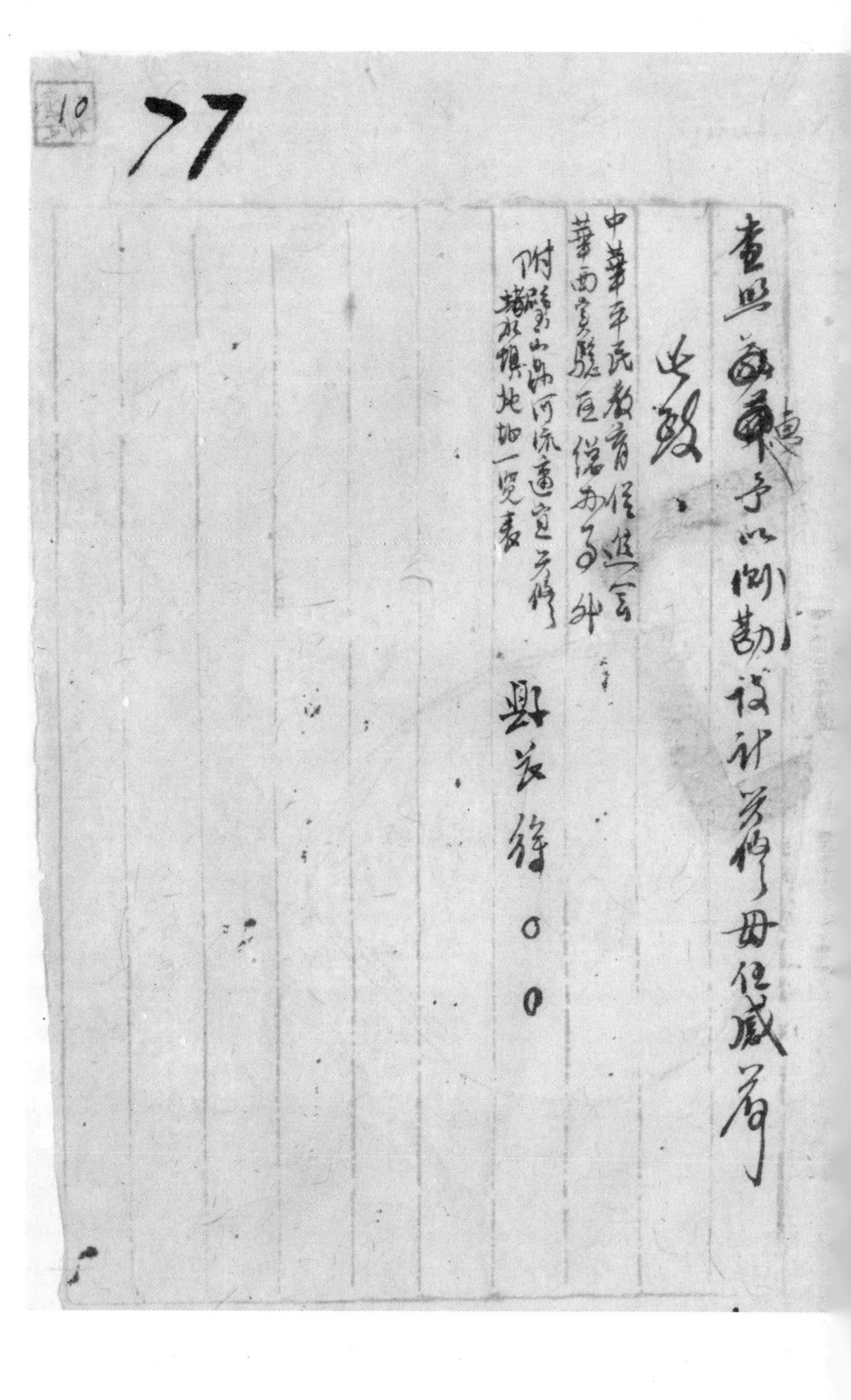
10
77

查照惠予以測勘設計興修毋任感荷

此致

中華平民教育促進會
華西實驗區總辦事處

附璧山縣河流適宜興修堵水壩地址一覽表

縣長 徐○○

璧山县为函送本县河流适宜兴修堵水坝地址一览表致华西实验区总办事处的公函（附：璧山县河流适宜兴修堵水坝地址一览表）

9-1-154（110）

78

璧山縣所轄河流適宜修堵水壩地址一覽表

河流名稱	堵水壩地名	管轄鄉鎮	備考
北河	馬腦嘴	大路鄉	曾測勘未修
梅江	矮灘橋	馬坊鄉	曾測勘未修
璧河	下元壩上下場間 舊屬[illegible]鄉	蒲元鄉	
〃	磨灘河	城北鄉	
〃	丈草嘴	城南鄉	
〃	小東門橋下	城東鄉	
〃	來鳳舊壩德橋	來鳳鄉	
〃	引青木龍洞水入璧河開堰		

12

79

璧河	三分滩	城东北乡交界处
梅江	龙光桥	福禄与梓橦乡之间
〃	高桥	梓橦乡
〃	赵门滩	正兴乡

附记

一、璧河经过之龙凤健龙广普等乡尚待查勘

二、梅江经过之太和乡境内尚待临时查勘

璧山县为函送本县河流适宜兴修堵水坝地址一览表致华西实验区总办事处的公函（附：璧山县河流适宜兴修堵水坝地址一览表）

9-1-154（111）

璧山县为函送本县河流适宜兴修堵水坝地址一览表致华西实验区总办事处的公函（附：璧山县河流适宜兴修堵水坝地址一览表）

9-1-154（112）

80

璧山縣屬堵水堰一覽表

堰名	地點	受益田畝總數	工程費用	開竣工年月日	興辦水利後可種作物	會長姓名	備攷
觀音塘堵水堰	城南鄉	三百二十五畝	二一、一三九、〇元	三十年十一月六日 三十二年四月十一日	稻、麥、荳 菜子	陳雪樵	
大橋堰堵水堰	獅子鄉		〃三九、七四八、六一元	卅一年八月廿九日 卅二年三月廿一日		王崇祿	
新橋堵水堰	中興鄉	二百四十五畝	〃一〇八、五八一元	三十年十一月十七日 卅一年三月廿一日	稻、麥、荳	何介眉	
朱家橋堵水堰	獅子鄉	一千畝	〃一七三、五五五、九六元	三十年十月十七日 卅一年四月一日	稻、麥、荳 菜子、蒿粮	王有光	
來鳳驛堵水堰	來鳳鄉	二千餘畝	〃八一、八四四、八八元	卅一年九月二十日 卅二年一月十二日		何允凱	
石梟子堵水堰	七塘鄉	一千畝	〃五九、一六八、八六元	三十年三月三日 三十年六月十四日	稻	戚彰明	
骷髏灘堵水堰	臨江鄉		〃四九、七〇八、五八元	三十年二月二日 三十年六月廿八日		趙仲俠	
附記							

璧山县为函送本县河流适宜兴修堵水坝地址一览表致华西实验区总办事处的公函（附：璧山县河流适宜兴修堵水坝地址一览表）

9-1-154（113）

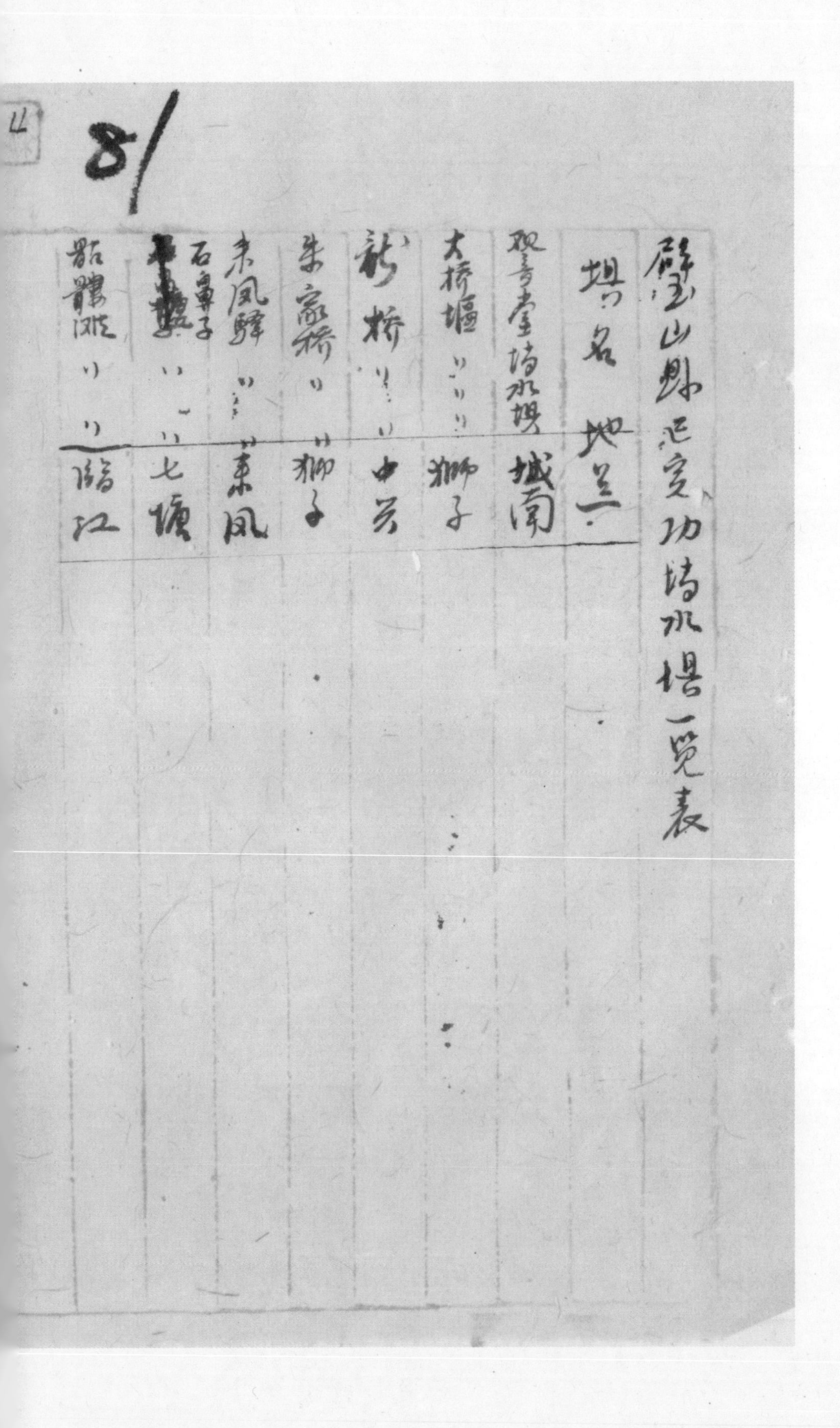

8/

璧山縣适宜修堵水堰一覽表

堰名	地点
观音堂堵水坝	城南
大桥塘 〃	狮子
新桥 〃	中兴
朱家桥 〃	狮子
来凤驿 〃	来凤
石鼻子 〃	七塘
骷髅滩 〃	临江

璧山县为函送本县河流适宜兴修堵水坝地址一览表致华西实验区总办事处的公函（附：璧山县河流适宜兴修堵水坝地址一览表）

9-1-154（113）

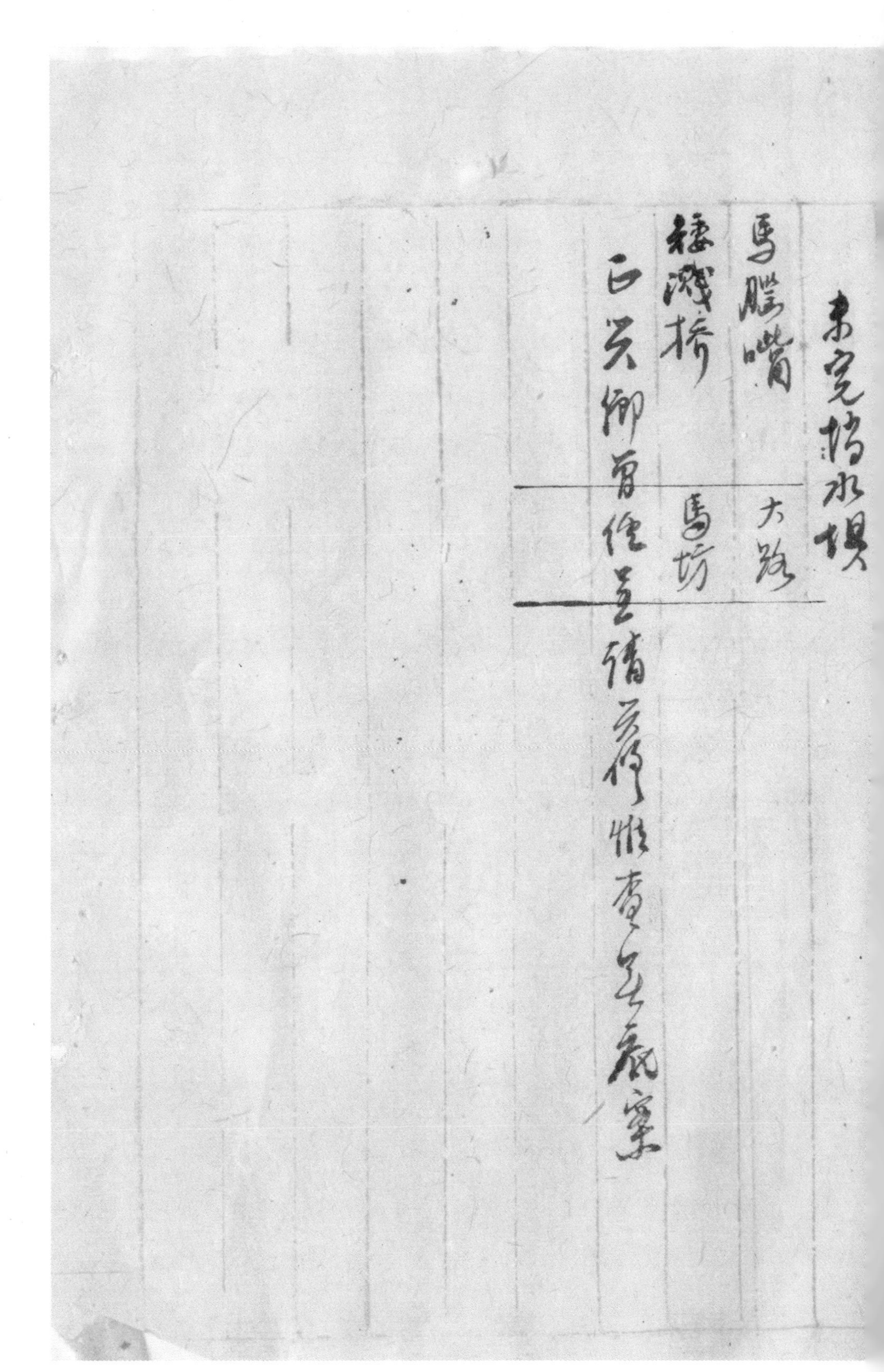

东完堵水坝

马脸嘴	大路
矮滩桥	马坊

正兴乡曾俊呈请兴修，惟查无底案

璧山县政府要求各乡公所查报该乡新旧塘堰情况以便华西实验区派员查勘修筑的训令　9-1-154（114）

82

通令鄉公所輔導員查報各該鄉可資修建之塘堰及可資修築之新塘新堰——舊有塘堰面積長寬深度及可以灌溉之田畝，新塘堰須繪具地形略圖估計預算，報請縣府轉請實驗區派員查勘修築

璧山县政府要求各乡公所查报该乡新旧塘堰情况以便华西实验区派员查勘修筑的训令　9-1-154（115）

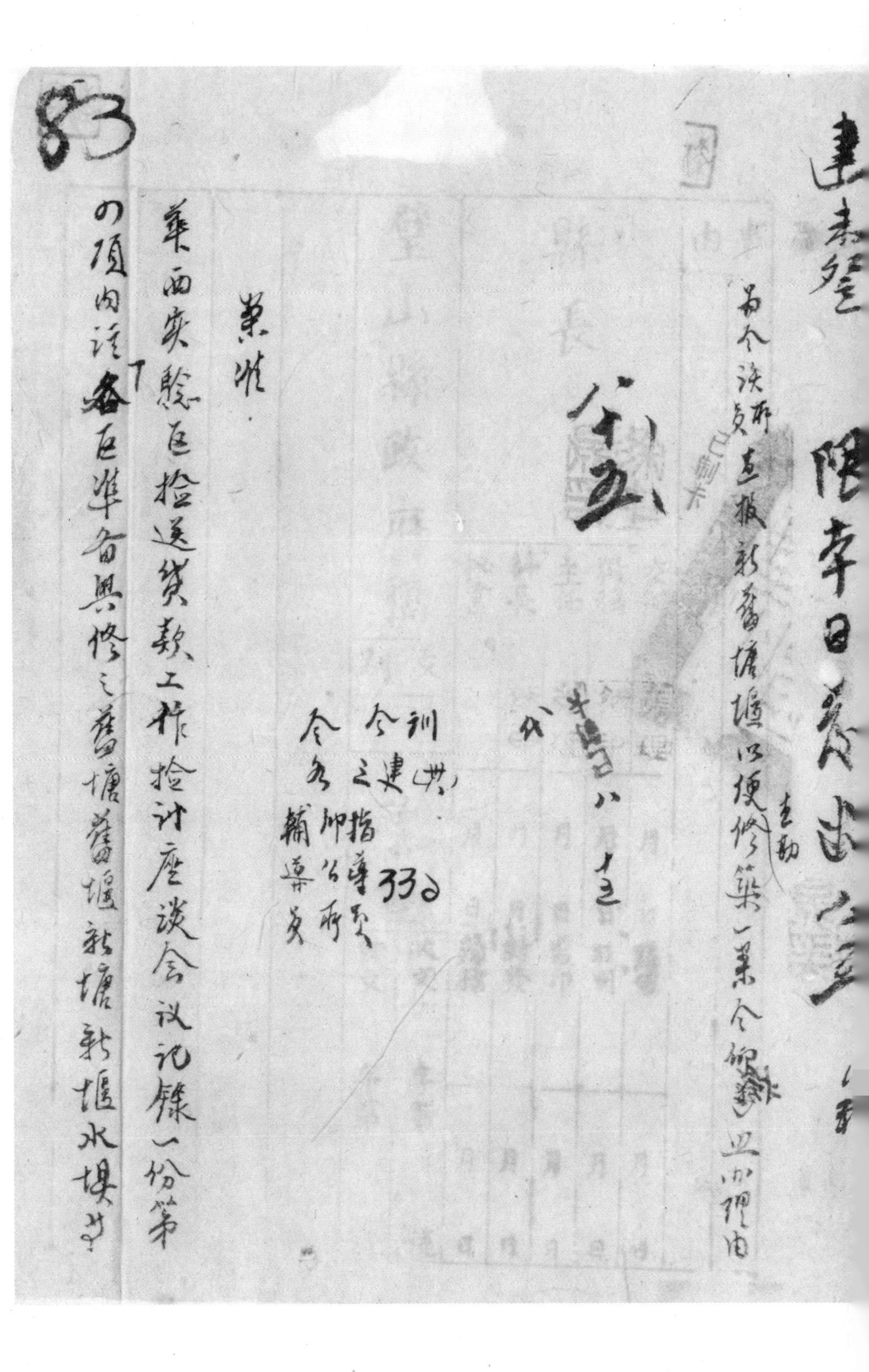

璧山县政府要求各乡公所查报该乡新旧塘堰情况以便华西实验区派员查勘修筑的训令　9-1-154（116）

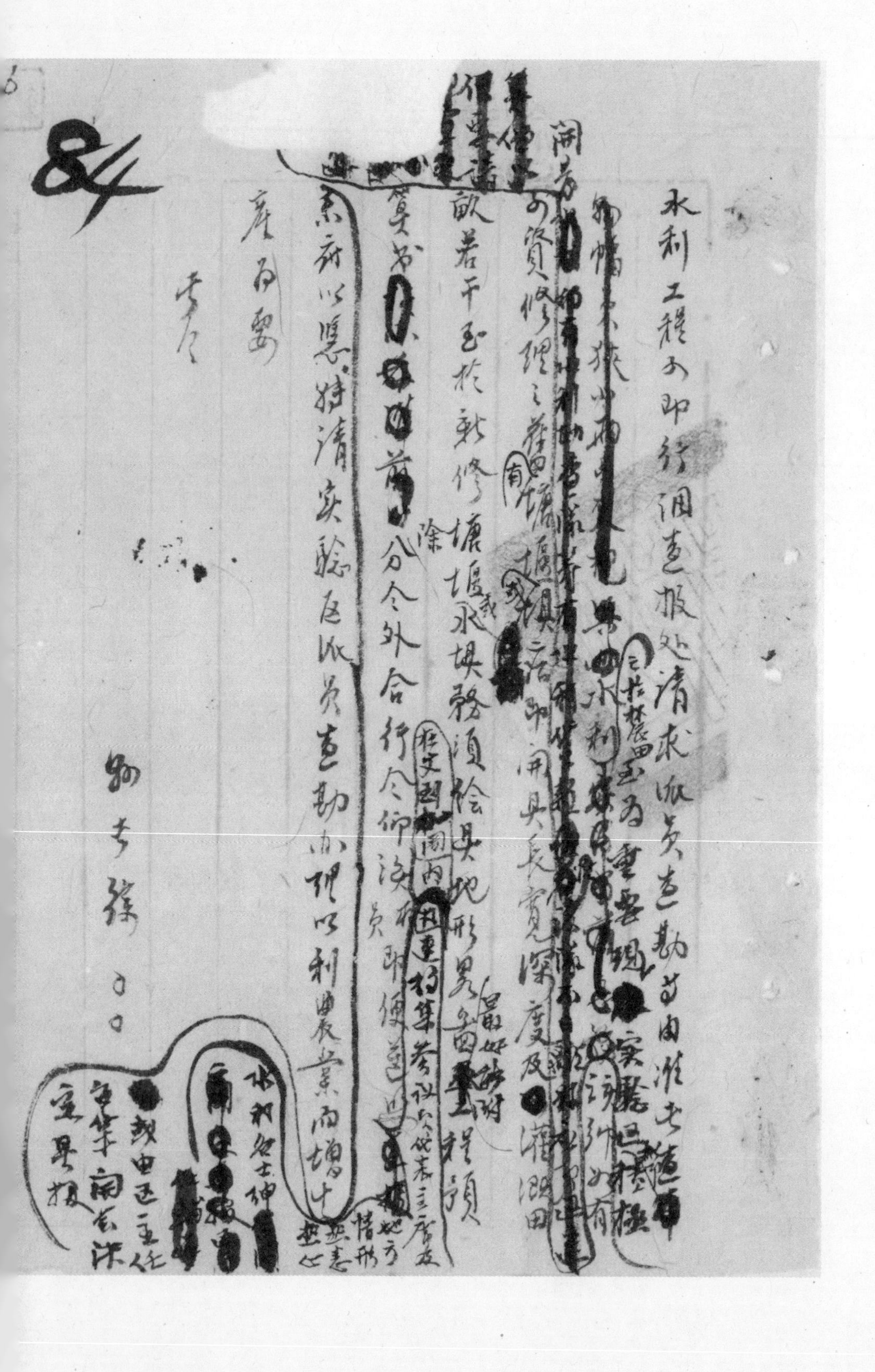

华西实验区总办事处为报覆申请小型水利贷款计划致璧山县第三辅导区的通知 9-1-225（109）

89

中華平民教育促進會華西實驗區總辦事處通知 渝八字第〇九八號
民國卅八年五月廿一日

事由：為貴區有無申請小型水利貸款計劃希具報由

查各區申請小型水利貸款辦法業已印發各區知有該項業務即請轉知縣鄉輔導員先行調查申請修建之堰塘工程擬訂初步具體計劃估計施工數量及經費概算以便由區派水利人員前往實地勘察合格後再由組織完備之農業生產合作社社方申請貸款及時開工 貴區有無該項工程至希

查照從速具報覆為荷

此致

璧山縣第三輔導區

主任 孫則讓

已制卡

华西实验区总办事处为检送《小型水利工程贷款推进办法》等文件致璧山县第三辅导区办事处的公函（附：《申请查勘小型农田水利工程须知》《华西实验区小型水利工程贷款推进办法》） 9-1-225（115）

95

中華平民教育促進會華西實驗區總辦事處（正）本

事由：為檢送「小型水利工程貸款推進辦法」二種請查照轉發由

受文者：璧山縣第三輔導區辦事處

茲檢送「小型水利工程貸款推進辦法」及「申請查勘小型農田水利工程須知」各陸份，即希查照並將上項辦法轉發該區各駐鄉輔導員指導各農業社切實遵照辦理為荷

主任 孫則讓

辰字第二九一號

附件：辦法二種各陸份

华西实验区总办事处为检送《小型水利工程贷款推进办法》等文件致璧山县第三辅导区办事处的公函（附：《申请查勘小型农田水利工程须知》《华西实验区小型水利工程贷款推进办法》） 9-1-225（116）

96

申請查勘小型農田水利工程須知

一、申請種類

1、修整舊塘　舊塘淤泥、坍毀、漏水，或可擴大者

2、修建新塘　地形易於集水且便於灌溉田畝者

3、修整舊堰　舊堰淤塞、坍毀、漏水者

4、修建新堰　地形宜於積水且興築容易灌溉便利者

5、攔河蓄水　河床宜於蓄積水量興築容易灌溉便利者

二、受水面積估計

凡雨水降落後，均流聚於某一處所之面積，稱為受水面積。塘堰受水面積，應作粗略估計。以畝為單位。如係河流，其受水面積，應自源頭計至築堰處所，河水流量，如每秒鐘為〇・一立方公尺，一日夜即有八・六四〇立方公尺之水量可資利用，相當於七二公尺長，三〇公尺寬，四公尺水深之

凡能以所蓄或經築堤、築壩攔洪之水……

取以灌溉之田畝，稱灌溉面積。每畝灌溉一次，約需水量一二〇立方公尺。能灌溉之田畝，應作粗略估計。以畝為單位。

四、土石方估計

修築壩、塘，均須開挖及填築土方，開採及安砌石方，其數量、單價、人工，均一一作粗略估計。土方、石方均以立公方計，單價以米計。

五、工款估計

開採石方挖掘土方安砌石方填築土方等均估工計價（工價以米計）石灰（每安砌條石一立方公尺約需七〇斤）河沙（每安砌條石一立方公尺約需〇·一五立方公尺）等所需數量及單價總價等均一併作粗略估計

六、工程效益估計

工程完成後，受益田畝所增加之農產收益，須作粗略估計。

华西实验区总办事处为检送《小型水利工程贷款推进办法》等文件致璧山县第三辅导区办事处的公函（附：《申请查勘小型农田水利工程须知》《华西实验区小型水利工程贷款推进办法》） 9-1-225（116）

97

1、土質：(a)土質 (b)土層深度
2、石質：(a)石質 (b)岩層厚度

(二)地形勘查：
1、擬修工程位置
2、受水區情況：(a)受水面積 (b)逕流係數
(c)土壤侵蝕情形
3、可灌面積：(a)旱田 (b)水田

(三)工資調查：
1、工資：(a)石工 (b)土工
2、雇工難易或自籌工數
3、材料估計：
(a)石料：(1)名称 (2)單價 (3)運距 (4)數量
(b)木料：(1)名称 (2)單價 (3)運距 (4)數量
(c)粘土：(1)運距 (2)數量
(d)石灰：(1)單價 (2)數量
(e)水泥：(1)單價 (2)數量

华西实验区总办事处为检送《小型水利工程贷款推进办法》等文件致璧山县第三辅导区办事处的公函（附：《申请查勘小型农田水利工程须知》《华西实验区小型水利工程贷款推进办法》） 9-1-225（117）

(五)受益人社員與非社員之比例調查

九、貸款數額：　每一單位工程本區貸放全部工程費之七成以銀元八千元為原則由合作社自籌三成其須自籌之款可以勞力材料代替之

十、貸款期限及利率：　貸款期限依工程之大小定為一年至四年其利率以月息八厘計算

十一、貸款手續：　水利工程經實地勘查有興辦必要時即通知合作社依照貸款辦法之規定手續申請貸款

十二、工程督修：　合作社領得貸款後七日内即須開工其工程進行期間本區派工程人員會同駐鄉輔導員指導修築並監督貸款之支用情形

十三、工程驗收：　工程完竣後即應報請總辦事處派員會同輔導區辦事處驗收

十四、本辦法自公佈之日施行

华西实验区总办事处为检送《小型水利工程贷款推进办法》等文件致璧山县第三辅导区办事处的公函（附：《申请查勘小型农田水利工程须知》《华西实验区小型水利工程贷款推进办法》）　9-1-225（117）

华西实验区总办事处为检送《小型水利工程贷款推进办法》等文件致璧山县第三辅导区办事处的公函（附：《申请查勘小型农田水利工程须知》《华西实验区小型水利工程贷款推进办法》） 9-1-225（118）

水利工程圖書後仰由水利合作及農業人員組織之審查小組共
同作初步之審查合格經請各件屬于小型水利範圍有興办必要
時即派員實地勘查并到决定
八、勘查事項：凡申請勘查工程經初審决定實地勘查時應注意
下列各項
(一)地質勘查

华西实验区总办事处为检送《小型水利工程贷款推进办法》等文件致璧山县第三辅导区办事处的公函（附：《申请查勘小型农田水利工程须知》《华西实验区小型水利工程贷款推进办法》） 9-1-225（119）

四川省第三区行政督察专员兼保安司令公署为实施农地减租告民众书（一九四九年八月三十一日） 9-1-100（208）

152

四川省第三區行政督察專員兼保安司令公署為實施農地減租告民衆書

四川省第三行政區同胞們：

今年西南軍政長官公署，公佈了一個「農地減租實施綱要」的法令，在這個法令中，對減租辦法主要規定有三點：一、自三十八年度起，農地減租，一律照主佃雙方原約定租額或習慣租額減去四分之一，以後不得增加。（比如原定租額是四石，從今年起，佃農永遠少繳一石，只繳三石，地主少收一石，只收三石。如果分租，先照約定或習慣成數分開後，再從地主應得納租額內，減出四分之一給佃農，比如所定對半分租，本年農地產量是四石，照對半分，地租爲二石，減去四分之一後，地租應爲一石五斗。就是說地主祇能收一石五斗，佃農應得二石五斗。）二、農地如因災歉收，應以前項減定後租額爲準，依災歉程度，議定當年應納租額，其災害過重，收穫在二成以下者，全部免租。（比如原定租額是四十石，照第五條減租後，租額應爲三十石，因爲今年災歉實際收穫只及常年八成，應由主佃雙方在租額三十石以內議定本年應繳租石，假如雙方議定本年祇收八成租穀，那嗎，佃農應繳租穀爲二十四石。（即三十石之八成）又如果災害過重，收穫減少到不及常年產量二成的地方，應全部免租）。三、嚴禁業主藉故非法退佃，及佃農藉故拖欠應納地租。這是一個馬上能使農民享受減租實惠而又顧到主佃雙方利益的辦法，這是一個簡切明確容易推行的法令，我們必須澈底執行。

我們要實行農地減租，不僅是爲了惠及農民，而且還有改造社會的深遠意義。我們知道農地減租是土地改革的初步工作，土地改革的目的是實現耕者有其田，是造成社會化的農業經濟。實行農地減租，才能真實改善農民生活，才能逐漸廢除不合理的租佃制度。實行農地減租，才能促使地主就業謀生，直接從事建設事業，才能激發農民努力土地改良，增加農業生產。農地減租以及土地改革，本是革命建國的既定方針，可惜過去由於國人缺乏瞭解，政府執行不力，以致沒有收到成效。但是正因爲這件工作沒有做好，就牽累到整個國家的命運，農民生活不安，農村經濟破產，全國半數以上人民，徘徊在飢餓線上，動亂頻仍，那還能談到國家的建設。如果今年還不能澈底實行農地減租，國家前途就更不可想像了。

今天我願意鄭重地告訴地主同胞，第一必須具有「要好大家好」的認識，大多數農民活不下去，少數人不會好下去的。農地減租是「大家好」的主要辦法。地主應該自動減租，以「救人」而得「自救」。其次是必須拋卻「靠租穀維持優越生活

四川省第三区行政督察专员兼保安司令公署为实施农地减租告民众书（一九四九年八月三十一日）　9-1-100（209）

地方業主。負法令[illegible]

租推行期間，根本不准退佃，如藉詞退佃即係抗拒法令。希望這些業主，爲尊重自己的社會地位，以「明大義守法紀」善自處理，迅將應減租額自動退還佃戶，并放棄非法退佃想法。如故作狡黠，企圖一私微利而阻撓減租法令者，不但政府要嚴法相繩，恐怕弄到主佃反臉，羣情議責，自毀社會信譽，而仍然須要依法減收的。

在農地實施綱要中，既定由各級地方政府及自治機構負責執行，本署早已將層峯命令及有關文件，分轉各縣局，令飭各鄉鎮自治人員嚴格執行，這是一項「急辦」事件，各縣局地方政府人員及鄉鎮自治人員，必須訂定日程，澈底推行。各保甲長尤應逐户宣導，正式通知本保本甲業佃雙方，遵令減免，並隨時監督農衆檢舉。如舉各級執行人員有身爲地主者，自應首先倡導，自行減租。要知道「地主不減租」與「執行人員不力行」，是同樣違法的，違法就要依法懲處。

同時，中華平民教育促進會華西實驗區，是暫以本行政區爲工作地區。華西實驗區的經濟建設在建立合作的經濟體制，在合作經濟體制中，各社學區的農業生產合作社是經濟建設的基本單位。而農業生產合作社的業務，遠在幾年前，就把穩定耕地使用權及減租護佃工作列爲中心業務，並明定在社章上。今天政府厲行農地減租，正與此種中心業務相吻合，應把握時機運用合作社組織力量，澈底實施。我因兼任實驗區主任職務，已再三通知各工作同志，認真協助政府澈底推行減租法令。並飭輔導區區主任，各鄉輔導員，應會同各社學區民教主任，立即輔導各農業生產合作社召開社員大會，宣傳減租法令，務使全體社員家喻戶曉，同時並決定佃户社員減租的實行辦法。農地減租，是鞏固並發展農業生產合作社的有效措施，這件工作做得好不好，對本區各項工作，有着重大的影響。農地減租，是此時此地鄉建工作的重心。我相信實驗區工作同志，一定能以鄉建工作者的認真作風，完成這一件工作。

最後，我願告訴直接從事農業生產的農友，農地減租是土地改革的初步工作，現在可以受到減租實惠，以後還可以達到耕者有其田的目的。這件事實在關係着大家的切身利益。不過，一項法令，單靠政府自上而下的推行，是不容易澈底的。你們大家應該自己起來爭取，尤其是參加了農業生產合作社或農會的農友，應該知道「組織就是力量」，應該運用團體的組織力量，來爭取農地減租法令的澈底實行

農地減租，是今年就要付諸實施的法令，各級執行人員，華西實驗區工作同志，各農業生產合作社社員，各界地方人士，以及全縣生產農友們，讓我們同心協力，完成這件土地改革的初步工作——農地減租工作！

第三區行政督察專員兼保安司令孫則讓

三十八年八月三十一日

報告　區農字第587號　三十八年十月十日發

竊職於出席

鈞府召開農地減租會議後，即返處約集各輔導員會議，說明政府減租旨趣，並

鈞座領導辦理之決心以及應有之作法。隨同縣府派出之蔡科長達榮親莅各鄉召集鄉、保長、代表、民教主任及士紳等開會宣傳。一般佃農對

政府此種措施，與

鈞座奉行之徹底作風，甚為擁戴。職為普遍深入起見，又責成各輔導員會同鄉長，分別召集

59

保民大會，徵求宣導。唯此時各項有關詳細法令未經頒到。故所作之件，只限於宣傳登記階段。迄職應邀參加縣府減租會議後，始悉省頒具體作法，乃於十月一日召集鄉長、地籍幹事、輔導員、民教主任開會。由職及縣派夏科長嚴森、縣派專任督導員李紀堂，對減租各項問題，詳加講解。唯各輔導員、各民教主任應得之法令規定，迄至十月八日，始由縣府發到一部，鄉公所應得之件，迄今猶未奉到。故職不得不決定，先以已到之處，先行佈置。迄今八塘之佃會議已開，從十月十一日起，每日分兩處召集保民

华西实验区农地减租会议报告　9-1-178（68）

60

大會，展開登記及換約工作。并由李集輔等負召集民教主任研究一般實際問題，及與李專任副督導員商定分鄉開會日期，即分別親往主持。此期工作之大概情形也。

惟茲事體大，又係創舉，連日參加會議，所獲實際問題，或為法令所未規定，或雖有規定而與事實出入，甚有法令兩歧之處，攝其大要，有如左列：

（一）四川省農地減租推行須知第二頁第十、十一兩行對收回自耕之規定，以能供一家十口生活所必需之田地為限。所謂一家十口，是否需為

61

例示規定，可以一般法理，有擴充及縮小之解釋。
如為硬性規定，與事實即難適應。
且純以自己耕作為限，事實上自耕農、佃農
亦有雇人助耕者。可否准許自耕農、佃農、雇人
代耕之一般習慣，而予以略為擴變之解釋？若
純係雇人代耕，自為法所不容，當不置議。

（二）四川省辦理農地租約登記及換訂租約工作須知、第五頁（6）「如茶草力役之小租，應一律剔除不計」。而奉發問題解答、第二頁6准將雜租登入新約。雜租是否包括小租在內？

华西实验区农地减租会议报告　9-1-178（70）

62

如不能包括，新租應作何解？一般習慣，議有力役租，即少收正租，如某婦一家三口，均係婦弱，不能挑水，將原收百石之租田放出租，願少收正租兩石，下餘兩石，寫出力租，表現兩面論，因屬苛細，應予剔除，實則等於雇工代價，實不能概予抹殺？再就前例討論，設力役係專出挑水而議寫，兩方以減四分之一，下餘三個月之水，即出問題，又否應顧事實，不宜例減？

此與法令歧出，仍宜應予調協。

（三）過查奉頒法令，只對田主不遵減租條約

63

者而有處理，設佃户因押租問題關係，不願前來換約，似無明文規定。自幣制屢改而后，因發生租佃關係時間之不同，所安押租，即有銀元、法幣、金券之分別，如就三十七年元月下旬之法幣計，每百萬元，可買米壹老石，設所安押租為二千萬元，則值米貳拾老石，倘照現值市價而以算金，則僅折銀元四分，僅賺可得一隻中等香煙有此類問題之田主，因願換約，而佃客為顧全押租實值，寧願換約，即就銀元而論，二十六年銀元壹元可買棉林布壹丈，今

华西实验区农地减租会议报告　9-1-178（72）

64

則僅購壹尺四寸，亦與折標田租之時值出入太大，佃戶詎願照約寫給。

增加計值，增加給付，刻無統一標準，租佃糾紛之源，此亦泰來。似宜有一明白規定，或指示，以資辦理。

四、長官公署所令規定，凡為減租法令所無者，可適用土地法，及其他法令。原規定中地主不來換約，可由第三人以照一般情形，當同佃戶代為片面訂約。此有成文，自宜從其規定。惟查民法規定，須當事人合意而成

65

之契约。历来行政司法，多未配合，将来发生问题，代订人应否负法律责任之减租命令，有否变更法律效力，似应明白指示。

（四）原租约业经撤佃后，为增加给付，或增加计值，而生纠纷，或请调解，或诉请判决，业经作废后之租约，对原押租部份，是否仍有证力，而可不因之损及佃农权益，似应有所规定。

（五）规定不及二成，免租免粮，自无疑义。但奉颁勘报灾规程，减免赋税规程，所定条

66

件甚嚴。土地位置有高低，土壤含質有肥瘠，不耐旱之塝田山田，收入不及二成，衡以減租法令，租在必免，律以減賦規程，又須辦谷上糧，設田主僅此數上述之塝田，生活何出？似應另有法令救濟。

七、撤佃換佃，固有明文規定，但未實行減租以前，四川悉照習慣辦理，每年清明通知佃客，秋收搬家。現定必須一年以前通知，習慣固不能變更法律，且有明文規定者，不能適用習慣，但原習慣通知發在今秋處遷移，主人即拉有新

67

佃現遷者據法不遷，而未者依約而來，糾紛時起，似宜有以解決。

佃户原佃之時，頗有人力，現無力耕作原租土地，租約或已届滿，而願續租，或未届滿，而亦不願主人收回及撥益處理。依法固屬有據，於事實難因應。例如依鳳錢某有田四十石，原佃與張某，彼時張有壯年三人，現或死或去，僅遺一妻兩孩，其土田已荒，錢某願讓全租，先張盡力之所及留佃一部，其餘一部收回自種，張某依法不允。類此情形，亦

場無之，其何以理之，實宜有以解決之道也。

（八）租佃委員會未成立時，經農會調解双方同意且有佐證之案件，現佃方棄多數權衡以不溯既往之原則，佃方以宜捐除意見，並以現領規定，佃農又屬振之有辭，租佃委員會，態度對已往案件不予受理，且也，調解之糾紛，鄉不服，告於縣，縣不服，訴於法，法院三級三審，加鄉縣調解，要經五級五審，經年累月，牠累不堪。可

69

呈請求上級，行遠縣縣訴訟的由法院儘先判理，一審終結，此在表面，似乎未能尊重當事人權益，深恐難昭折服。而實際經鄉而縣而法院，與三級三審，又有何異？有無此種必要，以達確保佃農目的，頗宜值得研究？

如果因欲此避免麻煩，而所佃標的可靠性極大，經照一般情形減租後，而逕約議為鐵板租者，亦比照減四分之一，不無致啟紛擾。依照有錢某、某田壞浸，無收果之虞，

华西实验区农地减租会议报告　9-1-178（78）

70

有八十畝出佃，照一般例，應當租谷四石，今年當地收租增為七成，約五石。餘石，錢某行年亦收回十市石，若仍按四分之一減除。未免估計太大，如此兩不謀救濟，將何以勵其人？

（十）有小部指佃者，寬無人力，原非地主，如有一婦人三口小孩，賴此為生之五六石田，亦窮力自耕，指佃耕作，收租過活，其平時不減租，此輩生活尚感困難，今又減租，生活更形無着。一夫不以殺，聖哲不忍，似宜另有救濟？

71

以上云云，僅就法令與事實不能適應之點條其大略。若夫填寫租約之技術問題，尚有左列數端。

(一)收穫總量、即是繳租穀物常年之生產量，究應作何解釋？而如何填入租約？

(二)押租額，查有銀元（卅三年以前安的）法幣、金券、銅元等及實物之别。除實物外，以何計填？

(四)租佃時間，查有不定期者，如何填？民法對租佃時間長度有限制，其原約超過者，應

78

查照民法缔结。原定有限之约，其继续时效，应否扣除仅填其残余时效。已届满未换约，其租佃关系仍照原约存续，若又为何填？

田契数减免　查契数之未来不能预计者，应规定填其条件，或成数，或填已发之契，似乎无甚意义，或填未来之数，似乎难以悬揣，究宜如何填写为宜。

以原租约上之额租，为有力佐证，法令既有两歧，应如何填？现约之租额栏。

73

（七）查租約各欄，如不敷填寫時，如何辦？是否可以粘紙簽？又宜如何防止將來不能發生之問題？

（八）不在地主之換約，准由他人代辦，代辦之人，是否應撤回收文件，以免糾纏？此點應如何加。

以上云云，係就填寫租約時可能發生之疑問，謹提供參攷者也。

其最根本而最現實者，農民懾於豪霸之威，不敢吐實，以為減租所得之利益小，而轉

74

疇之間，或砌祠架屋，或估拉壯丁，甚者危及生命之安全，寧忍重租之痛，而懼橫飛之禍，此正宜密切注意，極宜善為解決宣導者也。

且有居心不軌，窺測政府決心，而肆觀望，以為經費遭遇困難，此項工作，或不如前認真，拖延以待，至為僨事，此宜提供從早注意。職有鑒於此，故督促同仁盡力完成，并強調政府減租決心。以期最近期內，而告完成。是否有當，候示遵！

謹呈

主任孫

华西实验区总办事处为编印实验区推进农地减租工作报告就撰述要点给各辅导区办事处的通知 9-1-172（209）

中華平民教育促進會華西實驗區總辦事處通知稿

事由	為編印本區推進農地減租工作報告一書請撰述文稿檢送資料由
受文者	各輔導區辦事處

查十一月廿六日為本區成立三週年紀念日，屆時各項工作活動資料均將一一展覽，而本區協助政府推行農地減租之情況尤應有詳明報導，茲擬編印《本區推進農地減租工作報導》一書，撰述要點如下：一、辦理減租之宣傳情況；二、本年減租實施情形及結果統計；三、業佃雙方登記換約情況；四、減租及登記換約時所發生之問題及其解決辦法；五、其他。

年月日	十一月五日發
附件	件
字號	字第三二九號

核判
校稿
擬稿
副本 份送達

华西实验区总办事处为编印实验区推进农地减租工作报告就撰述要点给各辅导区办事处的通知 9-1-172（209）

18

希即於本月十二日以前撰述成冊報送總處以憑彙編為要

主任 孫○○

一九四九年十一月十一日退押减租工作座谈会会议记录 9-1-221（2）

221卷

17頁

参加退押減租工作坐談會

一、時間：十一月十一日

二、地點：實驗區辦事處

三、出席人：黃開文 張慶雲 梁自南 馬沛然 閻毅敏

吳安廬 張希渠 趙文卿 唐謝 李葆貴

侯秉楫 徐偉夫 韓秀全 程德芳

郭秘書報告：

(1) 你們前次出去工作成績甚好，劉縣長尤贊不絕口，希望我們多去快去。

(2) 希望此次下去更努力，更比前次好，尚決不希望因前次有了成績就隨便一些。

(3) 同志們此次的伙食擬月津柒萬（若加上草鞋費可捌萬元）元，為準因為目前生活高了些。

(4) 希望推一專人領導推一專人辦事務

決議事項：

一九四九年十一月十一日退押减租工作座谈会会议记录　9-1-221（2）

(3) 徐[illegible]

(4) 衛生医藥等項問題公推黄開文負責經管

(5) 每人發破完日記本壹本。

(6) 每三日派人通訊一次并帶幾份報紙去。

(7) 提議向秘書室再爭取幾位同志至少爭取足二十人之數愈多愈好。

(8) 通訊員每次送信到大央時（第二隊）須事先到各眷屬的同志們家裡去聯絡一趟。

(9) 韓秀全同志創造的对数表油印叁拾份紙要好的。

(10) 帶一個文件箱去。"毛筆墨水墨汁十行紙信箋信封" 已

(11) 十二日早晨十時在總処大廳集合出發

(12) 十一日午後七時在總處聚餐。

(13) 每人借書一本以資交換閱讀

(14) 閱報方法採集体式以資學習時事及節省時間

(15) 此次下鄉去生活態度要嚴肅不必隨時吃零東西等。

关于实施农地减租报道的剪报　9-1-100（177）

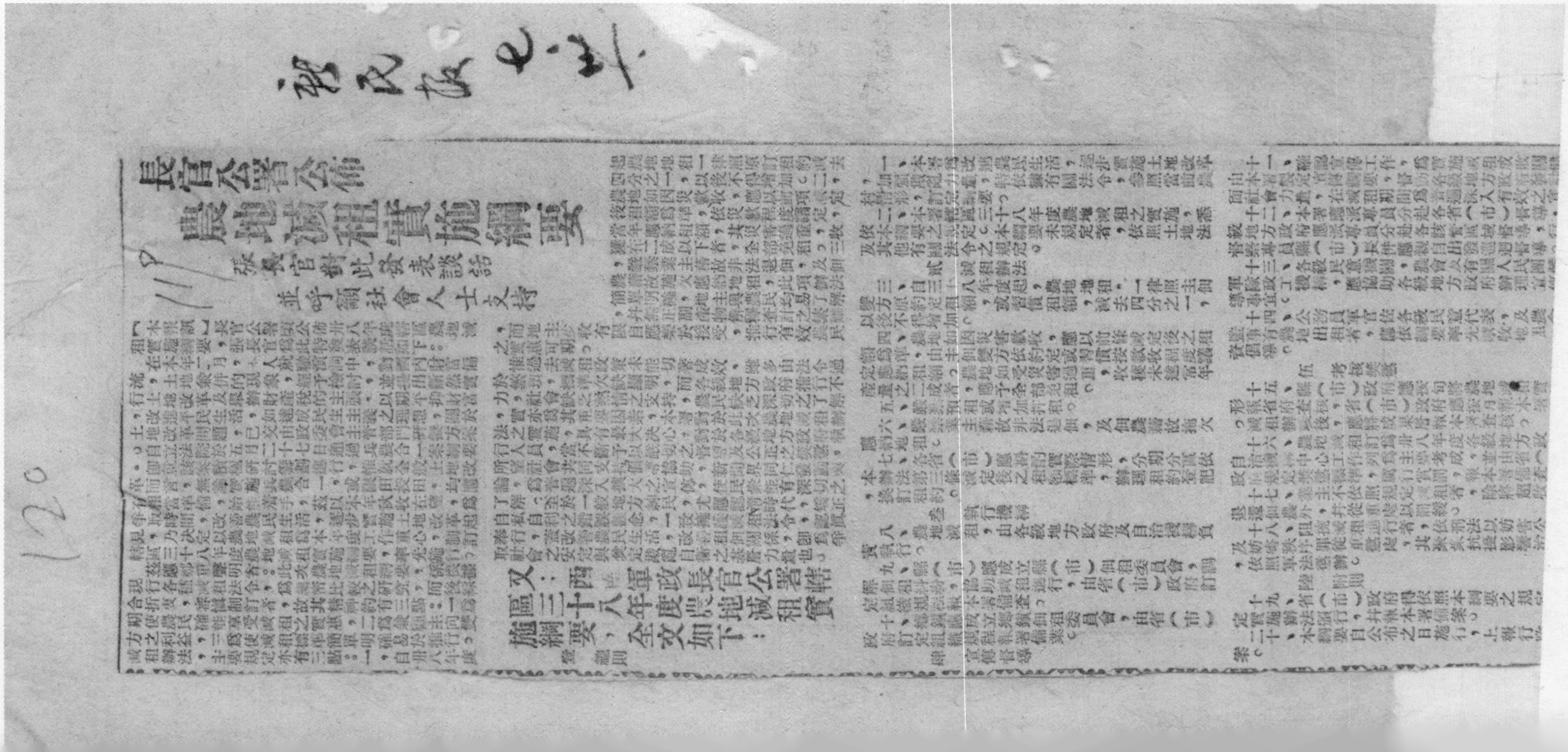

新民报　七.卅

長官公署公佈農地減租實施綱要

張長官對此發表談話並呼籲社會人士支持

又：西南軍政長官公署轄區三十八年度農地減租實施綱要，全文如下：

壹　總則

伍　考核獎懲

陸　附則

关于实施农地减租报道的剪报　9-1-100（178）

長官公署政務委會發表 實施農地減租告民衆書

飭令川康滇黔渝五省市嚴格執行

【本市訊】西南軍政長官公署政務委員會，爲實施農地減租，特發表告民衆書，略說如後：

川康滇黔渝五省市同胞：

本會感於當前貧富懸殊現象的不合理，決定把張長官致辭時所提出的斷然實行土地改革的主張，付之實施。全盤土地改革工作至爲繁重，我們正著手研究準備，現當今年秋收在即，爲爭取時間減輕農民負擔，改善農民生活起見，特決定以農地減租爲本年推行土地改革的中心工作，並訂卅八年度農地減租實施綱要，頒佈施行。

提到減租，大家不免聯想到過去辦理的情況，過去辦理減租，實多未如理想，分析這中間的原因，大概有幾點：㊀由於減租的標準，不很[illegible]明，農民同胞缺乏了解，㊁由於各級政府執行不力。㊂由於社會人士缺乏熱情的支持。㊃由於少數地主多方阻撓，政府未能爭取有效的糾正，因此，減租的良好政策，竟沒有收到預期的效果。

現在我們要施行的減租辦法，照實施綱要的規定：㊀自本年起，農地地租一律照主佃方面原約定租額或習慣租額減去四分之一，以後不得增加，㊁如因災害歉收，應以前項減定後之租額爲準，由主佃雙方按歉收程度議定應納租額，如災害過重，收獲未達常年產量之二成者，全部免租，㊂嚴禁地主借故非法退佃及佃農藉故拖欠應納的地租。㊃各省市應分期分區以減定後租額爲準，辦理租約登記及換訂租約。以上辦法的優點，是主佃兼顧，簡切易行，農民容易受到實惠。

本會這次實行農地減租，抱有最大的決心和毅力。爲求貫徹政令，不再蹈過去的失敗覆轍，決定派員到各省市以至各區縣加强督導。同時把減租一項，列爲今年地方政府工作的重心，對于各級執行人員，已經訂定考核獎懲辦法，決當嚴格執行。

今天共匪這樣猖獗，時局這樣嚴重，一般地[illegible]們首先應有一個共同的認識，要基於整個社會人群的共存共榮，然後社會才有安定和進步。貧富懸殊的現象，常常是造成社會動亂的根源，實行減租，地主少收有限，因此就減輕了農民的負擔，改進了農民的生活，改善了主佃間的關係，消除了若干社會不平的心理，間接也就促進了後方社會的安定，加強了戡亂的力量，增進了自衛的效力，這樣犧牲小而收效大的事體，地主同胞們，一定是樂於去做的，地主同胞們有了一[illegible]的共同認識，充分發揮自覺自勵的精神，遵照政府的規定，實行減租，則今年減租工作，一定能够在主佃協調之下，很順利的進行完成。假如還有少數不明事理的地主，有阻撓減租的情事，政府必當嚴法相繩。不但多收的租要如數發還佃農，而且還要依法嚴重治罪。

其次，本會要告訴佃農同胞們：減租是政府早定的政策，我們農民同胞的痛苦，政府無時無地不在想法改善和救濟，過去減租未著成效，這次本會要以最大的決心來求其貫徹，關於應減的租額是你們的權益，應該盡力爭取。如果地主不肯減少，你們可以據理力爭，拒絕多繳。至於應該繳納的，則必須照數繳納，不得拖欠。我們要在這次減租之後，改善主佃間之關係，增進主佃間的情誼，永久地和諧合作，以共同並力於農村經濟的改進。同時，你們自己要團結起來，以團結的力量來謀本身的福利。本會另有健全農會的辦法，將來頒佈之後，望你們認眞作去。

對於社會各界人士，我們更寄予殷切的希望；土地改革爲今日社會問題的重心之一，而實行減租，是土地改革的初步，大家應該共同重視這一項工作，在政府決心實行的時候，發動社會全面的力量，來支持和協助其順利推行，要把減租工作，看成一切革新工作的開端。尤其居於社會領導地位及有農地出租的人士，更應該先來自己作起，以爲倡導。這樣，必能發生更大的感召作用。

此外：我還要告訴大家一件事情，中國農村復興聯合委員會，很熱忱的贊助我們的減租工作，決定以人力財力，來協助我們推行。這次辦理減租確收成效後，農復會還準備大宗資金，作爲我們興修水利，改良種籽肥料等復興農村經濟之用。所以，爲求爭取外來援助，我們也應該使這次減租工作能够收到徹底的效果。

同胞們！這次實行減租的成敗關係太大了！政府已經下定決心，希望你們認清時代，明解利害，共同努力。

西南軍政長官公署政務委員會。中華民國卅八年八月十日

关于实施农地减租报道的剪报 9-1-100（179）

西南長官公署政務委員會

實施農地減租宣傳綱要

應有的認識和努力

地主農民及各界人士

三、地主農民與各界人士應有的認識和努力

关于实施农地减租报道的剪报　9-1-100（180）

農地減租標語

西南軍政長官公署政務委員會製

一、實行減租，是安定農村的好辦法。

二、實行減租，是增加生產的好辦[illegible]

三、實行減租，是主佃真誠合作[illegible]

[illegible]

关于实施农地减租报道的剪报 9-1-100（181）（182）

社論

改善農民生活第一步

政府決心推行二五減租

農業國家的農民，從權利觀點說，應該完全自食其終歲勞苦的收穫，不容別人剝削一分。但是土地問題沒有得到合理的重分配以前，佃農制度仍然存在，佃戶對業主是代勞，佃戶和業主是客東關係，決不同於中世紀的農奴與封君，這一層必須認識清楚。

抗戰以前，中國的土地並沒有大量集中，土地還不成爲問題，八年抗戰三年戡亂的破壞，使戰區的地主佃農幾於同歸於盡，而後方未受直接戰禍的省分，農村經濟也瀕於破產，富農變爲貧農，貧農則湧流都市，軍閥官僚及戰時利得分子乃乘機收買，開了兼併之風，這幾年像東北、西北、西南，大地主接踵而起，自耕農的人數減少，佃農特別增加，這是普遍的現象，也是共產黨高喊土地改革，麻醉無知農民的最好機會。

平心而論，中國的佃農制度一向可以相安，就因爲業主佃戶之間，把佃約當作「君子協定」，彼此都能遵守，偶遇荒歉，佃戶少交一點，業主也能原諒，所以農村裏這類的糾紛很少成爲訴訟。自從有了大地主以後，他們以特權階級的身份，對佃戶頤指氣使，他們的僱租人更是猙獰可怕，佃戶那敢欠他一粒谷子？加上商業勢力的壓榨，水旱蝗災的歉收，一個很勤勞的佃農，除了交租以外，一年所得敷不了一家數口的繳用，有些地方的農民子女到十五六歲還穿不上褲子，這是何等慘酷的生活！

本黨的三民主義以民生主義爲最後的收功，耕者有其田便是民生主義的精神結穴之處，但實行的方案受了戰事影響，一直沒有拿得出來，黨內決策機構和行政的主管當局當然要負大部分責任。勝利後的減租政策，也因爲地方當局的漠視，成了具文。農民在這種痛苦延長的情況之下，弱者呻吟，強者走險，也就等於替共產黨製造口實，明智的人已知道急宜補救，不可再遲。

昨天西南長官公署公佈的農地減租實施綱要，正是對症下藥，對於減租辦法有確當明瞭的規定，從三十八年度起，農地地租一律照主佃雙方原約定的租額或習慣租額，由佃農減納四分之一，比如佃戶依照租約或一般習慣，每一石租原來每年應交業主三斗六升的，現在只須繳納二斗七升。又如水旱歉收，只夠平時六成，那末，佃戶繳租時，也按原來租額六成，再扣一個七五折扣。設若收穫的總量不及原來約定的二成，今年的田租即可全部免繳。同時還規[illegible]當個辦法實施以後，業主不得退佃，佃戶不得欠租，對主佃雙方有一個同等的保障。我們認爲這個方案簡單易行，但最就怕不肯認眞去辦，徒然辜負了政府的好意，佃農仍然得不到實惠。所以實施綱要裏面特別看重於宣傳督導和考核獎懲，定爲各級政府和自治機構本年的中心工作，周密之處，已屬無隙可乘，在土地改革未具體實現以前，可以說，這是農民一劑救急的良策。

誠如張長官所說：改善農民生活，改善租佃關係，即爲爭取社會之安定，與奠定戡亂自衛之基層力量，是值得大書特書的一件事。

关于实施农地减租报道的剪报　9-1-100（183）

社評　關於農地減租

西南軍政長官公署轄區本年度農地減租實施綱要已於上月三十一日公布了，張羣長官對此曾鄭重發表談話，表示將以最大努力來認眞執行，并與農復會在川各執行機構獲得協議，該會將以全力協助工作之推進。四公署政委會土地處處長亦將於日內親赴轄區各地督導推行，至此，農地減租工作可說車成馬就，勢在必行了。綜觀此次農地減租工作，事前既會周密籌劃，辦法亦極完善，與有關機構工作之配合也甚適當，可見公署極具推行誠意，這種做法當較以往任何一次要高明，而且適切易行，其成效我們翹首以待。

本來農地減租這一命題之被提出，乃由我國社會經濟特殊性質所導致，而且這種土地改良式的做法，迄今已歷二十多年，可是成效毫無，尤其在西南各省，直到今天才開始具有較爲明確切而詳發的辦法，雖然時間容或過晚，究竟是値得欣喜的事件。

農地減租，這一爲時代所急切須要的土地改良辦法，自應立即實施，所以實施綱要也規定着：「本辦法自公布之日施行」。前項辦法是上月三十一日公布的，是則今日已居於實行階段了。可是我們以爲這一切實的社會政策，在實施以前的準備工作未能盡如理想，即如辦法中的規定辦理宣傳等事，可見宣傳等事以前并沒有做。如果從本月份起，宣傳工作包括在內，恐農地減租一事，仍將蹈以往覆轍，就是這種宣傳工作可能把辦法上「自三十八年度起，農地地租，一律照主佃雙方原約定租額，或習慣租額，減去四分之一」的規定，完全給估去了，當此秋收在即，眼看就要收租了，而時間却給宣傳工作完全佔去。換言[illegible]他！所以在事先沒有適當的準備，今天遽然硬性的推行農地減租，雖然我們希望立見成效，但其後果如何？還要看事實的表現。

同時實施農地減租，必須有適當的政治，社會經濟環境與之配合作其先決前提條件。首先是目下政治紊亂，經濟失衡，以致生產事業無法持續，而物價昂揚，市場蕭索這一具有[illegible]性[illegible]關的經濟情勢，就不可能適宜一個與農地減租相配合的環境，似此，即令減租以後，地主與農民以及資金又轉向甚麼地方去呢？其次就是在當前的政治情勢之下，政府雖具減租決心，即在那些執行的人也就是被執行的對象的情況下要他們來作這一社會政策的執行人，是非常困難的事，何況他們尙能串通鄉幫豪紳巨賈，沆瀣一氣，上下其手的胡作非爲呢？似此，我們並沒有具備與農地減租相配合的適當環境，還是我們不能不考慮到的。所以我們在西南地區要儘可能的爭取減租的有利條件，這也是目前最重要的事體。

以前我們就說過，西南地區，其社會經濟結構，除西北各省而外，較國內任何一地區的封建性濃厚些，既減租雖然具有削弱封建主義的功能，可是從整個國民經濟發展上來看，還是不夠的，理由極簡單，我們這種土地制度是阻滯社會進步與經濟發達的絕大障礙，因爲一個社會的進步是以其經濟發展爲基礎，而經濟發展則又以工業化程度作衡量尺度。因之，在西南地區，實施農地減[illegible]固自有其促進社會進化與經濟發展的作用，但是很明顯的，還稱改良式的做法，並不能徹底解決問題，所以對於這落後與保守的地區，在與地改革上，似乎不應僅止於減租，而更應該把要求提得更高一點。

关于实施农地减租报道的剪报 9-1-100（185）（186）

大公 公十四・

130

星期論文

評農地減租實施綱要

趙世利

這次西南長官公署為「改善農民生活」，公布農地減租實施綱要，即將在西南各省施行。此項減租政策，可能使農民生活改善至何程度，實為一般所關注。茲僅就管見所及，對此問題加以檢討。

一、減租辦法與可期成效

根據實施綱要，減租的主要辦法，可歸納為三點：

（一）照約定租額或習慣租額減去四分之一（第三條）。所謂約定租額或習慣租額，內容甚為複雜，涵義甚廣也大。租約種類繁多，單就四川最普遍的有「實納租」與「市租」之分。實納租約定「無論年歲豐欠，不得短少升合」。訂立這類租約的農地，大多地勢平坦，土壤肥沃，收成穩定，租額佔總產量的比率較低，因此主佃雙方可以減少每年議租的麻煩。對於此種租約，實施減租較為容易，佃農所得實惠也較確定，減租政策能夠收效最大的也許就是這類租約。但是這類租約，只佔極少數，因為平坦肥沃的上等熟田不多。

市租約定「年歲豐荒，量田納租」。這類農地，大都靠水較難，收成受雨水影響較大，且約定租額佔總產量的比率較高，但實收租額全憑佃戶每年向地主設情議定，所以亦稱「議租」。大凡年歲較好，或地主慷慨，或地主討當較少，則減租較少，相反的情形，則減租較多。因之，租額伸縮性甚大，有高至九成的，低至二三成者。故此項租額，如照議租辦法減少四分之一，則佃農所受實惠甚微，可能有很多情形減租四分之一，尚比往年議項後實際所付租額為高，此種情形，減租表面上雖不能說無佃農，反而成為保障地主利益的工具，而使佃農失去向地主設情減租的可能（地主可藉口本年租額已由政府規定減少數額，則無再減之必要）。所以「市租」的減租情形是不可靠的，而此類租約卻佔極多數。

其次，所謂「習慣租額」，既無明文解釋，無從確定其與約定租額的差異。依我們的了解，也許是指副產物的納租，因正產物租額無論多少，均用契約規定，則應屬於約定租額，只副產物的徵收，為穀租之外，另收豆子、高粱租、玉米租或稻草租等。此類副產物的徵收數額，有不載於契約規定之內，而由過去習慣決定的。既由習慣決定租額多少，則無硬性定額為憑，地主很可能將應該減租數額加入改訂。因此，「習慣租額」的減租程度也是不可靠的。

上述各類性質差異甚大的租約，會按減租辦法，一律減少四分之一，其後果對於佃農必然發生有幸有不幸的差別。

（二）農地如因災害歉收，應以前條減定後之租額為準，由主佃雙方依約定或習慣依歉收程度議定應納租額（第四條）。所謂「欠收程度」，也最容易見仁見智，既無客觀標準，又無精確計算，主佃雙方尤難取得相同意見。地主方面，必因已經減租而低估欠收程度；佃農方面，則以減租為合法規定，損害為實際損失。因此極易引起主佃糾紛，如何正確評定欠收程度，而使雙方接受，是件很艱工作。

（三）嚴禁加租及增加押租（第五條），如實施徹底尚容易收效。但嚴禁業主藉故「非法退佃」（第六條），又是可以伸縮解釋的。地主很可以藉種種其他方式或威脅利誘，逃避「非法」，以行「退佃」。例如地主收回自耕，是否非法？如地主先以收回自耕為手段，再行加租為目的，以逃避歷年減租損失，則減租調要有何對策？

總之，減租辦法中的「習慣租額」，「欠收程度」，「非法退佃」等所指內容，都是極富於彈性的，其涵義廣泛，能屈能伸，地主們很會巧妙的運用，一方面不吃虧減租法令，一方面亦不損及自身利益。因此，佃農要想得到比往年更多的好處，是渺茫的。

再就約定租額而論，佃農確確實實可以得到減租利益的，也只有「實納租」。但是實納租的佃農數額，無論是全四川或全西南，那只是絕對少數。西南多為山地、高地及坵陵地，平原甚少，不適於實納租所需農地的條件。因此，絕大多數的租約均為「市租」，即是彈性租額，在議租時，地主可以考慮到減租數額，把議租提高，結果必然使今年佃農實際所付租額與往年無甚差別。所以根據上面分析，可以說整個減租辦法，只益極少數「實納租」的佃農，可以沾得一點好處，對於大多數「市租」的佃農不會有多大實惠的。

二、受惠圈外的租佃形態與屆[illegible]

四川等省的租佃種類，除上述的「實納租」、「[illegible]的租佃形態，如各種力租、大佃約租、間接佃租及包[illegible]示了經濟進步的過渡性與合法性。它影響著不少佃農[illegible]內，似未考慮到這些租佃的減租辦法，而這些租佃形[illegible]的。茲就很普遍的力租及大佃約租分述如下：

（一）力租：佃農使用土地以力役為酬，其服役[illegible]

1.強制性力租：佃農除耕作農地外，其餘時間，[illegible]性的力租。在川、康、滇、黔的邊區經濟落後區域，[illegible]

2.定日數之力租：即租約上規定佃農在一年內須[illegible]力租實例最多。

3.不定日數之力租：即佃農每年為地主服勞役且[illegible]大致為婚喪喜慶、農事雜作或修屋開溝之類，地主有[illegible]中山文化教育館調查，全國二十二省一千五百二十縣[illegible]全縣百分之十九有此力租，以川、滇、黔、康等省最[illegible]力租制度，就以西南各省為最多，在減租辦法中[illegible]」內？如無括在內，則強制性力租及不定日數力租，[illegible]能以「習慣租額」觀念，則此類租佃是否應該減租？

（二）大佃約租：這是地主收取高額押租與少量[illegible]約（多由其他地主或商人承租轉佃）。農民耕種這種[illegible]要向地主繳地租，一方面要向承租人繳盈利，這類地[illegible]所收租額甚少，而大部份地租轉化為承租人的資本和[illegible]約的租在四川相當普遍，而發生租佃糾紛也很多。民國[illegible]約的性質規定解釋，認為大佃關係是租賃與典權設定[illegible]及小額租金的一方，對於他方不動產的全部有使用收[illegible]租當於押金數額部份的使用收益權為典權，對該不動[illegible]

人民公論

萬事無如減租急！

陳后

中日進行新交易　官方拒絕露內容

关于实施农地减租报道的剪报 9-1-100（189）（190）

132

中央 九、十二

社論

台灣減租成功的借鏡

一項社會改革的成敗，不在法令的草擬和頒佈，而是在法令的推行。政治行政的推動，是在它臨時會遭遇的阻力；如果遇著阻力讓步，則無論如何良好的政策，也等於虛設，政治的效能，完全要看它克服阻力的程度而定。尤其是一項與多數人的利害有直接關係的法令，要想能順利推行，更是非常困難，必須施政者有堅定的決心，層層督促，貫徹到底，纔有成功的希望。

我國高喊民生主義，二十餘年；與占人口絕大多數的農民有關的土地問題，也曾為各方面所密切注意。政府與黨派每一次重要會議，都對這個問題有若干條明白的政策規定。可是二十年來，全國農民生活，簡直沒有改善分毫。一直到今天，大家都發現農民生活之不能改善，實是國家動亂的主要原因之一；可是事到如今，再要急起直追，已有為時過晚之感。[illegible]

[illegible]

关于实施农地减租报道的剪报　9-1-100（191）

123

新民報　九.一五

來論

農地減租與中小地主

皮一淨

西南軍政長官公署八月一日公佈轄區三十八年度農地減租實施綱要，規定本年佃農繳租，只繳原定租額的四分之一，西南各省市政府正切實遵行，社會各方反應亦極良好。惟在執行過程中，有的人以為此項辦法，會影響到地主的收入，特別是中小地主的生活。本月十六日四川省參議會席上，參議員文實丞能會促請王主席注意農地減租對中小地主的損害，他們以為：佃農可能誤解農地減租而不繳租，中小地主可能因農地減租收回農地自耕，佃農與地主可能因農地減租展開生存的鬥爭，造成農村的混亂。（見本市大公報九月七日成都專電）這種見解，表面上不無道理，但實際上：這種看法，是片面的，偏頗的；而非整個的，全部的，且與事實不相符合的。換言之：這種見解，祇看見農村裏中小地主的一方面，却沒有看到整個的農村社會，祇顧慮到中小地主少數人的利益，却沒有顧慮到整個農村社會多數人的生活，同時，就中小地主的實際負擔上看，也不完全合符事實。

長官公署此次公佈四分之一的減租辦法，并不是一種新的創見，而是以政府曾經決定的「二五」減租，「三一」繳租，和土地法上規定的租佃最高限額（正產物千分之三七五）等三種法則為藍本，綜合其長處，參酌目前西南地方的實際需要，而具體決定的。這個辦法，最大的優點是：（一）主佃兼顧，簡切易行，係從主佃雙方的經濟關係上看：過去「二五」，「三一」，「千分之三七五」三種減法的數字，相去不遠，地租均在農業正產物百分之三十至四十之間，此為國民黨民國十五年二屆二中全會所決定的農民政策，近廿餘年來，一直以此為農地減租的立法標準，本年減租辦法，地主只減少四分之一的收入，尚擁有四分之三的地租，還比正產物千分之三七五或許還要多一些，所減有限，而主佃關係，都得以改善。政府的農民政策，亦得以實施，合情合理，實無可非議，從執行的方法上看：四分之一減租的辦法，雖為過去三種減法的綜合，但却沒有正產物解釋的困難，計算也很簡單：照舊租約或習慣租額，地主今年只收四分之三，佃農少繳四分之一，這辦法很乾脆，很簡切。所以，長官公署今年的減租辦法，原為二十會年政附農民政策的農地減租之具體實施，也是過去所有減租法則的綜合，對主佃雙方的利益，都會兼籌并顧的一種合理合法的辦法！

農地減租，本質上是一個社會革命運動，是土地改革的前奏，其中心任務：消極方面，要逐漸消除不勞而獲的農村剝削關係；積極方面，則在確立農村生產的新秩序，時代是進步的，十九世紀工業革命的結果，人類的生活方式顯然起了劇烈的變化，在生存競爭的時代，一切不勞而獲的生活方式與社會制度，必會遭到自然的淘汰，變消費者為生產者，變消費的社會為生產的社會，這是時代進步的新趨向，任何力量都不能阻止其發展，中國封建社會有二千年的歷史，建立在這封建關係上的土地制度，是違背時代發展法則的，在這制度上的生活形態，是絕大多數的佃農，從事勞動，從事生產，少數地主不勞而獲，坐享其成，以給大多數的勞之血汗，供給少數地主的享受；以絕大多數人的犧牲，供為少數地主的消耗，不但為情理之所不容，抑且為社會進化的阻礙，社會動亂的根本原因，因為現階段中國的問題，已經不是某些少數人的利益問題，而是社會絕大多數人生活生存的問題，今天我們只顧到不勞而食的中小地主的利益，而不顧到一般佃農的生活，整個農村社會，就可能發生問題，農地減租的目的，就在改善農村絕大多數農民的生活，消除社會動亂的因素，謀求整個社會的安定，并進一步逐漸消除封建剝削關係，確立農村生產的新秩序，爭取社會最大多數人民的幸福，謀求社會秩序永久的安定，因之，為了社會大多數人民的生活，為了將來農村社會的永久安定，地主應該忍痛作有意義與代價的犧牲，以達成時代的任務，

農地減租，可能發生兩方面的結果：地主方面，由於地租的減少，不能不從事於生產；佃農方面，更能提高其生

关于实施农地减租报道的剪报 9-1-100（192）

時代所賦予之任務｜成以求其具鑑實現，完・上下一致，共同當門・是及主，應切實據遊其實義行。民衆｜｜尤切甚[illegible]重大，政府應該・今後徵亂進國的成影係生產的勵力。兩共關加小地主・尤爲促使參中發方在佈大息議。對新綜[illegible][illegible]樁立農村生產村[illegible][illegible][illegible]、確有發展農。分定[illegible]村的重大作用有期[illegible]要求，對目前具迫具[illegible]實施・亦爲時代的二十餘年來農民政策的農地減租辦法，爲政的總之：長官公署公佈

关于实施农地减租报道的剪报　9-1-100（193）

136

世界 十、廿六

內部擬定減租草案

各地分照三一，三七五及二五減租，擇一施行。

【本報訊】內政部爲推行減租政策，改善農民生活，發展農業生產，特擬定各省市農地減租草案，定日內呈請政院核准後，即通令自本年度起施行。爲因地制宜，以期推行減租工作得見實效，各省市地方政府得依當地實際情形，分別擬定其中一項辦法，實施後報部核備，茲摘其要點如下：

（一）租額不得超過農產正產物三分之一（收穫總額）（此係照綏靖區土地處理條例規定，其法簡而易行，農民易獲實惠，在地權集中租佃問題嚴重地區實施爲宜，華中陝西等地正試辦中）

（二）租額不得超過農產正產物千分之三百七十五（係基於國防最高委員會決定，其法計算煩瑣，農民易受剝損，惟多數省區如台灣、貴州等地尚猶施行，皆尊重歷史經驗以免產生新困難，仍擬繼續施行）。

（三）照業佃雙方原約定租額或習慣實收租額減納百分之二十五（即所謂二五減租，按約定租額減納四分之一，在中小地主較多之地區實施爲宜，西南長官公署轄區正擇行試辦中）

（四）農地出租須現金付地租者，租金依減租額，應徵正產物價値爲標準。

（五）業主不得預收地租，增加押租及撤租，佃農不應欠租。

（六）在草案辦法未核准公佈前，佃農所繳押租超過土地稅一百一十二倍規定時，超額部份於應納租額內分年扣除。前項超額押租扣除年限，由業佃雙方自行協定。

（七）凡耕地因不可抗力致收穫減少者，由業佃雙方依約定或習慣，按歉收程度及減租原則，議定應納租額。

（八）在徹底實行減租前，各省市應限期實施[illegible]，並依前一二三項所定地租標準換訂新約。

（九）農地租約經登記後，業佃如均不守法，[illegible]，各處一年租額罰款。

（十）發生租佃糾紛，應由地區調解委員會調處，不服時請縣府裁決。

（十一）此辦法經公佈日起，業主倘故更換租約，增加佃農負擔，則契約一律無效。

中央 十、廿五

決心實施土地改革

內部擬就減租統一辦法

限制私有田地辦法正擬訂中

滇省府昨開農地減租座談會

【本報訊】內政部發言人稱：政府已下定決心實施土地改革政策，從今年起[illegible]推行，[illegible]形很好。內部已擬訂各地減租統一辦法，呈行政[illegible]議轉[illegible]立法院完成立法程序[illegible]土地改革與限制私有田地的辦法，明年即可付諸實施。[illegible]值得注意的是今年推動[illegible]減租的幹部，[illegible]明年推動土地改革的幹部，準備加強各地農會組[illegible]

【本報訊】[illegible]

督導執行土地減租

公署將派專員分赴各省執行

川省府正釐訂實施減租細則

【本報訊】據悉：長官公署決於短期內派督導專員赴川、黔、滇三省督導有關土地減租之執行事宜，聞川省將爲五人，黔、滇二省各爲三人。

另悉：川省府正在釐訂實施土地減租細則，該項細則俟王陵基主席核准後，即將發動大批人員下鄉督導執行。聞此項人員，此間有關當局已與中國農民銀行及四川省合作金庫負責人員商妥，可予動用，以便推動工作。

積極推進減租工作

【本報訊】西南軍政長官公署本年度實施土地二五減租工作，正在積極進行。該署政工處爲發動軍隊協助地方政府切實推行該項工作起見，令飭轄區各軍事機關部隊政工單位。廣泛宣傳，並就近督導所屬人員協同地方辦理。茲以將值秋收，該項工作推行之成敗如何，關係減輕農民負擔，安定社會秩序，及將來土地改革前途甚鉅，特再電所屬各政工單位切實辦理，並查明推行進展情形與效果，以便明瞭實況，而期有所改進。

展開農地減租工作

工署將派員分赴各區督導

張長官家屬率先倡導減租

【本報訊】㈠長官公署政委會，爲開展川區[illegible]

[illegible]

关于实施农地减租报道的剪报 9-1-100（195）

139

中央，十，五

督導各區農地減租

長官公署分別派定人員

今明開座談會研討一般業務

【本報訊】長官公署政委會定今日起至明日止，舉行農地減租暨一般政務督導委員座談會，計五日上午爲該會秘書長[illegible]講話，及政務座談。下午爲有關經濟文教指示，六日上午爲減租座談，下午爲長官訓話，會畢，各督導委員即分赴各地區督導展開業務。

【本報訊】長官公署政委員派員分赴四川各區縣，督導農地減租的督導委員姓名如下：計政委會視導室視導專員趙源赴四川第一行政區，土地處主任秘書胡國成赴第三兩區，秘書處秘書項[illegible]赴第四區，秘書高[illegible]赴第五區，秘書處專員[illegible]赴第六，第七兩區，土地處科長[illegible]赴第八，第九兩區，[illegible]赴第十，第十一兩區，政務處科長[illegible]赴第十二區，視導專員[illegible]赴第十三，[illegible]赴第十四區，視導專員[illegible]赴第十五區。

【臨符通訊】本縣縣長傅正[illegible]對農地減租工作，異常積極，月前曾兩度召集縣政擴大會議，切實宣導，並組織縣租佃委員會，旋於省府派減租督導員到縣後，復舉行擴大會，將全縣劃爲五個督導區，分區召集鄉鎮保長代表士紳等開會，縣府特派指導員，地政專員，技士等分別前往督導，傅縣長亦定於日內親赴各縣，切實督導進行云。

派員督導農地減租

公署昨今兩日舉行座談

各委員工作要點已擬定

【本報訊】西南軍政長官公署政委會於昨日上午在政委會議室舉行農地減租督導委員座談會，計到督導委員[illegible]（一區）、[illegible]明（二區）、胡[illegible]成（三區）、[illegible]（四區）、[illegible]（五區）、毛[illegible]（六區）、[illegible]良（七區）、[illegible]（八區）、[illegible]（九區）、[illegible]（十區）、[illegible]（十一區）、[illegible]（十二區）、[illegible]修（十三區）、任[illegible]鑫（十四區）、[illegible]（十五區），公署政工處長陳永珍等參加，及政委會各處長，沈[illegible]、[illegible]開慶、高子霖等參加，由政委會秘書長張[illegible]主持。

【本報訊】[illegible]長官可能在今日上午參加農地減租座談會，下午由錢大鈞副長官訓話，會後各督導委員即於日內出發，預定一月後返渝，即在縣督導視察三日。

【本報訊】長官公署對於此次派出督導農地減租委員的要求，除爲農地減租督導主任外，並規定一般要點如下：㈠有無荒地，如何墾殖。㈡冬耕面積如何擴大，去歲成果如何？今年計劃如何？㈢改良品種如何推廣。㈣塘堰水利如何興修，已興修者若何擴展，計劃如何？㈤保農會普遍成立否，是否由下而上，有何工作表現。

中央

減租座談會結束

各區督導員即離渝出發

公署頒發注意事項十點

【本報訊】長官公署為農地減租座談會已於昨日下午圓滿結束。各區督導委員定於十五日前離渝出發。

【本報訊】長官公署頃頒發農地減租督導員注意事項如下：

（一）宣達實施農地減租意旨。

（二）闡釋有關農地減租法令。

（三）督導各級地方政府及自治機構徹底執行農地減租。

（四）抽查各縣市農地減租成果。

（五）考核各級地方政府及自治機構實施農地減租成績。

（六）考核各級地方督導員工作情形。

（七）指導及協助各級執行機構解決臨時發生問題。

（八）檢查本會宣傳文件張貼及分發情形。

（九）考查實施農地減租之各種反應情形。

（十）[illegible]

周開慶報告

農地減租經過

[illegible]

[illegible]

中央　十．十二

農地換訂租約押金

公署規定折算辦法

【本報訊】長官公署政委會頃通令轄區各省市規定農地換訂租約押金折算，暫時處理辦法兩種，茲探悉原令如下：（甲）在二十六年底以前所訂之租約，其押金每元應相當現行銀圓壹佰，自二十七年起迄本年改幣為銀圓時止，所訂租約，其押金無論為法幣或金圓券，均按訂約時之糧價折成穀谷，再按換約時谷價折合成銀圓。（乙）換約時押金一項，仍照原約貨幣單位暨數目填載，並註明原約訂立時間，另於約上加蓋「押金換算銀圓數目，俟政府明令規定辦法後照計」等字樣。以上兩種，限於辦理租約登記換訂租約時，參算押金時用之。

关于实施农地减租报道的剪报　9-1-100（197）

141

中央　十、二二

農地減租意義重大

張篤倫訓勉各督導員

盼完成使命爭取民衆

【本報訊】張篤倫秘書長今主持政委會農地減租督導員訓練會，即席訓話，[illegible]

農復會幫助旅費

張篤倫極表感奮

[illegible]

官，對國家無愧。如果遺外，出督導，仍如平日的公事敷衍了事，那就完全對不起人了。

張秘書長特別強調：美國人不是不幫助我們，而是先要看我們，如果是一件小事，還要使人失望，那就沒有希望了。

中央　十、廿二

張羣約見湯惠蓀等

商談土地政策問題

周開慶改今離渝飛昆明

張之鎬明赴康督導減租

【本報訊】張羣長官於昨約見農復會土地組長湯惠蓀及美籍土地專家[illegible]特辛斯基氏，商談土地政策問題。[illegible]

【本報訊】長官公署政委會土地處長周開慶改今日離渝飛昆明。周氏除在昆明[illegible]有關各項問題外，並將實地視察昆明附近各縣減租推行情形。

【本報訊】長官公署政委會土地處專門委員張之鎬定今往晤西康省主席劉文輝，商談西康省農地減租事宜。又張之鎬委員定二十二日飛蓉轉赴西康督導農地減租。

康減租工作

劉文輝督飭辦理中

【中央社訊】[illegible]

163

新民報 八、四、

川省決在秋收以前完成二五減租政策

何北衡在省參會報告

【中央社成都四日電】川建設廳長何北衡三日向省參會報告四川建設的工作說：美國協助中國復興農村撥助的經費，決定延展到明年二月止，川省府要在本年秋收以前完成四川的二五減租政策，省特別成立四川農地減租推行委員會，主席王陵基兼主任委員，美援農復會決定撥助經費五十二億，其完成，關於水利工程，有大型工程十處，其小型灌溉工程廿二處，預料在明年五月內修築完成，需要二百萬美元的經費，農復會答應撥一半，另一半由省自籌。

國民公報 八、四、

川省二五減租辦法本年秋收硬性實施

社會處擬具減租實施辦法七項

【本報成都一日通訊】川省府為徹底推行二五減租制度，省社會處曾召集各縣市社會科長商討推行辦法，頃由該處搜集各方意見擬具「全川二五減租實施辦法」七項，令飭各縣市自三十八年下半年度秋收後硬性實施。（一）各縣市三十八年度二五減租，自當地「秋收時起限本年底完成不得以任何理由請求延緩實施。（二）各縣市應遵照二五減租推行須知各項規定於實施前擴大宣傳，並派員切實督導。（三）各縣市應於八月初成立佃租委員會，以調解一切減租糾紛。（四）三十七年度未實施或未完成縣份，應於本年度合併辦理，一次減租四分之一，務達到每一個農戶均獲減租之實惠。（五）尚未實施縣份應於七月底辦竣報府備查。（六）各縣市應切實考核所屬鄉鎮推行效率，據實填具概況調查表呈報。（七）各縣市如有辦理不力稍涉敷衍者，一律重懲云。

关于实施农地减租报道的剪报 9-1-100（199）

國民公報

川省府決成立土地減租委會

任望南赴穗催撥經費

川省行黨事會昨開幕

【本報成都三日專電】川省參議會今日舉行駐會委員會，由何北衡報告：（一）美國對華農村援助決延長至明年二月十五日，（二）農復會決撥鉅款作川省推行二五減租經費，（三）川省決成立土地減租推行委員會。

【本報成都三日專電】川省財政廳長任望南，今晨飛穗，向財政部接洽補助費及減川穀款，並請增撥國稅、鹽稅，彌補川省財政赤字。

【本報成都三日專電】川省行黨事會今晨揭幕，川省府財政廳長任望南可能被選秘書長。

川省減租推行委會成立

【本報訊】川省府奉到西南軍政長官公署減租實施綱要後，決成立全省減租推行委員會，該會組織規程草案經於本月五日省府委員會議通過，由王主席自兼該會主任委員，秘書長，民政廳長，社會處長，地政局長為委員，合管處長賓守成為總幹事，會址設合管處、已於六日開始辦公，會內得分組辦事，各組主任組員均分別在社會處，地政局高級職員中調用，日來正遵照長官公署所頒綱要擬訂減租實施細則及審制各項表

新民報

川省組織農地減租推行委會

【中央社成都六日電】省參會議今農決定，組織四川省農地減租推行委員會，王陵基兼任主委[illegible]工作，在減輕佃農的負擔，比二五減租更進一步[illegible]

新民報

蓬溪地主應變

要求以後莫稱老爺　主佃關係改作合夥

【蓬溪通信】時局緊張下，此間地主紛紛作應變之策。其辦法頗多，較令人注意者，爲實請隣近居住之老幼，要求改換原來「某大爺」「某老爺」之稱謂。並將佃戶之租佃文約，一律換爲農場合夥文約。日來物價原本普遍下跌，肉每斤祇合食米一升，近日七八合即可買肉一斤。但自兩洋實尼通用之命令到達後，物價又回漲，其中尤以高粱小麥爲甚。（十日）

川西大地主賣田

上白米石餘可買一畝

【本報成都七日專電】受陝南戰事影響，川西很多大地主又紛紛在出售田畝，報紙上有白米三石掉換良田一畝的廣告刊出，時常求人求售田畝的人更多，價錢也更廉，賣的多，能成者少，上白米一石多也可買到一畝。

关于实施农地减租报道的剪报　9-1-100（201）

1146

大公报　八、廿

擴大減租宣傳
長官公署發宣傳品
深入各縣鄉保甲

【本報訊】西南長官公署設委會，近爲擴大減租宣傳，使能深入民間起見，特制定宣傳綱要及告民衆書，並印治一十餘萬份，分發西南各縣鄉保甲，以加强宣傳之效果云。

大公报　八、十五

督導推進減租工作
省府開班訓練專員

【本報成都十四日專電】川農地減租工作，加緊進行，省府指派一百六十餘督導專員，日內即開班訓練。週後即赴各縣督導推行減租工作。主管當局並決定在各鄉村推行農民識字教育。

大公报　八、十六

川省減租
省府派員督導

【中央社成都十六日電】四川省政府爲實行農地減租工作，特由和中美農復會組織了減租推行委會，即派遣督導人員到各縣去推動工作。並定於十八、十九、廿三天舉行督導人員減租座談會，分組討論各項工作技術問題。

新民报　八、廿

周開慶赴蓉
督導減租工作

【本市訊】自西南長官公署公布農地減租實施綱要後，轄區各省、市減租工作已開始展開，該署爲督導川省業務進行起見，經派政委會土地處處長周開慶於二十一日飛往蓉，預定一週返渝後，將分赴黔、滇省督導，並由該會另派遣高級督導人員經常在各地督導云。

各地農減積極展開

——什邡郫縣發動宣傳工作　遂寧新繁成立佃租委會——

【本報遂寧十九日通訊】遂寧租佃委員會，頃開成立會，縣長陳伯良兼主委，當電各鄉組織租佃委會，協助減租及調解租佃糾紛，該會限各鄉鎮二日內成立具報。

【本報隆昌通訊】縣府昨（十三）日特召集各鄉鎮長舉行農地減租會議，商討本縣的減租事宜。

【本報新繁十九日通訊】此間農地減租工作，縣府積極準備，刻已將租佃委員會成立，同時將各鄉鎮登記員，明令發表，聞各該員已參加工作座談會，並分赴指定地區展開工作。

【本報什邡通訊】自縣府發表「推行農地減租告全縣民衆書」後，什邡農地減租，刻正積極進行，並於十二日起，在縣府召開農地減租工作會議，由縣長主席、到各鄉民意代表等多人，會中熱烈討論，關於減租之進行方式及其利弊，各有意見發表，十三日再開擴大宣傳會議，十四日督導會議，會後並將派出督辦人員（每鄉至少一人）至各鄉宣傳督導。

【本報郫縣通訊】本縣農地減租工作，將於下月開始執行，縣長周大敏爲使各鄉鎮順利推動，完成此項工作，擬在短期內召集各鄉鎮有關人士會議，據悉周縣長大敏，將於下旬偕農地減租督導員陳忠藎，親赴各鄉鎮廣爲宣傳，務使主佃雙方，深悉減租意義，以期早日完成，刻已將本縣督導員各鄉鎮登記員派定，不日展開工作。

【本報綿陽十三日通訊】川省農地減租委員會所派的督導員已到縣，他們攜帶有登記表冊和宣傳品，向農民宣傳農地減租的意義。

× × ×

关于实施农地减租报道的剪报 9-1-100（203）

148

中央日報 九.廿九

減租普遍展開

川東南五縣成績良好
黔各地組減租協進會

【本報訊】據四川省第八區專員黃庭報稱：西、秀、黔、彭、武五縣，已組織聯合反共行動委員會，團結五縣，成一牢不可破的戰鬥體。並已自九月一日起，一律實行減租減息，明年一月起實行限田。

【中央社貴陽廿八日電】黔實施二五減租，業由省垣漸次推及於各縣，地方紛組減租協進會協助辦理。本黨黨員及士紳有田土者，率先減讓，以資倡導者，報告此項工作，情形到省者，已有餘臨，平越，惠水，普定，郎岱，榕江，庶乘，三都，濟鎮等多縣。

中央 九.廿

川東減租實施澈底

農民獲得好處反共心理極強

大竹指揮所，對於長官一爲義務，而無權利。

公署的二五減租政策是絕對擁護的。並且在今天秋收時當徹底實施，指揮所另外選編了個二五減租問荅，張貼各鄉鎮。在川東北十九縣的農民是沒有一個不知道二五減租的。爲民從[illegible]所得到好處。他們的反應是強烈的，這次部隊出發需要民伕。運輸隊表現的成績非常良好，臉上的表情也與以前完全不一樣，因為他們是完全

149

中央 九.十二

減租護佃在北碚

[illegible]

一、減租辦法

[illegible]

二、減租會

[illegible]

三、地主的花樣

[illegible]

四、健全的鄉鎮人員

[illegible]

关于实施农地减租报道的剪报　9-1-100（206）

150

農地減租在隆昌

〔隆昌特稿〕農地減租問題目前已成爲大家茶餘酒後的談資，可是一般鄉民們[?]後[?]容滿前的，簡直令人觸目心驚。

鄉民們對於這次減租的實施並不樂觀，其原因約有三點：（一）兩年前政府頒布[?]令飭各縣施行，而縣參會議員均持異議，故省府所頒卅七八兩年度分期二五減租法令竟成一紙具文，結果農民大失所望。（二）這次縣府奉西南長官公署之卅八年度減租法令，其時已屆秋收，實施時間已過，農民難得實惠。（三）鄉民大多愚昧，因對政府發行之法令缺乏信心，以致觀望政令，所以頗多鄉農懷疑政府此次實行減租爲敷衍人心之[?]切手段。

現在縣政當局已遵令切實施行減租，專派指導員八人下鄉工作分區督導，並令各學校組織宣傳隊實[?]宣傳，務使每個農民都清楚減租實施的詳情，可是迄今仍少成績表現。

此間的佃耕地，大都立有佃約，主佃雙方立約的時間均訂有議稅一項，即如遇天年歉豐則當看田納稅，現在不但已經議稅，地主且已預收稅穀，故各鄉地主均未遵令換約，且迄未自動登記稅額，各從佃委員會，鄉[?]此種困難如東北石碾各鎮業即已選員挨戶强行登記，而鄉間則謂係登記稅額致府將田地收歸公有之初步工作，甚使人哭笑不得。

今年秋收，本縣平均收成尚不及四成，加[?]歉，太平、龍市、響石等鄉鎮災情尤爲嚴重，頗多公產竟顆粒無收，而本年度的田賦征租及地方附加穀較歷年爲重，因此頗多地主已於議租時即向佃戶商定私自議租谷，現正式減租令下，大地主多以此爲藉口，不遵令換約減租，且有因此而改口頭租約者，而小地主因秋收無望穩稱亦頗成問題，減租更爲困難此，即爲當前減租宜加注意的辣手問題。

綜上所述，對於減地減租的成效，「不能說有預期的結果，只有讓事實來證明。當動亂的時代，貧苦大衆就是勞苦功高的農民，他們的存亡關係國家的興衰，政府實施減租務使農民能得實惠，[?]滿腸肥的地主對此「拔一毛而利天下」的

商务十.三

中央十.八

川省減租推行順利

劉湘公子親赴溫江與佃戶換約

李漢魂電詢渝市辦理減租情形

〔中央社成都六日電〕川省農地減租各地推行順利，業主紛紛與佃戶換約，農復會美籍土地顧問雷正琪，土地組長湯惠蓀，四日曾赴溫江考察農地減租情形，又劉故上將湘公子[?]偕殷四五親乘汽車一輛，携帶租約赴溫江換約。

〔新新社訊〕內政部長李漢魂電詢渝市農地減租工作，昨代電渝市府並詢推進情形，並隨檢有[illegible]

世界十.十三

澈底實施二五減租

專署規定七項辦法

〔本報資中通訊〕此間專署頃令轄區各縣以本年實施二五減租期間瞬即屆臨，爲使各縣市有所遵循以貫徹起見，特提示應行注意事項七點：一，三十八年各縣市推行二五減租，自當地秋收時起，限本年底完成，不得以任何理由請求延緩。二，各縣市遵照省頒二五減租各項規定，於實施前擴大宣傳，於實施中派員切實督導，以利推行。三，尚未組織租佃委員會之縣市，限於本年八月初以前一律成立具報，並加強其工作，以調解一切減租糾紛。四，三十七年未及實施或實施尚未完成之縣市，於本年度合併辦理，一次減租四分之一，務達到每一佃農均獲得二五減租實惠爲止。五，尚未擬報二五減租實施辦法之縣，限於本年七月底以前擬報備查。六，各縣市應切實考核區鄉鎮推行成效，並認真具報，不得虛飾干咎。七，各縣市長如有辦理不力，稍涉敷衍，一經查究，予嚴懲。聞專署已飭轄區縣市遵辦。

153

中央　卅八、十、十六

渝郊各縣減租實況

湯惠蓀等赴璧巴碚綦等地視察

川第一區推行情形良好

【本報訊】農復會土地組長湯惠蓀，昨日與美籍土地專家[illegible]，及四川省第三區專[illegible]等，赴璧山視察當地減租實況。並定十六日赴巴縣，十七日赴北碚，十九日赴綦江。據悉：此行視察完畢後，將在渝市舉行座談會。

【溫江通訊】川省第一區減租工作，月來全面開展，已近完成階段。湯專員[illegible]及省府所派本區督導員劉仁庵，往來各縣督導，異常認眞，並提出「減租無礙，換約無訛，登記無漏」等口號，廣爲宣傳號召。其督導程序：九月份爲宣傳發動時期，十月份爲加緊換約時期，十一月份爲結束申報時期。

第一期[illegible]召開[illegible]保[illegible]完成[illegible]撤[illegible]勸[illegible]全區之[illegible]第三期[illegible]計[illegible]十一月[illegible]，農復會[illegible]在新都、溫江、郫縣、灌縣各縣，詳細考查，對推行情形認爲滿意。

卅八、十、十五

孫則讓談減租工作

各縣推行極爲良好

巴縣璧山等縣租約已換齊

【本報訊】川省農地減租工作，自推行以來，一般情形頗爲良好。昨據川省第三區專員孫則讓稱：該區所轄各縣[illegible]，均極順利，北碚、巴縣、璧山[illegible]換約，[illegible]

[illegible]

美土地專家今赴璧山視察

【本報訊】美籍土地專家雷特辛斯基，於前日與[illegible]民政局長[illegible]，參赴本市一區十八區視察農地減租工作情形後，定今日上午與省府第三區專員[illegible]赴璧山一帶視察。

【本報訊】美籍土地專家雷特辛斯基於昨日上午九時自市府出發，赴郊區參觀減租工作情形[illegible]

关于实施农地减租报道的剪报　9-1-100（211）

本市減租督導工作
人員派定明起開始

【本報訊】民政局已派定該局高級職員十一人，自明日起，分八區十八區督導二五減租工作，民政局長[illegible]生，昨日上午會召集各督導人員訓話，並[illegible]督導工作應行注意事項。范氏勉以對本市二五減租工作，務須遵照政府法令，如期完成，如幹不好，幹不徹底，各督導人員，最好自殺，……由此可見當局對二五減租事，已具有最大決心。

全面改善業佃關係
內政部令各地切實減租
本市各保換約登記處均已成立

【本社訊】內政部為改善業佃關係，增強戡亂力量起見，昨分電各省市督飭所屬加緊推行二五減租。其實施辦法，由各省市參酌現行法令及當地實際情形擬定，送內政部核備。又該部並將派員分赴後方各地，督導各級政府，切實推行，並發動各地農民組織，充分發揮自覺自動精神，配合政府設施，完成此一劃時代之歷史任務。

【本報訊】本年度農地減租，為民政局目前最重要之中心工作，該局刻正以全力積極推動。關於各區農地保換約登記處，昨日已普遍設置竣事，每區所設之登記處少者四所，多則二十所，民政局已令各區務須如限於本月二十五以前，完成減租換約工作。

【本報訊】民政局定後日召集派赴各區督導人員，舉行農地減租會議。

【本報訊】長官公署政委會，為使轄區各省市有關機關深切的明瞭二五減租，已編就「二五減租問答」小冊，日內即可出版分發。

地政局
發表告市民書

[illegible]

何人可以向本局檢舉，如屬事實，定依法嚴懲。

農地二五減租亟教了！
——白市驛農村近況描述——

天鐵

[illegible]

156

世界 十七

農地減租工作 民局限期完成

不遵規定辦理 决交軍法審判

【本報訊】本市民政局農地減租工作，頃決定五項：（一）本市農地減租工作，限二十五日以前完成，（二）各登記處負責人（即保幹事）辦理完畢後，應具結負責無遺漏情事，（三）住居城區地主，應即向所在地登記處辦理減租手續，（四）逾期不辦理減租手續，即由當地保甲長代行片面換約減租，（五）不遵照規定辦理減租換約手續者，以妨害公務論罪，糾紛挑撥者，以危害秩序論罪，均交軍法審判。

中央 十七

美專家賴特辛斯基參觀本市農減情形

民政局統計減租工作已完成六成

【本報訊】美籍土地專家賴特辛斯基，定今日由民政局派員，陪同參觀本市今年的農地減租情形。據民政局統計：農地減租工作，已完成百分之六十，其中雖發生若干糾紛，但都設法解決了。

新民報 十四

農地減租九項辦法

【本報訊】民政局昨天上午召開農地減租督導會議，由[illegible]局長主持，決議事項如下：㈠各保登記處通知農地主佃兩方來處辦理時，應辦通知二份，業主佃戶各送一份，並須取具其蓋章或簽字之回執。㈡原佃約以老石計租者，應以每一老斗折合三市斗計算，但須用本市檢定合法之量器收租。㈢說租及虛租應依當地習慣收獲實數爲準，由地方保甲正伸共同議定。㈣退佃雖不合法令規定，但佃戶原已接受，並無異議時，應重其雙方原有之協議。㈤未丈量或不能確定其地積畝分時，可以從略，只寫租石數字。㈥業主前已減租達到四分之一者，可准不再減租，但屬於當租之租額爲例外。㈦租約上之中證人必須寫該保保甲長或農會負責人之姓名，另有其他中證人時，可附列於後。㈧租佃如附有房屋農具牲畜及其他附屬物時，應在佃約第十二款後上端空白處以附註註明，㈨耕地佃約年月上應加蓋所在地保辦公處圖記。

內政部決健全各地農會組織

以便推行農地減租法令

【本報訊】內政部爲了改善現行的田主與佃戶的關係，頃已通令全國各省市政府，澈底執行全國農地減租法令，并將執行詳情具報，以便擬訂一個統一的辦法、再交與各省市政府實施。目前全國實行減租情形，並不劃一，如川渝等地始減徵四分之一，蘇中長官公署轄區是減繳三分之一，台灣和貴州兩省，則照三七五辦法辦理，該部認爲欲求減租政策收到實效，必須要廣大的農民實際參加才行，爲了達到這個目的，該部頃決健全各地農會組織，以透過農會的方式，使各項法令能夠不折不扣地實施。該部地政署和社會司現正爲此問題密取聯繫之中。

关于实施农地减租报道的剪报　9-1-100（213）

157

中央 十.卅

慶祝減租順利完成 歌樂山農民開大會

張長官楊市長均將蒞臨參加

【本報訊】第十三區歌樂山農民爲慶祝農地減租工作順利完成，定今日上午十時舉行盛大慶祝會，張長官、楊市長[illegible]、內政部民政司[illegible]、地政局[illegible]均將親往參加並致訓詞。市民政局並備專車[illegible]特新聞記者前往。

中央 十.卅一

歌樂山農民昨盛會 熱烈慶祝減租完成

楊森田炯錦等均曾蒞臨致訓 勉各[illegible]個體念減租重大意義

【本報訊】重慶市三十八年度的農地減租工作，自九月二十日市府開始督理以來，由於市政當局督飭各區工作人員努力推行，此一具有深切意義的工作，歷時二十三天，即告全部順利完成。全市近十萬的農民，對政府此次實行減租以予他們的澤惠，在歡欣鼓舞，同聲感激之餘，特發動會慶祝，以答謝政府的德意。

第八、十三、十四、十七四個區的慶祝會，於昨日上午十二時在歌樂山育幼院舉行，各區農民六百餘人皆參加，楊森市長，考選部田炯錦部長，內政部李部長代表王[illegible]科長，長官公署土地[illegible]處長，[illegible]會代表毛[illegible]均表會，會場，氣氛充滿了愉快，莊嚴，情緒都很熱烈。

個[illegible]代表[illegible]成主席，愉快的說：重慶市減租工作承楊市長和各位工作人員努力，已經合法合理的完成了。政府對我們農民愛護之重，澤被之深，使我們感激不忘，今後農民和地主應該團結一致，擁護政府進一步的實行民生主義，逐漸提高我們的生活水準，以徹底的消滅共匪。

楊市長在掌聲中起立致詞，他說：今天各位慶祝農地減租，大家情緒都很熱烈興奮，二五減租是政府頒佈了多年的法令，過去因進行不努力，所以一直沒完成，這次由於政府下了[illegible]的決心，要使每一個農民得到實惠，現在已經宣告完成了，各位要知道，政府爲甚麼對減租如此重視，是因爲[illegible]，因爲這就是我們三民主義中民生主義的一部份，要實行民生主義，就要保護中農，扶植貧農，限制富農，還就是說：要使大家的生活不平等，使大家都够生活水準，然後再極力獎勵生產，使大家達到富庶康樂之境，使我們過着一樣優裕的生活。共匪天天宣傳說爲人民翻身，保護你們財產，試問，今天的事實是不是如此？今天淪陷區的人民過的生活是怎樣？想你們大家都知道，所以三民主義的政府和共產黨所施行的政治是兩個極端，三民主義的政府是要人民的生存自由、平等，共匪是要國家滅亡、人民死亡，它的手段是狠毒、毒辣，我們應該擁護政府保衛領土完整，愛護下等自由，使共不遭共匪的蹂躪。現在民衆自衛隊就是人保護自己，消滅共匪最好的力量，我希望各區的自衛隊員，能够做到每一保有一百至二百人，加強自衛力量來保護你們的財產。我雖然市長，但我無時不在爲民衆謀利益，隨時生活在民衆當中，愛護民衆。

楊市長訓畢，繼由田部長簡短致詞，強調二五減租的重要和政府愛護人民的至意。他說：農地減租不過只是實行民生主義的開端，將來逐漸推行，使每一個人都能做到「各盡所能，各取所需」和「耕者有其田」。共匪平日標榜「解放」窮人，但其手段則極爲殘忍，在共匪區域的人民，富的窮了，窮的死了，還是不能解決人民生活。今天政府實行農地減租，這才是真正改善農民生活的辦法，也是防止共匪的利器，希望佃農和地主彼此要了解，通力後此[illegible]辦。

田部長致詞後，長官公署[illegible]處長，內政部代表王科長均致詞。末由農民代表[illegible]致答詞，向政府表示了[illegible]。一時二十分此一富有意義的慶祝會，乃告結束。會後，由大區租佃中學[illegible]中學校，演出「減租前後」話劇及歌舞等多項，極爲精彩。

中央 十.卅一

十三區減租全部完成 十四區換約本月截止

【本報訊】第十三區農地減租完成，計統計田農七九八戶，土[illegible]五五五戶。其中八〇三戶爲佃租，七十八戶爲分租，四百十一戶爲[illegible]租。全區農地保二十三保。

【本報訊】據本市十四區區公所總幹事李[illegible]曾氏談稱：該區減租運動之推行，刻下已至完成階段。請求減租換約之登記，將於月底截止。以往登記各戶，有十分之九以上已予解決，所餘少數主佃雙方尚有爭執者，正由該區租佃糾紛調解委員會逐日開會，逐一處理。此一工作，預計巡內即可全部完成。

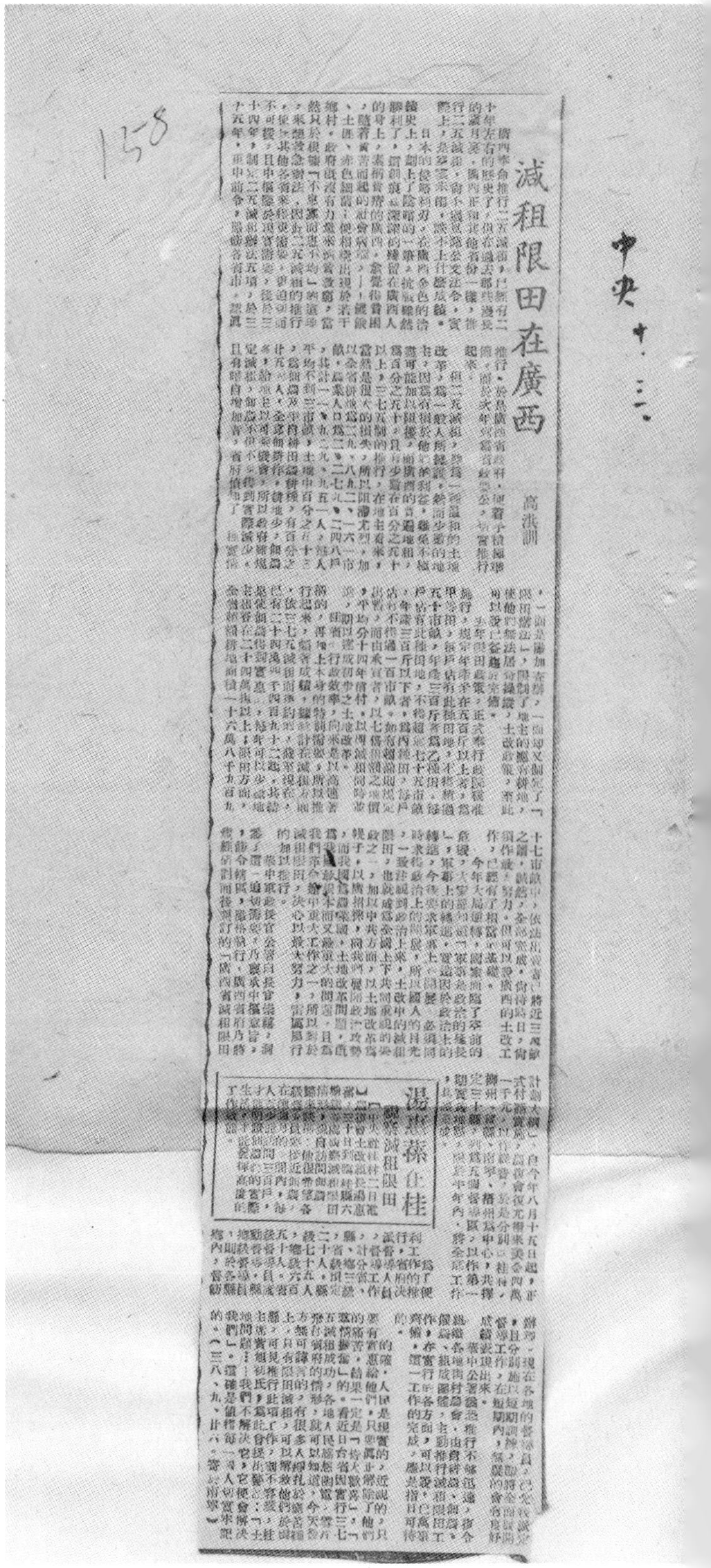

158

中央　十、三、

減租限田在廣西

高洪訓

[illegible]

湯惠蓀在桂 視察減租限田

[illegible]

关于实施农地减租报道的剪报 9-1-100（216）

159

新民 八、一六

陝省當局擬定推行減租辦法

〔中央社南鄭十七日電〕陝西地政局參照陝省地方實際情形，規定了能夠迅速而且有效的土地改革綱要，共分㊀限制私有耕地最高面積，㊁厲行三一減租，㊂舉辦戰士或遺族授田等三項原則，又根據這三原則擬定了六項推行辦法，通知各縣切實執行。

中央 十、九

中國土地改革協會 蕭錚來渝籌設分會

【本報訊】中國土地改革協會理事長蕭錚前由香港抵重慶，現將在重慶成立分會，協助土地改革事宜。

陝南廿二縣展開土地改革工作

〔中央社南鄭二十七日電〕陝西土地改革計劃，正在人民一致熱烈擁護下徹底實施中。陝南二十二縣亟從省府頒定為第一期土地改革區域後，會擴大宣傳土改政策意義，已得到一般農民的擁護。地方士紳和民意代表們，均能首先倡導，紛起組織縣土地改革協進會，配合政府法令，推行三一減租，限制耕地面積和戰士授田等三項要政，而排除鄉民糾紛以及勸導人民中爭耕地租約，尤為該會重要業務。據省府某負責人告訴記者談：陝省執行土地改革自本月開始以來，因為人民已深切了解土地問題的重要性，進行很為順利。省地政局長徐玉柱，已到各縣去訪問農民，普遍徵求土改意見，並督導在執行中的各項工作。

关于实施农地减租报道的剪报　9-1-100（217）

160

中央　九、二

滇省實施減租保佃

【中央社昆明十日電】滇主席盧漢，爲了增加貧農收益，實行減租保佃，令飭財廳擬具「各市縣農地減租實施辦法草案」，頃經省府委員會通過，通飭實施。要點如下：（一）自卅八年度起，佃田地租一律照現行各種方式約定租額或習慣租額減四分之一（簡稱四一減租），此後不得加租。（二）農地如因災害歉收，以前項減定後之租額爲標準，如受災過重，收穫未達二成者，全部免租。（三）嚴禁業主向佃戶預收地租，或增加押金。

商务　十二、九

雲南農地減租工作積極展開

關處長談話

【本市訊】西南軍政長官公署政委會土地處關處長關慶奉命前赴雲南督導農地減租，於二十一日由渝飛昆，昨日已由昆返渝。在滇留住一週，會晤盧漢主席，與遍訪主辦減租之財政廳林廳長毓棠，商談推進減租各項問題。二十四日出席省政府召開之減租座談會，二十五日至二十七日分別視察昆明市及昆明、宜良、呈貢等四市縣減租工作。據關處長談：滇省盧主席對農地減租有最大決心與熱忱，在長官公署農地減租綱要尚未頒佈以前，即已着手準備，八月份奉到公署所頒實施綱要，九月九日省府訂定雲南省各市縣農地減租實施辦法，通令各市縣政府切實遵照徹底執行，嗣於本年十二月以前全部辦理完竣。各縣市實施農地減租宣傳大綱，及宣傳標語，亦於九月下旬製印分發，並調解佃租糾紛，并另訂雲南各市縣佃租委員會組織規程，通令遵照限期成立，關於簽訂租約，則製發租約及租約登記簿格式，但飭由各縣市選擇經久耐用之紙料自行印製備用，不得向人民收取任何費用。滇省秋收時期，遠較四川爲遲，多數縣份俱在霜降（國曆十月）遲者則直至立冬（國曆十一月）故各縣工作，除宜良等少數縣份整理完成外，其餘均正在積極展開宣傳督導中。關氏結語謂，留滇雖僅一週，對於雲南各級行政人員對減租工作之積極推動，與社會各方面之一致擁護，獲得深刻之印象，本年滇省農地減租工作，定可獲致圓滿成果云。

关于实施农地减租报道的剪报 9-1-100（218）（219）

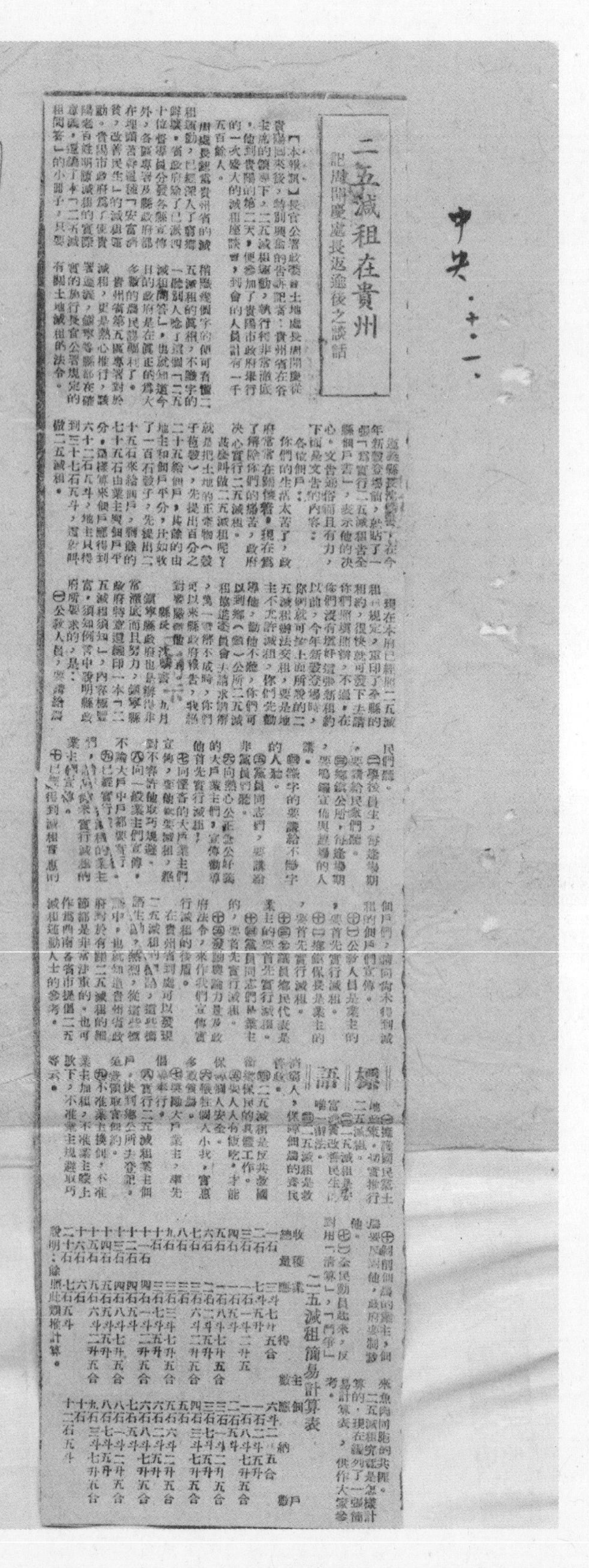

二五減租在貴州

記周開慶處長返筑後之談話

二五減租簡易計算表

关于实施农地减租报道的剪报 9-1-100（220）

大公 十、二一

黔主席谷正倫 積極推行減租

手諭各縣長徹底執行

【本市訊】貴州省政府谷主席正倫，以本年農地減租，關係改善農村生活至鉅。除積極推行外，並手諭各縣縣長，切實推行。原文云：「××縣長大鑒：時艱任重，深企賢勞。際茲局勢緊張，反共救國，端賴社會之協調，與經濟之安定。爰體察實際情形，依據中央政策，以實施二五減租，濟謀土地改革為當前急務。經已制定貴州省二五減租辦法，及其有關章則，頒發施行。此項辦法，旨在安定經濟，協和業佃。蓋在本省農業經濟社會情況之下，就調查所得，佃農約佔全省農戶百分之四十六以上，其工作至勤，其收入至鮮，時會多艱，生活窘迫，每懷肝[illegible]，軫念良深，茲……務應躬親主持，力求貫徹。在奉令之後，對於府頒辦法，必須詳加研究，深切瞭解。并[illegible]地方實際情形，嚴密規定，在進行計畫，以資實施。在開始辦理之際，對於各鄉鎮工作之進度；督導人員之遴派；業務之講習；經費之籌措；以及擴大宣傳等項，均應把握時間，講求效率。其在推行進程中，應隨時下鄉督導考核，曉諭宣傳。並以至公至正之精神，無偏無頗之態度，而接調處因減租所發生之租佃糾紛，務期簡捷。一俟辦理完竣，所有業佃登記清冊之審查，及照約繳租之督促，尤須嚴戒紀錄，切實辦理。俾期實惠佃農，協和業佃。㈢濟隨倡導：實行二五減租，對於業主之收益，自不免稍……

中央 十、廿二

劉文輝約見張之鎬 商談西康農地減租

周開慶昨飛昆督導

黔省各縣減租已普遍展開

【本報訊】西康省主席劉文輝曾於昨晨約見長官公署政委會土地處專門委員張之鎬，商談西康省土地減租事宜。

【本報訊】長官公署政委會土地處長周開慶，已於昨日離渝飛昆，督導滇地減租工作。

【本報特訊】昆明二十一日專電：西南長官公署[illegible]……會商減租實施事項，決依照長官公署規定之減租辦法實施。川省此次實行減租，甚為良好，[illegible]萬餘人推行，經[illegible]農村經復委會，會撥銀元三十萬元，作川省經費。黔省推行情形亦極良好，農經復委會，亦撥美金四萬元，作實施推行及輔[illegible]建設等費用。滇省所需補助[illegible]

[illegible]

关于实施农地减租报道的剪报　9-1-100（220）

如無必要，自以儘量避免强迫爲宜。倫以爲，十室之邑，必有忠信。各縣耆紳及民意機關代表，類多深明大義，樂善好施之士；是宜躬親督促，爲其倡導。各級公教人員，亦應責其率先奉行，以身作則，俾收風行草偃。至於一般業主，則應衡量情形，相機勸諭，俾明瞭濟貧卽以安富之眞理。激發其助人卽以自助之同情。諄諄規勸，不厭不倦。精誠所至，金石爲開。不假嚴厲，自收實效。尤不可忽者；人之好名，誰不如我。其自動奉行率先響應者，務須列舉事實，優予獎嘉。榜之通衢，版於鄉里，以資矜式。庶能激勵羣倫，蔚爲風尚。以上兩端，爲執行要領。至二五減租辦法之旨趣與實施會，另行闡明。要知此次減租，爲土地改革初步工作，亦爲一勞永逸之計，務以實心毅力，圓滿達成任務。除飭各專員切實督導外；本年年底，各委員縣長，亦將分區督導，嚴密考核。並以執行之情形，作爲獎懲之依據。同膺上考，願共勉旃。特此佈達，順候政祺。谷正倫。

★　★　★

租，定二十二日飛……林廳長陪謁盧主席，請示有關減租問題，再與財廳……，卽返黔復命。

【本報訊】貴州省黔西

巴县农地减租及换订租约督导团工作日期地区表、工作进度表、督导团督导办法　9-1-178（93）

85

巴縣農地減租及換訂租約督導團工作日期地區表

區域	督導鄉鎮	督導人員
一	青木 鳳凰 虎溪 西永 土主 新發	盧昀原
二	歇馬 興隆 蔡家 同興 井口	楊思慈
三	屏都 魚洞 人和 馬王 跳蹬	盧昀原
四	滄白 双河 棟青 麻柳 豐盛 五布	楊思慈
五	南泉 界石 鹿角 文峯 樵平	盧昀原
六	長生 迎龍 永興 惠民 廣陽	何瑞符
七	白市 走馬 含谷 龍鳳 曾家	朱　松

	日期	工作要點
第一次督導	十月十六日報至十月三十日止	一、普遍督查減租換約工作推動情形是否符合規定 二、糾正錯誤解決問題 三、調閱鄉鎮保有關減租文件會議紀錄 四、檢討工作進度 五、督導如期完成 六、守催工作半
第二次督導	十一月五日報至十一月十五日止	一、繼續前次工作 二、會同抽查減租換約成果 三、催辦減租申報表及成果報告表 四、守催工作半月報表及月報表
備考		實施督導時應會同駐區指導員主任督辦員辦理俾增聯繫

九	双賜　二聖　忠興　太和　姜家　清和	羅順倫
十	石龍　小觀　太平　花橋　双涼　接龍　石灘	范一賢
十一	南彭　石岗　石灘　跳石　仁流　南龍　陳家	羅順倫
十二	仁厚　永盛　公平　馬鬃　石馬　百節　一品　龍崗	范一賢

巴县农地减租及换订租约督导团工作日期地区表、工作进度表、督导团督导办法 9-1-178（98）

90

巴縣推行農地減租登記換訂租約工作進度表

項目	日期	工作進度	工作說明	修改
一	九月二十二日	舉行縣工作會議	1.督導員宣示推行農地減租意義及一切重要規定并提示工作推行要點及注意事項 2.徵詢首長及地方賢達提供推行工作意見 3.決定赴六區傳日期及辦法 4.分發法令書表及各督辦員派令	
二	九月二十三至二十五日	籌備區工作會議	1.各區主任督辦員及縣府指導員總導員返回區署所在地 2.縣府指導員總導員協助主任督辦員通知各鄉鎮長鄉鎮督辦員登記員及鄉鎮公所主任幹事鄉鎮租佃委員（一人）鄉鎮農會社聯合辦事處理事主席總幹事參加區工作會議 3.研究法令內容及實施上可能發生之問題 4.分配各鄉鎮法令書表	
三	九月二十六日	舉行區工作會議	1.講解法令 2.檢討當地租佃情形 3.指示執行技術 4.解答問題	
四	九月廿七日至二十九日	籌備展開工作	1.鄉鎮督辦員及登記員到達工作地區 2.鄉鎮公所將舊租約上簽名蓋章并加蓋鄉鎮公所	

巴县农地减租及换订租约督导团工作日期地区表、工作进度表、督导团督导办法　9-1-178（98）

			(4)由鄉鎮公所置[illegible]必須之[illegible]并予[illegible]記依法作廢登記
			5.通知保長召開保民大會
五	九月廿七日至二十九日	召開鄉鎮佃租委員與農業生產合作社理事主席聯席會議	1.由督導員會同鄉鎮長及鄉鎮農產社聯合辦事處理事主席召集鄉鎮佃租委員各鄉鎮民代表各農業生產合作社理事主席參加會議 2.會議內容(A)說明辦理減租及租約登記換訂租約之意義(B)說明減租計算之方法(C)說明租約內容及租約登記換訂租約等手續(D)當場違反租約登記換訂租約及減租之審處以處罰(E)研究本鄉鎮租佃問題
六	九月三十日	召開保民大會開始農地減租	1.督導員指導員輔導員鄉鎮長主任幹事鄉鎮租佃委員農產社理事主席分赴各保宣示減租之意義登記及改定租約之旨趣講解簽及減租計算方法 2.分發并張貼本項之佈告及租約格式并詳細講解各項辦法

巴县农地减租及换订租约督导团工作日期地区表、工作进度表、督导团督导办法 9-1-178（94）

86

巴縣農地減租及換訂租約督導團督導辦法

一、巴縣縣政府為嚴密督導所屬推動農地減租換約工作使能普遍如期順利完成起見除責成各駐區指導員切實督導外特參酌本縣實際情形組織巴縣農地減租及換訂租約督導團（以下簡稱督導團）以資推進

二、督導團設正副團長各一人由縣長兼任團長省駐縣督導員兼任副團長縣府秘書科長地政專員地政技士及減租督導辦員五人為團員組成之

三、縣境遼濶為督導便利計除由正副團長率領團員巡迴督導外另由兼團長就行政指導區各派團員一人前往區內會同駐區指導員實施督導

四、前項督導團團員督導工作暫定二次其要點為：

第一次會同普遍督查減租換約工作推動情形是否合符規定如有錯誤及問題即予糾正

87

解決并調閱鄉鎮保有關減租工作文件檢討工作進度督導如期完成督催工作報告表

第二次除繼續前次工作外并會同抽查減租換約成果（每鄉三甲 每甲三戶）并督催減租申報表成果報告表與工作報告表

五、督導團團員分區指導日期

第一次自十月十六日至十月三十日

第二次自十一月五日至十一月十五日

六、督導團員如發現鄉鎮保甲有辦理不力者得報請縣府處分

七、督導團員如遇重大問題應速報請縣府解釋

八、督導人員應於每次督導完竣分鄉報告督查情形

九、本辦法由縣府以命令施行

巴县第九、十区各乡镇租约登记员甄选委员会组织通则及登记员甄选办法　9-1-178（96）

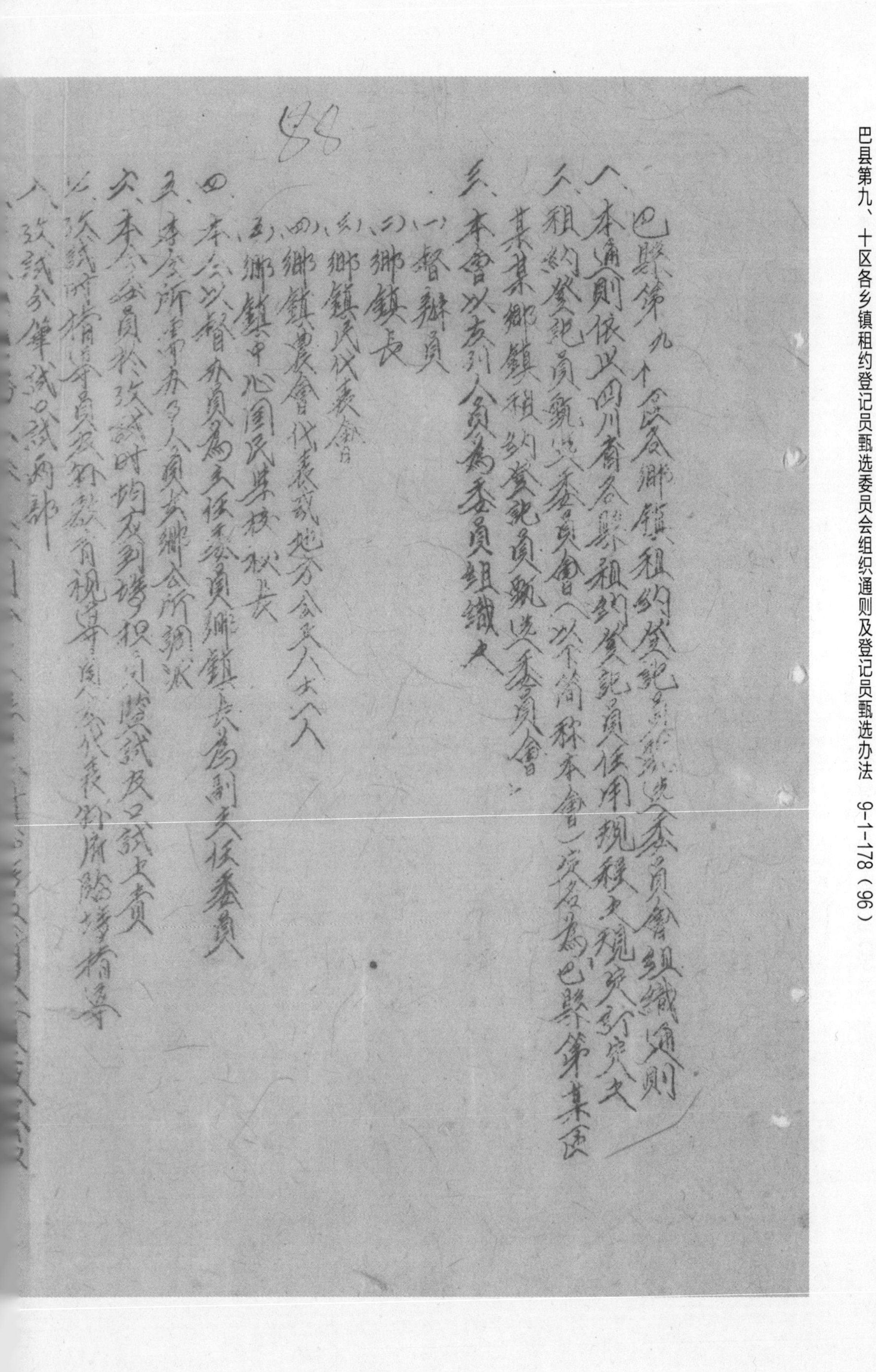

巴縣第九、十區各鄉鎮租約登記員甄選委員會組織通則

一、本通則依照四川省各縣租約登記員任用規程第九條之規定訂定之

二、租約登記員甄選委員會（以下簡稱本會）定名為巴縣第某區某某鄉鎮租約登記員甄選委員會

三、本會以左列人員為委員組織之

（一）督辦員

（二）鄉鎮長

（三）鄉鎮民代表會主席

（四）鄉鎮農會代表或地方公正人士一人

（五）鄉鎮中心國民學校校長

四、本會以督辦員為主任委員，鄉鎮長為副主任委員

五、本會所需事務人員由鄉公所調派

六、本會委員於考試時均應到場担任監試及口試之責

七、考試所用試題由督辦員或教育視導員及各代表鄉公所臨場擬定

八、考試分筆試口試兩部

十、笔试试卷由命题人评阅核定分数

十一、笔试口试分数汇统列册后交各甄选委员会公开审查核定取录

十二、评定取录后应即录榜张贴乡公所周知公布并通知被取录人出席第一次会议

十三、口试笔试录取者须呈报县政府备查册式不拘大小内分「姓名」「年龄」「籍贯」「学历」「经历」「住址」「取录分数」「备考」并注明巴县第某区某某乡租约登记员录取清册」册尾由各甄选委员会委员签名盖章

十四、各乡镇租约登记员甄选办法另订之

十五、本办法如有未尽事宜得由县府以命令修正之

巴县第九、十区各乡镇租约登记员甄选委员会组织通则及登记员甄选办法 9-1-178（97）

89

巴縣第九十區各鄉鎮租約登記員甄選辦法

一、本辦法根據巴縣第九十區各鄉鎮租約登記員甄選委員會組織通則第十四條之規定訂定之

二、租約登記員應聘專[illegible]人員分為

(一)地方人士甄選者

(二)各行[illegible]各校[illegible]者

三、應甄者須具有下列規定資格之一：

(一)高級中學後期師範高級職業學校或舊制中學畢業曾從事行政或教育工作一年以上者

(二)初級中學畢業曾從事行政或教育工作四年以上者

(三)私塾同等文理通順字跡端正曾從事行政工作五年以上能提[illegible]長及[illegible]證明文件者

四、甄選科目規定如左：

（一）筆試：國文、土地業務及常識測驗

（二）口試

五、考試成績以總分數六十分為及格，其筆試口試分數之比例規定如左：

（一）筆試佔80%

（二）口試佔20%

六、考甄及格人員如超過規定名額時，提經甄選委員會通過提高錄標準

七、本辦法如有未盡事宜，由縣府以命令修正之

巴县公平乡长梁唯一公开阻扰农地减租情况　9-1-178（133）

121

附抄公平乡长梁唯一公开阻挠农地减租事实

查农地减租公布法令颁发下该乡公所时，当由苑干事收到贴出，该乡长发觉后，除责令苑干事扯毁外，并大骂一顿。后又接到专署告民众书，该乡长亦令全部隐藏，企图不使佃农知道减租情事。及至本人将由区办事处带回之专署告民众书张贴茶铺，向农民公开发出后，彼见此种计划不能实现，乃藉其恶势族人阻挠，商属保甲长阻挠佃农组团，阻挠及其他各种力量直接间接进行破坏，传说本年政府减租决不可靠，政府之事只是说决不能实行的，[illegible]后见[illegible]府[illegible]。本人为该乡督导员，民教主任为驻乡员，并由区办事处通知该乡十月五日召集乡镇自治人员开扩大会议，彼被迫出席，其阴谋已破，乃向人宣言，这件事是互惠双方，说减租法令有缺点，没有支使人说减之租佃农终于得不到手的，是要

被政府拿去的云云佃農誤信為真因之無心爭取此項權益而承認對地主之租
不減或照減時不減遂又不召開保民大會以使佃農不明真象本人為使佃農獲
得實際權益起見地不顧一切阻力一再要求召開保民大會第一次經通知
各保但不訂明開會之時間且拒絕派人出席宣講法令結果僅有第二
保開會餘均未開及至本人十五日於返縣本家返鄉後見無一人登記換約
後要求下一緊急命令訂定各保開會時間並有主佃關係各戶換約
至保辦公處立即登記換約殊彼又暗使各保長故意延宕開會之
日臨行通知以使主佃雙方不早準備開會換約致每保開會到者僅十
餘人且囑使其爪牙故意在會場曲解法令使佃農莫明其妙以上一切
陰謀經本人率領登記員參加各保民大會當場宣講法令及換約

巴县公平乡长梁唯一公开阻扰农地减租情况 9-1-178（135）

122

减租办法其情似将其企图大多戳破后该乡长认以间接方式设法达其目的乃于月之廿六日（逢场）午时乘本人去要求彼参加次日第五保保民大会后要求曾经拒绝加盖租约登记簿上私章等事之犹未尽之时彼即向本人表向你作为县之委付职务吗抑是要真实尽责呢若要付职务的话根本就不要去发定现在这乡场来闹动你作事何必太急你有啥事不得了我答各乡都未办自然我们可以缓办现各乡场已展开工作接约许多承佃们这乡尚若一人来登记怎么不去推动彼即忽曰现在政府的事那里能硬办那彼系保甲摊到各保去向佃农讲法令我答我们现办人员都不办还有谁来推动我们的职责是应该依法办理彼太忽曰你不去硬办政府就抱你头报了何况减租法令本身就有缺点根本就不能硬办我答法令有缺点

巴县公平乡长梁唯一公开阻扰农地减租情况　9-1-178（136）

依下的政府申诉请求修正东来修改要而我们承办人不能不依照规定条例讲解。你所谓我硬辩既然已说我是了你们办事人来登记怎么知道你是硬辩还是横辩呢？彼更怒曰：我不登记你把我怎样？我答不是说你登不登记，而是说你们这乡大家都来登记，因为规定这限是廿一日以前完成，为甚事情来推动上峯，知道了大家都是有责任的呀！彼暴跳如雷的说：你们掌究在包揽吃了饭莫得事来干这些了。特绅粮们都不来登记，换给我吗？你下条子叫我把他们杀了？我答：我的待遇不比你多，就管这份究在钱也不是你们地方上出的，你说我还走到要跑路工作，若事情真的推不动，你还有更大的责任。彼答曰：放屁，我有啥子责任？我说你不能开口骂人嘛！彼又曰：你跑出来保去开会跟

巴县公平乡长梁唯一公开阻扰农地减租情况　9-1-178（137）

123

我闻些黄腥我便问他我有什么黄腥彼答你在各保开会时佃农不交佃租我说我开会时所说如地主不来登记换约时佃农不交租这是根照换约办法第六条规定所说有法令根据并且我每一句话都有法令根据的彼又谓法令法令本身就有缺点现在掌饭碗都坐的是绅粮保长你就把他们都丢教了此时即有部份绅粮立即跳来把我围住以各种问题来责难我并加以冷嘲热笑当此之时我除横遭侮辱外博得在场佃农掉首嗟叹之同情而已

驻公平乡辅导员兼农地减租督导员苏人哲记述

合川第一辅导区所陈本区二五减租换约工作情况的报告 9-1-178（143）

農業

中華平民教育促進會華西實驗區合川縣第一輔導區辦事處 報告

合一字第228號

民國卅八年十月廿一日發

事由：為瀝陳本區二五減租換約工作情形請鑒核示遵由

一、鈞處抄發致合川縣政府平實秘合字第二二一七号公函副本及辟玉山農地減租配合工作實施辦法均早奉悉。

二、為早日完成任務計，十月十二日曾赴合川縣府拜會陳彰集縣長商談，陳答以尚未接到　鈞處公函，惟言俟專員蒞縣時畧為談及此事，如何辦理擬定期并約合二區楊東侯主任共同會商。

三、十月十五日同合二區楊主任會見陳縣長对于工作辦法，曾有談及，惟西區派

合川第一辅导区所陈本区二五减租换约工作情况的报告　9-1-178（144）

一專任副主任督辦員一節、經再三向陳縣長交涉、始允即加委現任縣府駐區督導員兼任、關于民教主任兼登記員酌給公旅費津貼一節、陳縣長未作肯定答覆。

四、十六日於本月份區務會議時將在合川與縣府商洽情形对各輔導員詳細報告後、并將縣府送來各兼督辦員及登記員派令及應用租約戳記暨一部分法令（所發不全）分發。

五、從十月十八日起即同陳幹事到區內各鄉與駐鄉輔導員及民教主任開會指示減租換約要點、并分別訪問當地鄉長及地方人士談減租之意義與辦理步驟、各鄉民教主任對公旅費津貼均有問及、以未得陳縣長肯定答復、故并無法回答民教主任、

合川第一辅导区所陈本区二五减租换约工作情况的报告　9-1-178（145）

130

字第　　號

民國　　年　　月　　日發

事由

六、二十二日由各鄉歸來，二十三日即專函陳縣長請其即派專任副主任暨辦員來區并速確定兼任登記員之旅費津貼數目，迄無函復。

七、十月廿日夏督導員（本區兼副主任暨辦員）來區，聞陳彰集縣長業已去職，渠亦不擬繼續工作，乃將存區行李一齊搬往合川，雖再三勸留，亦無效果。

員公旅費津貼又係不可知之數，對于工作推進，不無重大影响。

九、擬請　鈞處函請合川縣政府或新任縣長迅派專任副主任督辦員來區，庶對各鄉保長等纔能指揮靈便，并請其將兼登記員津貼數目確定早日撥發。

十、此項減租換約工作，係屬實際工作，并有時間限制，如合川縣府不完全仿照璧山辦法辦理，與之商洽，亦不「來氣」，如此輔導區各級人員應持若何態度。工作貽誤究由何方負責。均請　鈞處明白指示，俾有遵循。

此上

華西實驗區總辦事處

合一區主任李　毅

已側卡

巴县青木乡、新发乡、土主乡、西永乡、凤凰乡等地农合社佃户社员减租成果表 9-1-254（232）

（表二）四川巴县青木乡农合社佃户社员减租成果表

社名	社员户数	全社耕地面积（市石）	佃农户数	佃耕地面积（市石）	原定佃租（市石）	法定减纳租额（市石）	欠数减免额（市石）	实际缴纳租额（市石）	备考
第二社学区农业生产合作社	160		84	5188.5市石	3246市石	811.77市石	/	2434.23市石	
第三社学区……	162		93	4297.05市石	2514.73市石	831.18市石	/	1683.54市石	
第四社学区……	108		108	3699.5市石	4966.8市石	1241.7市石	/	3725.1市石	
第五社学区……	124		57	3981市石	2410.89市石	602.7225市石	/	1838.1675市石	
第六社学区……	167		43	2108.1市石	1455.9市石	363.969市石	/	1091.937市石	
總計	721户		385户	23274.15市石	15594.31市石	3851.3355市石	/	10742.9745市石	每三市石合一老市石

註：~~各乡将学区与农业生产合作社均填入~~

巴县青木乡、新发乡、土主乡、西永乡、凤凰乡等地农合社佃户社员减租成果表　9-1-254（233）

（表二）巴縣新發鄉農合社佃户社員減租成果表

社名	社員户數	全社耕地面積(市石)	佃農户數	佃耕地面積(市石)	原定佃租(市石)	法定減租租額(市石)	另數減免額(市石)	實際繳納租額(市石)	備考
乾池堰農業生產合作社	64	1102石	42	671石	319.8石	79.95石	/	239.85石	
寶華寺農業生產合作社	159	1274.4石	55	750.7石	489.375石	122.34375石	2.9石	364.13125石	
柯家院農業生產合作社	84	544石	82	338.78石	209.96石	52.49石	/	157.47石	
石院子農業生產合作社	72	1008.9石	70	508.1石	295石	73.75石	/	221.25石	
黃康藤農業生產合作社	69	426.2石	63	399.2石	304.21石	76.0525石	/	228.1575石	
第七保農業生產合作社	92	1129.9石	34	364.11石	233.15石	58.2875石	/	174.8625石	
總計		5485.4石	346户	3031.89石	1851.495石	462.87375石	2.9石	1385.72125石	

注：[illegible]

[illegible]

巴县青木乡、新发乡、土主乡、西永乡、凤凰乡等地农合社佃户社员减租成果表 9-1-254（234）

（表二） 巴縣土主鄉農合社佃户社員減租成果表

社名	社員户數	全社耕地面積(老石)	佃農户數	佃耕地面積(老石)	原定佃額(老石)	法定減納租額(老石)	實數減免額(老石)	實際繳納租額(老石)	備考(老石)
三保農合社	73	2210.5	73	2170	1385.3	344.525		1041	
四保農合社	72	2121.8	72	2113.8	1005.6	251.4		754	
五保農合社	80	2195	80	2175	1412.7	253.175		1160	有旱地
六保農合社	45	1120	45	894.85	556.79	139.1975		418	有旱地 2.59
七保農合社	69	1757	69	1737.05	750.838	187.709		513	〃 〃 4.138
八保農合社	114	1950	114	1852.2	1126.23	282.0525		844	〃 〃 8.59
九保農合社	95	1610.15	95	1502.2	831.8	207.95		624	〃 〃 10.4
十保農合社	63	1060	63	938.4	626.23	156.5575		47[illegible]	有旱地 7.43
十一保農合社	115	2655	115	2600	[illegible]33	453.25		130	〃 〃 97
十二保農合社	142	1430.2	142	1430.2	943.61	235.9025		708	〃 〃 22.67
十三保農合社	68	2030	68	2020	1212	303		909	〃 〃 553.8
十四保農合社	46	980.5	46	967.65	620.95	155.2375		465	〃 〃 0.55
十五保農合社	42	1290	42	1290	810.95	202.7375		608	〃 〃 〃
十六保農合社	74	2345	74	2326	2326	581.5		1745	
十七保農合社	75	2865	75	2845	1821.7	455.425		1266	
十八保農合社	72	2265	72	2265	1358	339.5		1019	
總計	1245	29885.15	1245	29127.35	185[illegible].698	4630.4245		[illegible]875	一二保無農地

註：[illegible]
[illegible]租額中[illegible]168(老石)

巴县青木乡、新发乡、土主乡、西永乡、凤凰乡等地农合社佃户社员减租成果表　9-1-254（235）

（表二）　巴縣西永鄉農合社佃户社員減租成果表

社名	社員户數	全社耕地面積(市石)	佃農户數	佃耕地面積(老石)	原定佃租(老石)	法定減納租額(老石)	實數減免額(老石)	實際繳納租額(老石)	備考
保証責任巴縣西永鄉石板嘴合作社			29	813	498	123.29		373.61	
白鶴林			94	2,385	1,375.25	343.813		1,031.438	
興隆寺			97	2,252	1,428.8	357.2		1,071.6	
新民堂			58	1,372	888.05	221.71		668.34	
三根黄桷樹			79	2,727	1,916.572	479.143		1,437.429	
梓桐宫			92	2,549.4	1,640.4	410.1		1,230.3	
圓房			78	2,279.[illegible]	1,490.47	372.618		1,117.852	
金剛坡			83	2,566.3	1,579.6	394.9		1,184.7	
總計			610	16,943.8	10,817.142	2,702.774		8,115.269	

註：[illegible]
[illegible]

巴县青木乡、新发乡、土主乡、西永乡、凤凰乡等地农合社佃户社员减租成果表 9-1-254（236）

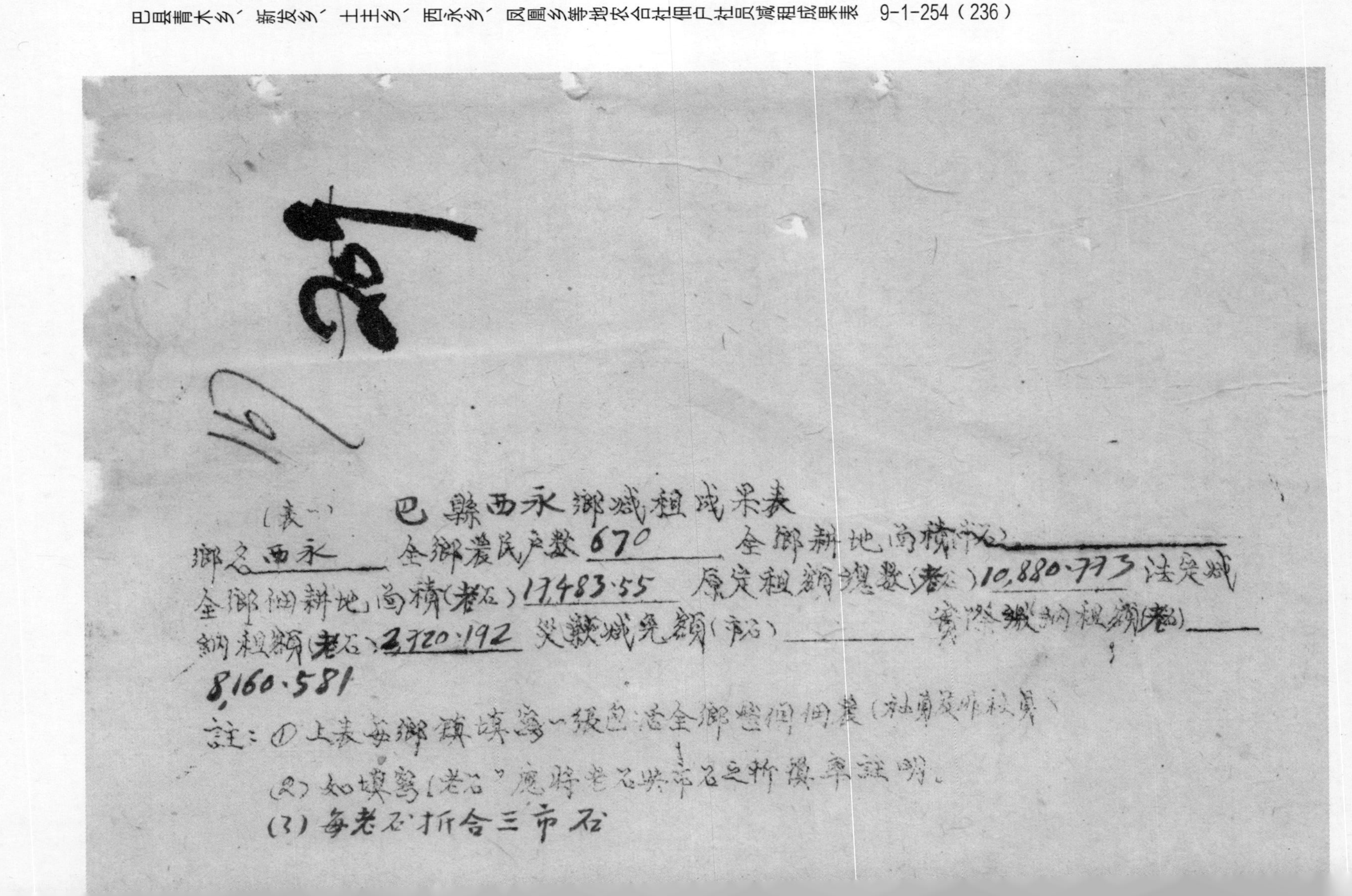

207

16

（表一） 巴縣西永鄉減租成果表

鄉名 西永　全鄉農民户数 670　全鄉耕地面積（市畝）

全鄉佃耕地面積（老石）17,483.55　原定租額總數（老石）10,880.773 法定減納租額（老石）2,720.192 災歉減免額（市石）______ 實際繳納租額（老石）

8,160.581

註：① 上表每鄉鎮填寫一張，包括全鄉鎮佃農（社員及非社員）

（2）如填寫"老石"，應將老石與市石之折換率註明。

（3）每老石折合三市石

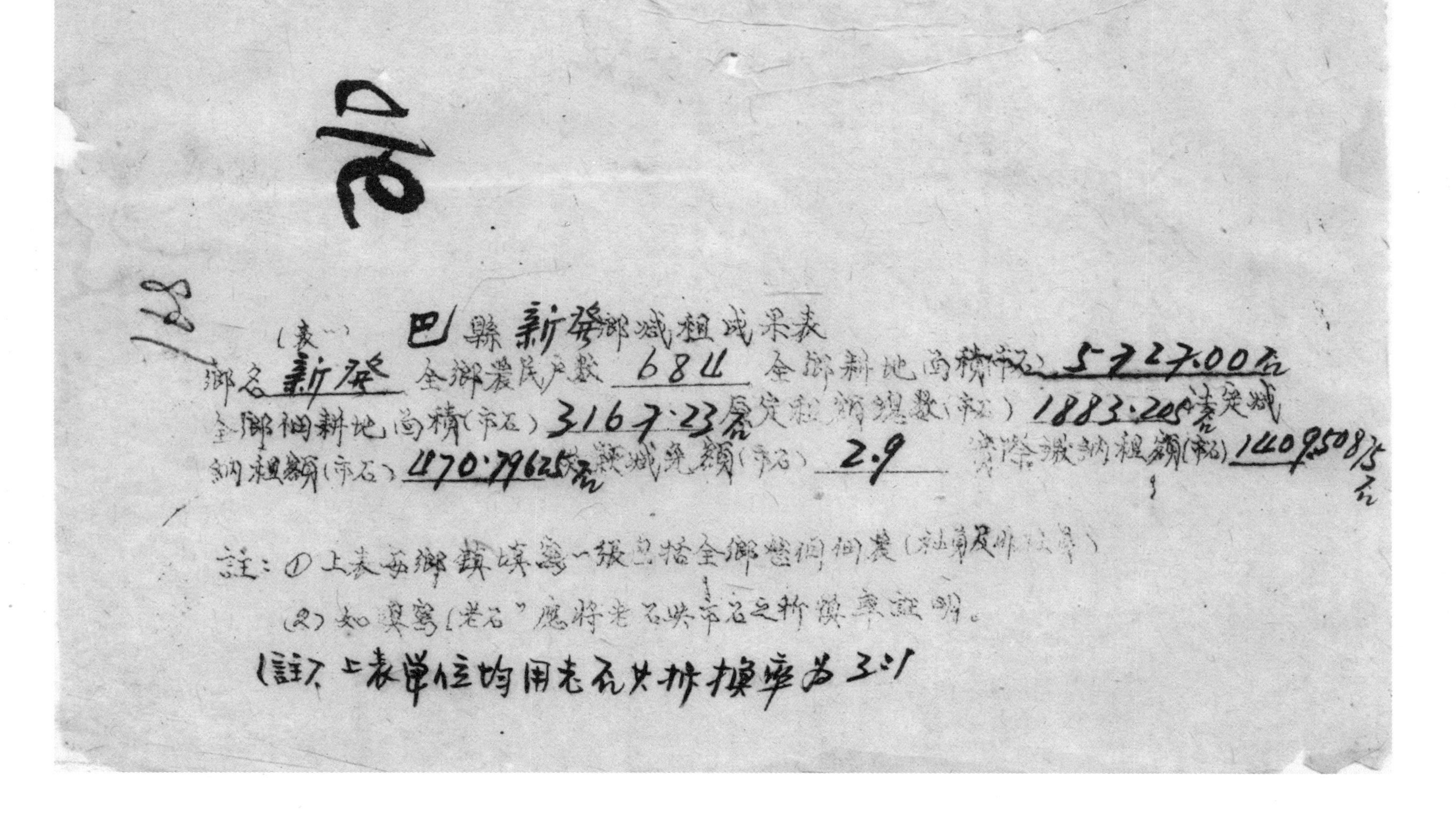

108

（表一） 巴縣新發鄉減租成果表

鄉名 新發 全鄉農民戶數 6844 全鄉耕地面積（市石） 5727.00石

全鄉佃耕地面積（市石） 3167.23石 原定租額總數（市石） 1883.205石 應減

納租額（市石） 470.79625石 [illegible]減免額（市石） 2.9 實際減納租額（市石） 1409.50875石

註：① 上表每鄉填寫一張總括全鄉總佃戶（社員及非社員）

（2） 如填寫"老石"應將老石與市石之折換率註明。

（註） 上表單位均用老石其折換率為3:1

巴县青木乡、新发乡、土主乡、西永乡、凤凰乡等地农合社佃户社员减租成果表 9-1-254（237）

巴县青木乡、新发乡、土主乡、西永乡、凤凰乡等地农合社佃户社员减租成果表 9-1-254（238）

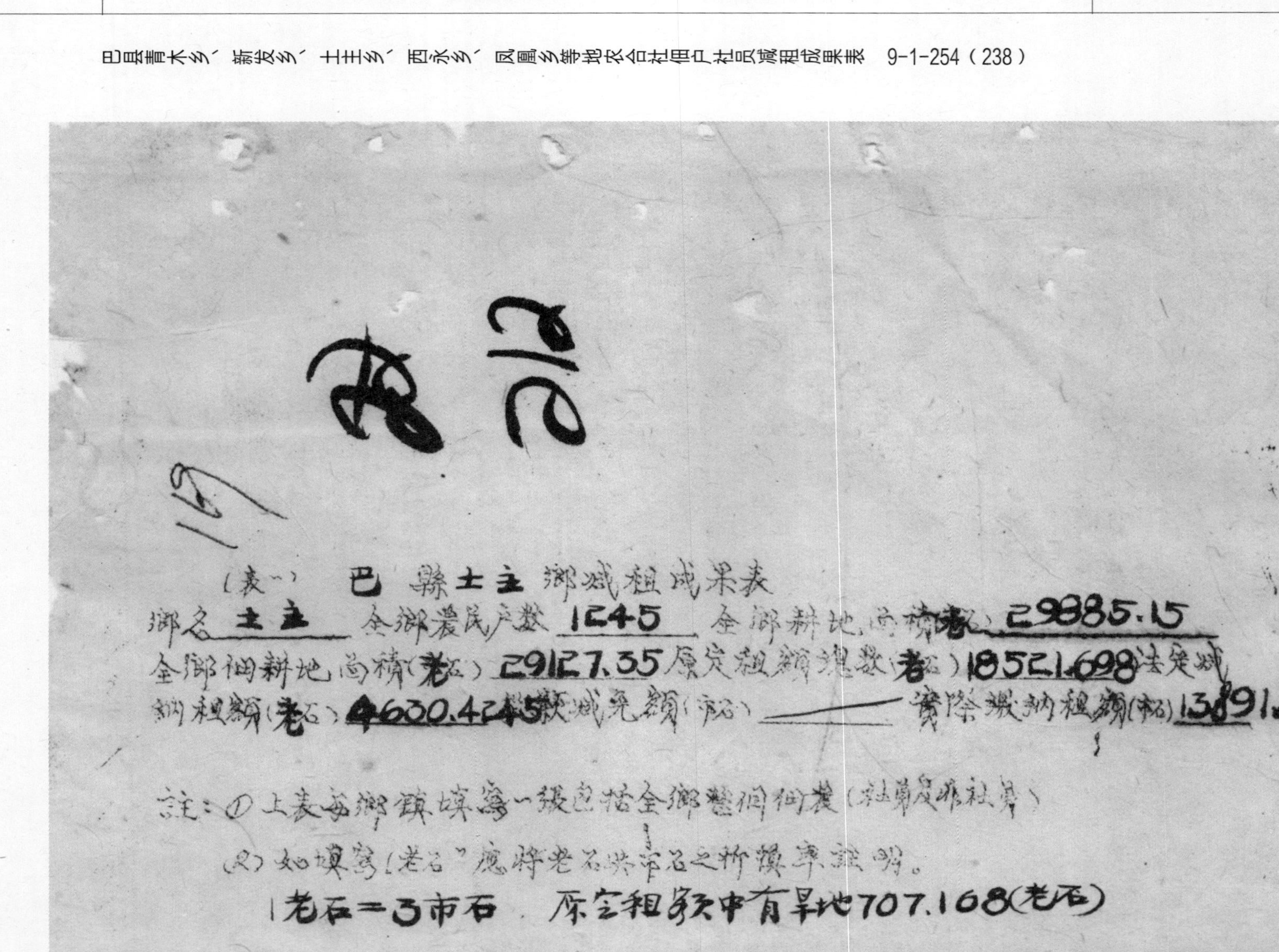
（表一） 巴县土主乡减租成果表

乡名 土主 全乡农民户数 1245 全乡耕地面积（老石） 29885.15

全乡佃耕地面积（老石） 29127.35 原定租额总数（老石） 18521.698 法定减纳租额（老石） 4630.4245 减免额（市石） —— 实际减纳租额（市石） 13891.27

注：（1）上表每乡镇填写一张包括全乡整个佃农（社员及非社员）

（2）如填写"老石"应将老石与市石之折换率注明。

1老石＝3市石 原定租额中有旱地707.168（老石）

213

170

(表一) 巴縣青木鄉減租成果表

38377.8新市石

鄉名 青木鄉 全鄉農民户数 490户 全鄉耕地面積(市石)(12792.6老石)

全鄉佃耕地面積(市石) 28636.6新市石 原定租額總数(市石) 20065.62市石 法定減納租額(市石) 15049.215市石 災歉減免額(市石) 無災歉減免 實際繳納租額(市石) 15049.215市石

註:① 上表每鄉鎮填寫一張包括全鄉整個佃農(社員及非社員)

② 如填寫"老石"應將老石與市石之折算率註明。

巴县青木乡、新发乡、土主乡、西永乡、凤凰乡等地农合社佃户社员减租成果表 9-1-254(239)

巴县青木乡、新发乡、土主乡、西永乡、凤凰乡等地农合社佃户社员减租成果表 9-1-254（240）

巴縣鳳凰鄉減租成果表　　　　填表日期 三十八年十一月六日

鄉名 鳳凰鄉 全鄉農民戶數 1099 全鄉耕地面積（老石）15763.2石

全鄉佃耕地面積（老石）10701.73石 原定租額總數（老石）7027.11 法定

減繳租額（老石）1756.7775石 災歉減免額（老石）＿＿＿ 实际繳納租額（老石）

5270.3325石

註：本表所填數字概以老量計每三市量折合一老量。

輔導員［印］　　　　填表人［印］

214

215-173

巴縣鳳凰鄉農合社佃户社員減租成果表　　填表時間 民國三十八年十一月五日

社名	社員户數	全社耕地面積(老石)	佃農户數	佃耕地面積(老石)	原定租額(老石)	法定減納租額(老石)	災歉減免額(老石)	實際繳納租額(老石)	備攷
巴縣鳳凰鄉第一社農民農業生產合作社	240	3889石2	134	2127.3	1677.044	394.26	無	1282.78	
二	339	2580石	236	2367.5	1284.71	371.0525	〃	1113.1575	
三	308	305.8石	203	142.7	1078.53	269.6375	〃	808.8925	
四	370	2896石	212	2866.93	1331.46	332.865	〃	998.595	
五	289	3620石	211	2174.3	1352.85	338.2125	〃	1014.6375	
六	234	830石	203	341.0	203.0	48.75	〃	154.25	
合計	1840	15763石2	1099	10701.13	7027.11	1756.7775	〃	5373.3325	
		輔導員			填表人				

第　頁

巴县青木乡、新发乡、土主乡、西永乡、凤凰乡等地农合社佃户社员减租成果表　9-1-254（242）

璧山县政府为农地减租事宜致华西实验区总办事处函（一九四九年九月六日） 9-1-195（167）

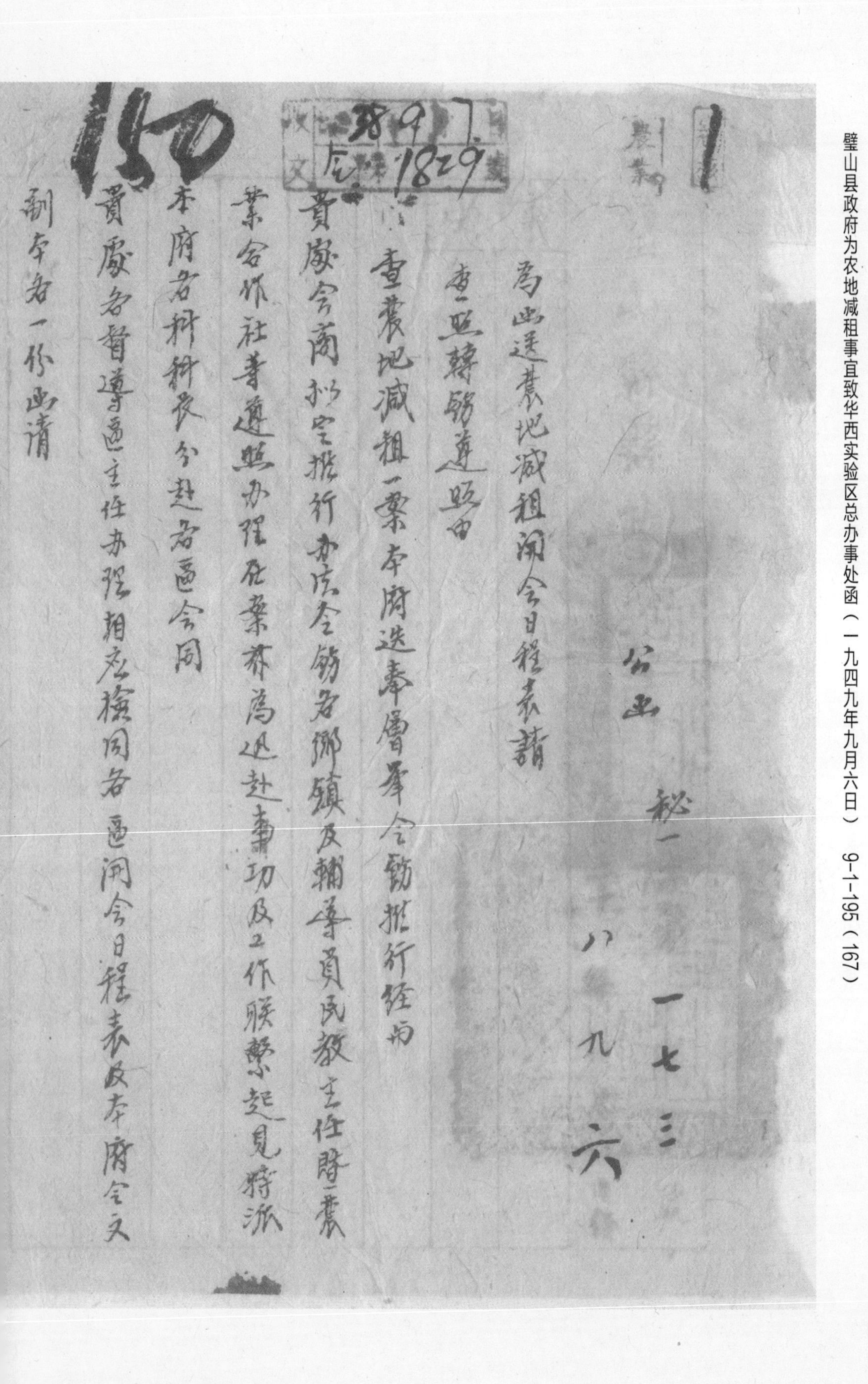

農業 1

公函 秘一 一七三 八 九 六

為函送農地減租開会日程表請
查照轉飭遵照由
查農地減租一案本府迭奉層峯令飭推行經函
貴處会商擬定推行办法令飭各鄉鎮及輔導員民教主任暨農
業合作社等遵照办理在案茲為迅赴事功及工作联繫起見特派
本府各科科員分赴各區会同
貴處各督導區主任办理相應檢同各區開会日程表及本府令文
副本各一份函請

璧山县政府为农地减租事宜致华西实验区总办事处函（一九四九年九月六日） 9-1-195（168）

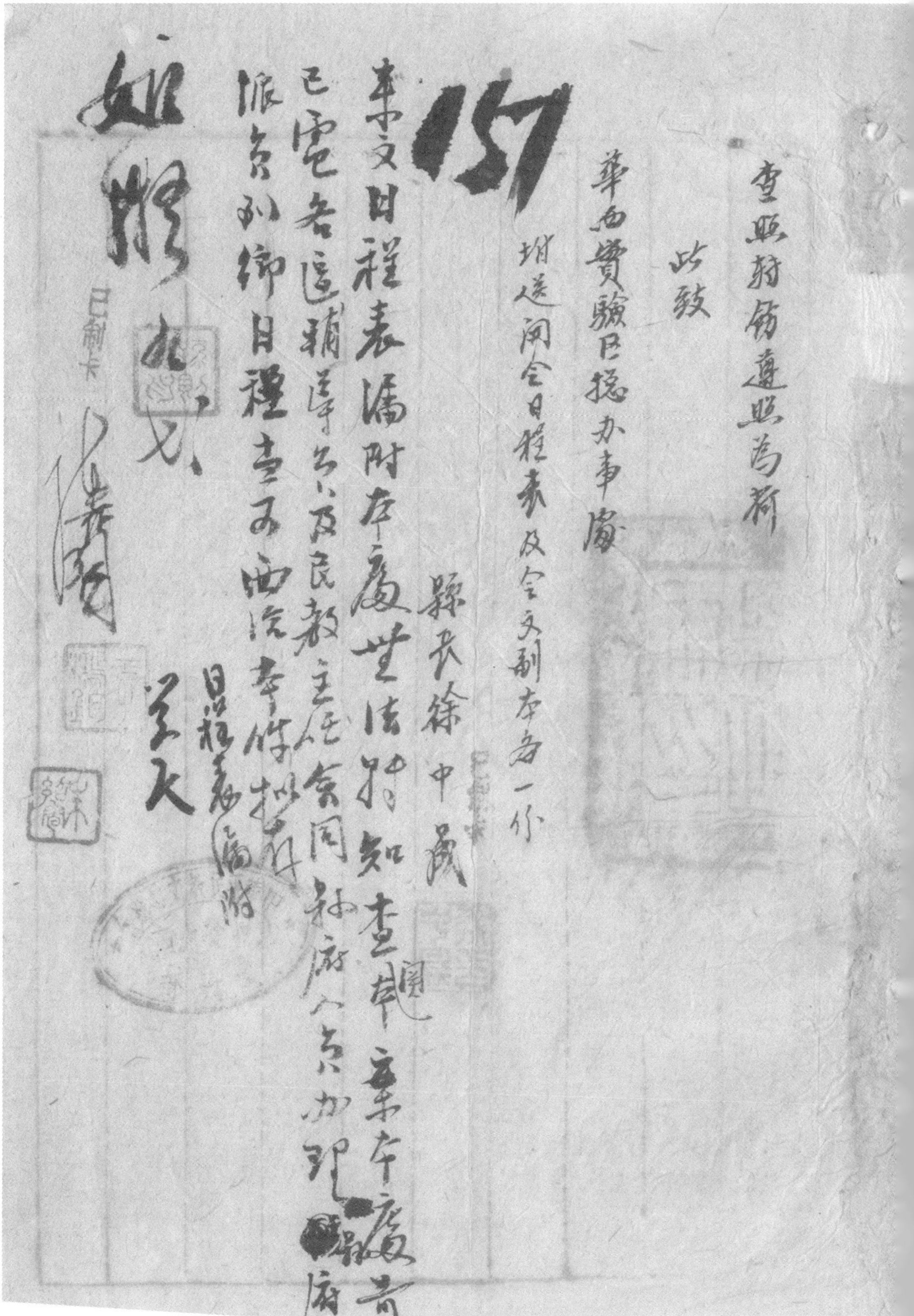

157

查照转饬遵照为荷

此致

华西实验区总办事处

附送同会日程表及全文副本各一份

县长徐中岳

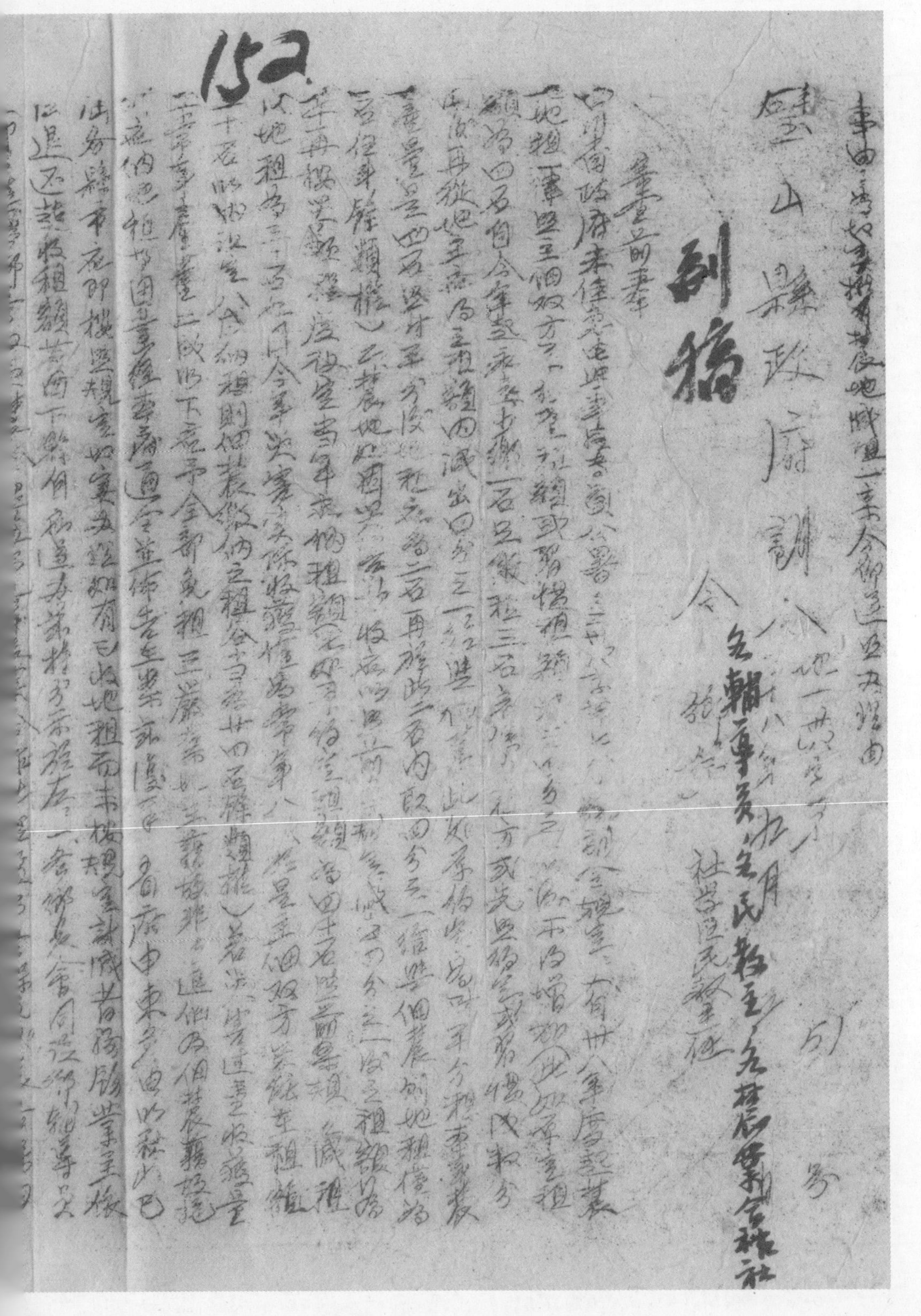

璧山县政府为农地减租事宜致华西实验区总办事处函（一九四九年九月六日） 9-1-195（169）

璧山县政府为农地减租事宜致华西实验区总办事处函（一九四九年九月六日） 9-1-195（169）

一、推行减租工作阶段，全部由农[illegible]负责，并将会[illegible]办[illegible]于三日[illegible]

二、指本府督导二乡镇长出城，并主持召开各保长、主要乡民代表[illegible]，依照减租办法规定，实施各民教主任，应召集保甲长，就保内各佃农逐一分户推行，宣传租佃法规政令，[illegible]佃农户列表登记，并召开民教主任及各辅导员会议，[illegible]实验区[illegible]此项工作，[illegible]乡镇长以上各辅导员负责督导各该区乡保甲长，以便[illegible]办理[illegible]。至上述[illegible]太会同开会，依三到三日以各保为单位，减租工作[illegible]本月内办竣。

三、各农业生产合作社、农会，即召开社员大会，推行此次减租政策，要使以合作社力量一面为各佃农社员[illegible]减租，一面协助其他佃农一并取减租权利，此项工作由各辅导员与民教主任督导各农业社[illegible]办理，务期于本月内办竣。

四、[illegible]依照规定减租者，[illegible]收租额[illegible]，如业主有阻挠减租者，[illegible]处罚，[illegible]及妨害[illegible]，从重惩处[illegible]。

五、此项减租工作[illegible]卅八年度中心工作，[illegible]各乡镇保甲长与各辅导员、民教主任[illegible]，[illegible]须经呈报本府[illegible]，除分令外，合行令仰该[illegible]遵照办理为要！

此令

县长

巴县第一辅导区办事处报告华西实验区总办事处关于商讨协办农地减租工作会议的报告（一九四九年九月八日） 9-1-195（170）

153

收文 民國38年9月12日 合字第1940號

中華平民教育促進會華西實驗區巴縣第一輔導區辦事處 報告

字第 號第 頁

卅建字第〇五〇號

中華民國三十八年九月八日

事由：為開會商討協辦農地減租情形，報請
核備由

查協助農地減租工作，本區刻正積極進行，經於本（九）月五日召集全區輔導同人，開會詳細研討農地減租實施綱要、宣傳綱要及其他有關法令，並切實討論可能發生之問題及其實施技術。次日各員返鄉，賡即依據法令及討論結果，先作宣導工作，分別張貼佈告、標語及告民衆書，隨即協助地方組織鄉鎮臨時佃租委員會，同時由輔導員督同各區民教主任召開合作社

中華平民教育促進會華西實驗區巴縣第一輔導區辦事處用箋

巴县第一辅导区办事处报告华西实验区总办事处关于商讨协办农地减租工作会议的报告（一九四九年九月八日） 9-1-195（171）

字第　號第　頁

社員大會實行辦理、減租工作、本處人員亦隨時下鄉督導
除將開會紀錄抄送縣府以資聯繫外、理合抄附紀錄報
請
鑒核備查。
謹呈
中華平民教育促進會華西實驗區總辦事處
附會議紀錄一份
職　喻純望

中華平民教育促進會華西實驗區巴縣第一輔導區辦事處用箋

巴县第一辅导区办事处为报送本区农地减租工作座谈会记录呈华西实验区总办事处的报告（一九四九年九月十九日）
（附座谈会记录） 9-1-195（192）

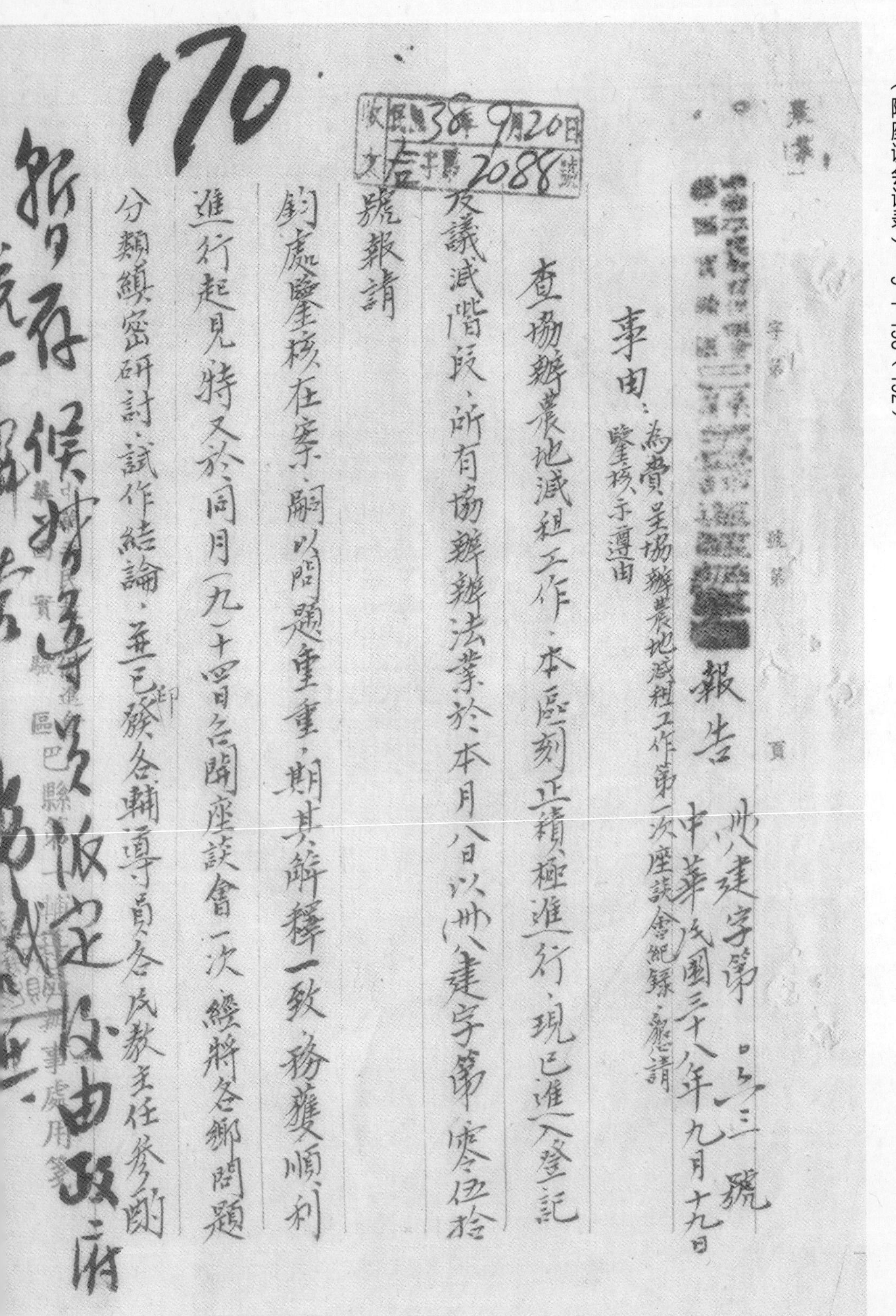
170

收文 民國38年9月20日 字第2088號

報告 卅八建字第〇七三號
中華民國三十八年九月十九日

事由：為賫呈協辦農地減租工作第一次座談會紀錄，懇請鑒核示遵由

查協辦農地減租工作，本區刻正積極進行，現已進入登記及議減階段，所有協辦辦法業於本月八日以卅八建字第零伍拾號報請

鈞處鑒核在案。嗣以問題重重，期其解釋一致，務獲順利進行起見，特又於同月（九）十四日召開座談會一次，經將各鄉問題分類縝密研討，試作結論，並已發各輔導員各民教主任參閱

巴县第一辅导区办事处为报送本区农地减租工作座谈会记录呈华西实验区总办事处的报告（一九四九年九月十九日）
（附座谈会记录） 9-1-195（193）

字第 号第 页

辦理去訖，但恐見解有限，解釋錯誤，特將該項紀錄賫呈

鈞處，懇予鑒核，指令祇遵！

謹呈

中華平民教育促進會華西實驗區總辦事處

附本區場辦農地減租工作第一次座談會紀錄一份。

職 喻純堃

擬存查

中華平民教育促進會華西實驗區巴縣第一輔導區辦事處用箋

巴县第一辅导区办事处为报送本区农地减租工作座谈会记录呈华西实验区总办事处的报告（一九四九年九月十九日）
（附座谈会记录） 9-1-195（194）

178

平教會華西實驗區巴一區協辦農地減租工作第一次座談會紀
錄

時間：三十八年九月十四日午後三時

地點：青木關本處

在座者：喻純堃 劉濟湘 趙永泰
涂遠文 楊顯明 潘伯宣

一、問題：鳳凰鄉地主周吉安，以減租後，無力負擔賦稅及特
捐，願放棄收益與佃户陶向榮，一切納稅義務，請由
佃户負擔。

結論：政府立法原意，在促使地主放棄土地，改變不勞而獲

巴县第一辅导区办事处为报送本区农地减租工作座谈会记录呈华西实验区总办事处的报告（一九四九年九月十九日）（附座谈会记录） 9-1-195（195）

8

之寄生生活方式，直接參加生產，此次減租，即在造

成土地改革之初步條件，本問題擬不予考慮，

請由政府解決。

二、問題：何某原任小學教員，被裁，失業，擬將佃與陳子清

耕種已歷二年之田土，收回自耕。

結論：依照農地減租法令，在目前力行減租時期，不得

非法退租，否則以阻撓減租要政，報請議處。

三、問題：依照習慣，已於舊曆二三月間辦妥退佃自耕，或退

佃轉租手續，並立有「收約」「退約」，迨至二五減租法令

公佈後，佃戶均不願搬遷。

巴县第一辅导区办事处为报送本区农地减租工作座谈会记录呈华西实验区总办事处的报告（一九四九年九月十九日）
（附座谈会记录） 9-1-195（196）

結論：退佃自耕，如確在減租法令公佈前，經雙方同意，辦有收約」「退約」之契約行為，並確係自耕（直接參加耕種），而佃戶亦無特殊困難，可以搬遷者，認為有效，至退佃轉租，如仍在減租法令公佈前，辦竣退佃契約手續，佃戶並於最近三年內確有故意拖欠租谷及荒廢田地情形事，亦得認為有效，但佃戶如無過失（欠租荒地）而又未租得耕地者，得斟酌情形由業佃各耕一半，或暫緩一年退租」

四問題：自近年倡導二五減租以來，業主多採預防手段，佃約上均書明「以一年為期，期滿自動搬遷」等字样地主即藉此退佃。

結論：依土地法之規定佃户有優先承佃權，可予續租，地主亦不得藉此「退佃」。

（五）問題：佃户押租因迭遭改幣損失，要求照當時幣值償還。

結論：依當地習慣，並參酌民法之規定解決，如雙方爭執過大時，得報請政府解決。

巴县第一辅导区办事处为报送本区农地减租工作座谈会记录呈华西实验区总办事处的报告（一九四九年九月十九日）（附座谈会记录） 9-1-195（197）

华西实验区农业合作社办理农地统租分佃办法 13-1-41（3）

00001

農業合作社辦理農地統租分佃辦法

華西實驗區（下稱本處）為求提高農業生產合作社社員生活改生耕地使用並謀調協租佃關係及保障主佃雙方之合法權益起見特訂定本辦法

二、合作社經營農地租佃業務時除遵照各有關法令外悉依本辦法辦理

三、凡在合作社業務區域內之農地無論其為官產學田或私有田地如業主出租時均得以合作社名義向業主承租

四、本處為謀農地租佃合作社業務易於着手進行得先根據合作社推行減租換約各個戶社員之租約存根副本由合作社向各業主接洽統租分佃但上項租得之土地如原佃種社員自行放棄耕作權時合作社得分佃其他社員耕種

五、合作社租地如遇荒年歉收得由社向業主商洽照災歉成數依法議減

七　合作社承租之田地應交業主之田租屆時概由合作社負責分向承佃社員徵收如期向業主繳納

八　合作社承租之田地如認為有興修水利或其他改良設施時合作社得參照各有關法令自行計劃興修但因改良所付款額合作社應通知原業主知照

九　合作社實施土地改良所耗之用費如期滿退租或出租人收回時合作社得按改良費之未失效部份價值要求業主償付

十　合作社租得之土地向外分佃時以合作社有自耕能力之社員為限概不得轉租非社員

十一　本辦法如有未盡事宜悉依有關法令規定

十二　本辦法自公佈之日施行

华西实验区总办事处为附发合作社租地合约格式、合作社佃地出租办法事宜给各辅导区办事处的通知（一九四九年五月二十九日）

（附：农业合作社佃地出租办法、农业合作社租地合约格式） 9-1-195（132）

中華平民教育促進會華西實驗區總辦事處（　）稿

事由：為附發合作社租地合約格式及合作社佃地出租辦法希查照辦理由

受文者：各輔導區

查本處為發展農業生產合作社經營保租保佃業務，經擬訂農業合作社租地合約格式及農業合作社佃地出租辦法各一份，茲隨文附發，希特知各農業合作社參照辦理為要。

主任孫○○

附件：合約格式出租辦法各一件

辛實合字第二三五號

五月廿九日發

华西实验区总办事处为附发合作社租地合约格式、合作社佃地出租办法事宜给各辅导区办事处的通知（一九四九年五月二十九日）

（附：农业合作社佃地出租办法、农业合作社租地合约格式） 9-1-195（124）

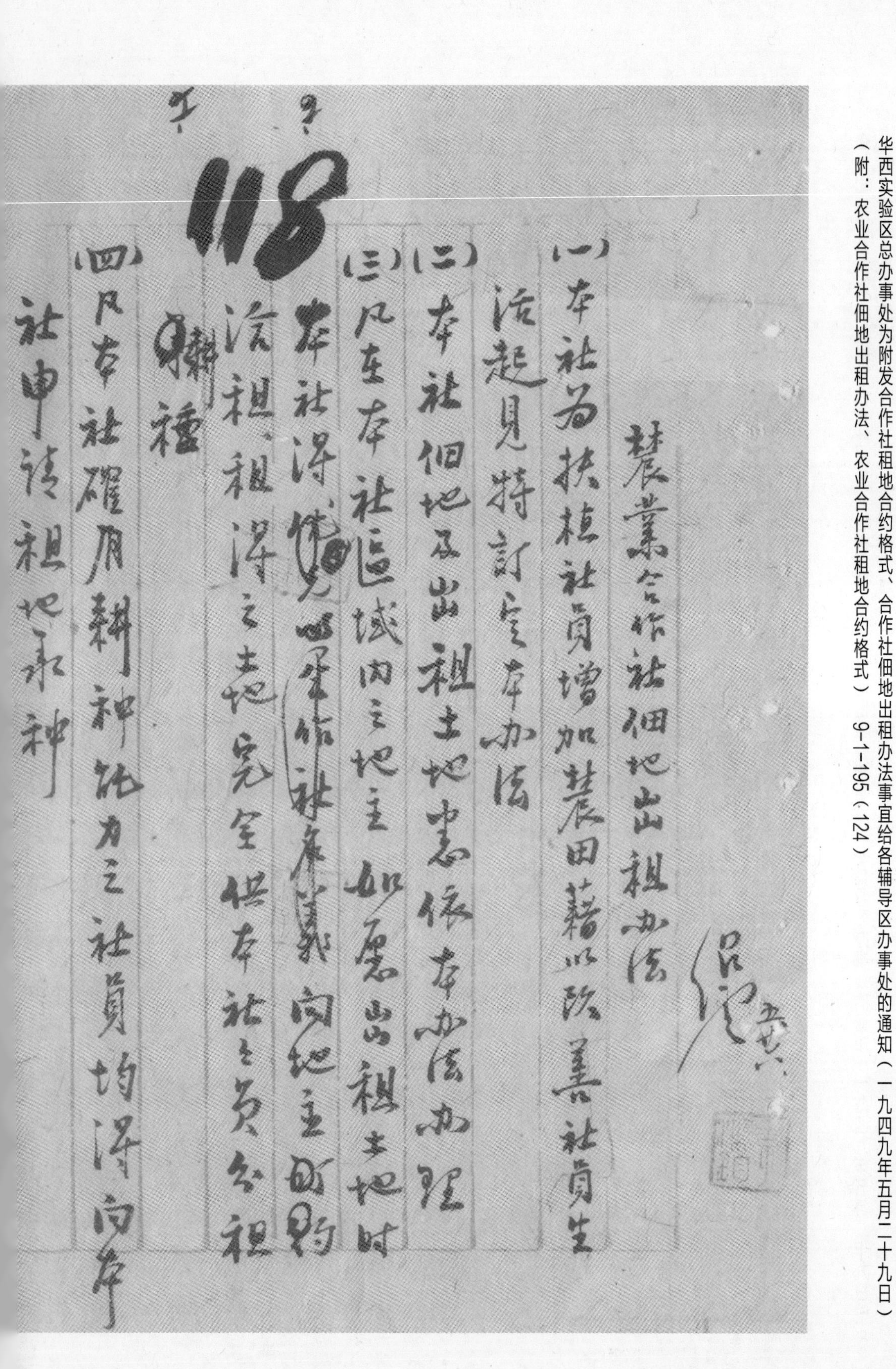

農業合作社佃地出租辦法

(一)本社為扶植社員增加農田藉以改善社員生活起見特訂定本辦法

(二)本社佃地及出租土地悉依本辦法辦理

(三)凡在本社區域內之地主如願出租土地时本社得以農業合作社名義向地主所約洽租、租得之土地完全供本社之員分租耕種

(四)凡本社確有耕种能力之社員均得向本社申請租地承种

（五）申请租地之社员须向本社填具租地申
请书申请书应填具下列各点
1.申请耕地亩数
2.本户现有之耕地亩数
3.全家人口数
4.能耕种人数
5.申请者姓名
（六）合作社接到此项申请书由理事会按照
申请之先后及实际需要予以准否之
核定并将核定结果公告并通知各

华西实验区总办事处为附发合作社租地合约格式、合作社佃地出租办法事宜给各辅导区办事处的通知（一九四九年五月二十九日）
（附：农业合作社佃地出租办法、农业合作社租地合约格式） 9-1-195（125）

华西实验区总办事处为附发合作社租地合约格式、合作社佃地出租办法事宜给各辅导区办事处的通知（一九四九年五月二十九日）
（附：农业合作社佃地出租办法、农业合作社租地合约格式） 9-1-195（126）

119

申請社員知照

（七）經核准承租之社員須向社簽訂承租合約（格式另參照合作社與地主訂立之租約格式訂）

（八）合作社向社員收租標準應照與地主訂立之租額辦理但得經收租額百分之五為合作社事務費

（九）承租土地社員應於秋收後須自動將應繳租金或租谷送交合作社指定地點不得藉故延宕脚運費概由社員負担

（十）各社員應繳之租谷應於付前曬乾風淨

华西实验区总办事处为附发合作社租地合约格式、合作社佃地出租办法事宜给各辅导区办事处的通知（一九四九年五月二十九日）

（附：农业合作社佃地出租办法、农业合作社租地合约格式） 9-1-195（127）

否則本社得行拒收其往返脚運損耗

合作社不負任何責任

（十）社員承租之土地須自行耕種不得轉再

荒廢或中途轉租轉佃否則合作社即

將原地退回另行轉租 社員並處三年內取消其申請承租權

（十一）社員承租之土地如不願繼續耕種時得

於春耕作物下種前一個月申請退租但如有

誤他人播種時期合作社得仍向原承

租人照收其應繳租物

（十二）合作社經收社員及繳納地主之租物應[illegible]為之

华西实验区总办事处为附发合作社租地合约格式、合作社佃地出租办法事宜给各辅导区办事处的通知（一九四九年五月二十九日）
（附：农业合作社佃地出租办法、农业合作社租地合约格式） 9-1-195（128）

120

賑戶詳為登載以便結算
十四、社員向本社承租之土地如本社認為有改良及興修水利等工程設施時承租社員須接受本社一切指導，本社對其將協助之，社員得申請會通過
十五、本辦法如有未盡事宜得經理事會隨時修正
十六、本辦法經合作社理事會通過施行

华西实验区总办事处为附发合作社租地合约格式、合作社佃地出租办法事宜给各辅导区办事处的通知（一九四九年五月二十九日）
（附：农业合作社佃地出租办法、农业合作社租地合约格式） 9-1-195（129）

121

农业合作社租地合约格式

立租地合约人　　合作社（以下简称乙方）兹以乙方需要土地特向甲方租地　补偿双方同意特订立本合约并将双方议定条件开列于左：

一、甲方将自有坐落　　属土地　　段共计　　补租与乙方耕种

二、自订约之日起至　　年　　月　　日止共租期　　年

三、租谷每年（或每季）　　租谷全　　不（新旧不按当地习惯双方洽商订定但最高不超过千分之三七五为原则）

（四）租谷全于每年秋收后由甲方派人携据向乙方收取乙方不得藉故推延或欠交

华西实验区总办事处为附发合作社租地合约格式、合作社佃地出租办法事宜给各辅导区办事处的通知（一九四九年五月二十九日）

（附：农业合作社佃地出租办法、农业合作社租地合约格式） 9-1-195（130）

五、在约期未满前乙甲双方均不得中途背约。

六、租约期满后，如经双方同意不再继续租种时，乙方应将原地归还甲方。

七、乙方所租之土地，自订约之日起得自由转租社员耕种，甲方不得有任何干涉。

八、乙方租种之土地，除给甲方按约缴租外，对於田赋一切苛费，概由甲方付给。

九、乙方租种之土地，如因改良或耕作需要时，得不经甲方同意，在地面兴修一切工程建筑，甲方不得干涉。

华西实验区总办事处为附发合作社租地合约格式、合作社佃地出租办法事宜给各辅导区办事处的通知（一九四九年五月二十九日）
（附：农业合作社佃地出租办法、农业合作社租地合约格式） 9-1-195（131）

122

十、上项兴修之工程建筑及土地改良增加之财产于期满退租如乙方不及或不能收回时甲方应予乙方付给代价其价值由双方洽商办理

十一、甲方出售土地时乙方有优先承购权

十二、本合约一式两份甲乙双方各执一份为凭

立合约人 〇〇〇 章

〇〇合作社 社章

合作社代表人〇〇〇 章

保证人〇〇〇 章

中华民国 年 月 日立

华西实验区总办事处为合作社租田转佃办法事宜给巴县第一辅导区办事处的通知（一九四九年五月二十九日） 9-1-195（133）

中華平民教育促進會華西實驗區總辦事處稿

事由：據該示合作社租田轉佃辦法函示轉知查照辦理由

受文者：巴縣第一輔導區辦事處

案據該區興建字第〇〇五號報告為請示合作社租田轉佃辦法如何辦理等情，茲經核定如下：（一）地主自願將田土佃於合作社，再由社逕與地主洽訂租地合約；（二）合作社將田租與社員時，再由合作社自行訂定土地出租辦法；（三）租佃規定再由合作社與地主就當地租佃習慣雙方自行洽商辦理；（四）租約格式及出租辦法各擬一份，附發，請轉知參照辦理。

年 五月 廿九 日發

附件：合約格式、出租辦法各一件

字號：平實合字第一六九號

华西实验区总办事处为合作社租田转佃办法事宜给巴县第一辅导区办事处的通知（一九四九年五月二十九日） 9-1-195（134）

125

拟以下列各点指覆（通）知该处：

1. 凡地主愿将土地佃与农业合作社，可以合作社名义与之洽订租地合约。

2. 合作社将租得之土地转租与社员，可由合作社自行订定出租办法，令各社员遵照承租耕种。

3. 其租佃规定可由合作社与地主双方参照当地一切租佃习惯自行洽商办理。

4. 租约格式及出租办法予以提要示例附发，以便该区特协参照办理（格式及办法另附）。

此复 不善 五廿六

五 廿五

华西实验区总办事处为附发农地统租分佃办法事宜给各辅导区办事处的通知（一九四九年十一月二十三日）
（附：农业合作社办理农地统租分佃办法） 9-1-195（111）

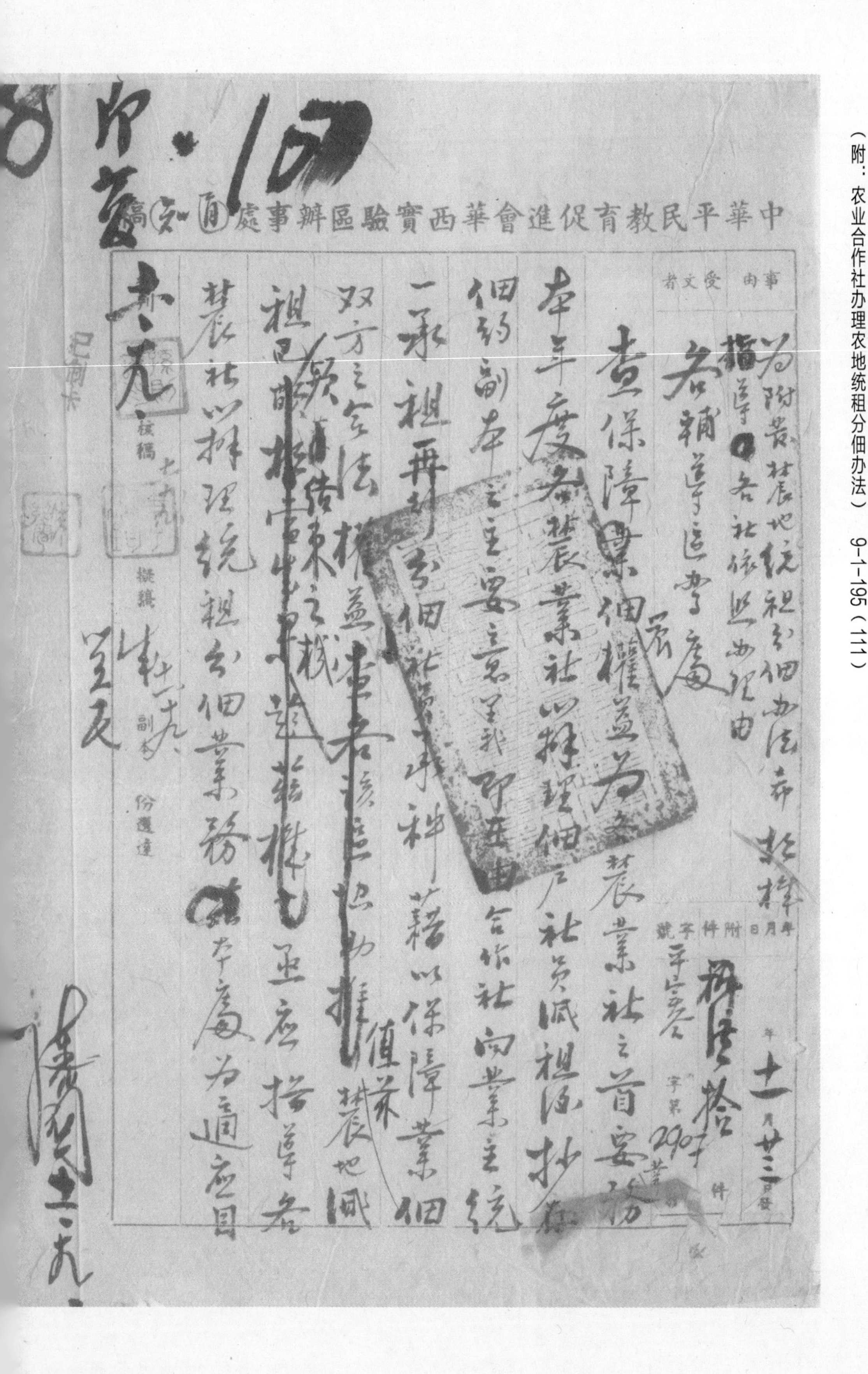
中華平民教育促進會華西實驗區辦事處

事由	受文者	年月日	附件	字號

华西实验区总办事处为附发农地统租分佃办法事宜给各辅导区办事处的通知（一九四九年十一月二十三日）
（附：农业合作社办理农地统租分佃办法） 9-1-195（112）

中華平民教育促進會華西實驗區辦事處（ ）稿

事由
受文者

前當妥擬根據有關法令訂定農業合作社以辦理農地統
租分佃辦法十條茲隨文附發希轉飭指導員
社依照辦理為盼

主任 孫○○

108

核判
核稿
擬稿
副本 份送達

附件字號
月日

华西实验区总办事处为附发农地统租分佃办法事宜给各辅导区办事处的通知（一九四九年十一月二十三日）
（附：农业合作社办理农地统租分佃办法） 9-1-195（113）

109

油印
三百份

農業合作社辦理農地統租分佃辦法

一、華西實驗區（下稱本處）為求提高農業生產合作社社員生活改善耕地使用並謀調協租佃關係及保障主佃双方之合法權益起見特訂定本辦法

二、合作社經營農地租佃業務時除遵照各有關法令外悉依本辦法辦理。

三、凡在合作社業務區域内之農田無論其為官產學田或私有田地如業主出租時均得以合作社名義向業主承租

四、本處為謀農地租佃合作社業務易於着手進行得先根據合作社推行減租換約各佃户社員之佃約存根副

华西实验区总办事处为附发农地统租分佃办法事宜给各辅导区办事处的通知（一九四九年十一月二十三日）
（附：农业合作社办理农地统租分佃办法） 9-1-195（114）

本由合作社向各業主接洽統租分佃但上項租得之土地
如非原佃種社員自行放棄耕作權時合作社得分佃原
承種社員耕種
五、合作社洽租田地其地租以不超過耕地正產物收穫總額
千分之三百七十五為原則
六、合作社租地如遇荒年歉收得由社向業主商洽照災歉
成數減
七、合作社向業主承租之土地其租期以設法與業主商洽
約定至少定為三年
八、合作社承租土地租約應規定於租約期滿時除出租人依法

华西实验区总办事处为附发农地统租分佃办法事宜给各辅导区办事处的通知（一九四九年十一月二十三日）
（附：农业合作社办理农地统租分佃办法） 9-1-195（115）

收回自耕外合作社有優先承租權

六、合作社承租土地租約應規定如出租及出賣或出典時合作社有優先承買或承典之權

七、合作社承租之田地應交業主之租金或租物屆時概由合作社負責分向佃種社員催收如期向業主繳納

八、合作社承租之田地如認為有興修水利或其他改良設施時合作社得自行（參照各有關法令）計劃興修但因改良所付款額合作社應通知原業主知照

九、合作社資施改良土地所耗之用費如期滿退租或出租人收回時合作社得按改良費之未失效部份價值要求業

华西实验区总办事处为附发农地统租分佃办法事宜给各辅导区办事处的通知（一九四九年十一月二十三日）
（附：农业合作社办理农地统租分佃办法）　9-1-195（116）

主償付

十三、合作社租得之土地向外分佃時以合作社有自耕能力之社員為限概不得轉租非社員

十四、合作社租地分佃各佃社員耕種各承佃社員除照約向合作社繳納租物外合作社得照租額酌向主佃雙方收百分之五之手續費作為合作社業務發展基金

十五、各社員向合作社承租之土地如有水利或其他耕作改良之工作時應接受本處之一切指導

十六、本辦法如有未盡事宜悉依有關法令之規定

十七、本辦法自公佈之日施行

存底

璧山四寳閣文具印刷紙號印製

……户自耕田地面积統計
自耕田地面積
本鄉……　他鄉……
③ ④ ⑤ ⑥ ⑦ ⑧ ⑨ ⑩ ⑪ ⑫　本鄉合計　他鄉合計　他鄉 十保 十保 十保

27.55　73.4　36.15　67.5　87.48　86.76　226.8　98.3　7.7　51.5　978.34

40　0　0　0　0　0　51

25.65　41　17　48.4　0　0　30.1　7.6　3.2　341.35

3.29　240.15　362.85　363.7　298.8　264.32　353.9　349.2　90.73　124.07　3156.62

13.5　214　284.1　203.42　452.25　273　234.16　365.98　236.75　39.5　2630.58

725.11　1060.28　817.08　627.04　648.39　850.83　673.28　291.85　408.57　466.9　7498.58　38　12　273　273

1698.83　234.71　1500.15　1478.66　1575.32　1474.91　1488.14　1135.43　819.75　685.17　14656.47石　311

璧山狮子乡各类农户自耕田地面积统计　9-1-126（396）

璧山狮子乡各类农户自耕田地面积统计 9-1-126（396）

璧山狮子乡全乡各类……

农户类别	户										数		
	①	②	③	④	⑤	⑥	⑦	⑧	⑨	⑩	⑪	⑫	合计	①
地主兼自耕农		11	9	9	5	8	7	10	15	10	4	5	93	
地主兼半自耕农		1					1	0		0	0	0	2	
地主兼佃农		2	11	3		1	3	0		2	4	2	28	
自耕农	4	66	32	35	48	112	54	47	59	41	24	38	560	26
半自耕农		16	7	14	23	21	24	17	16	24	20	8	190	
佃农	1	104	91	74	77	66	84	90	58	50	61	85	841	1
雇耕者	173	60	38	52	60	25	34	19	30	63	15	65	634	
合计	178	260	188	187	213	233	207	183	178	190	128	203	2348	275

自耕田地面積統計
自耕田地面積
本鄉面積　他鄉面積
數　坵數　數　坵數
·5　265
1　1
27.5
·5　1　265

璧山狮子乡各类农户自耕田地面积统计　9-1-126（397）

壁山狮子乡各类农户自耕田地面积统计　9-1-126（397）

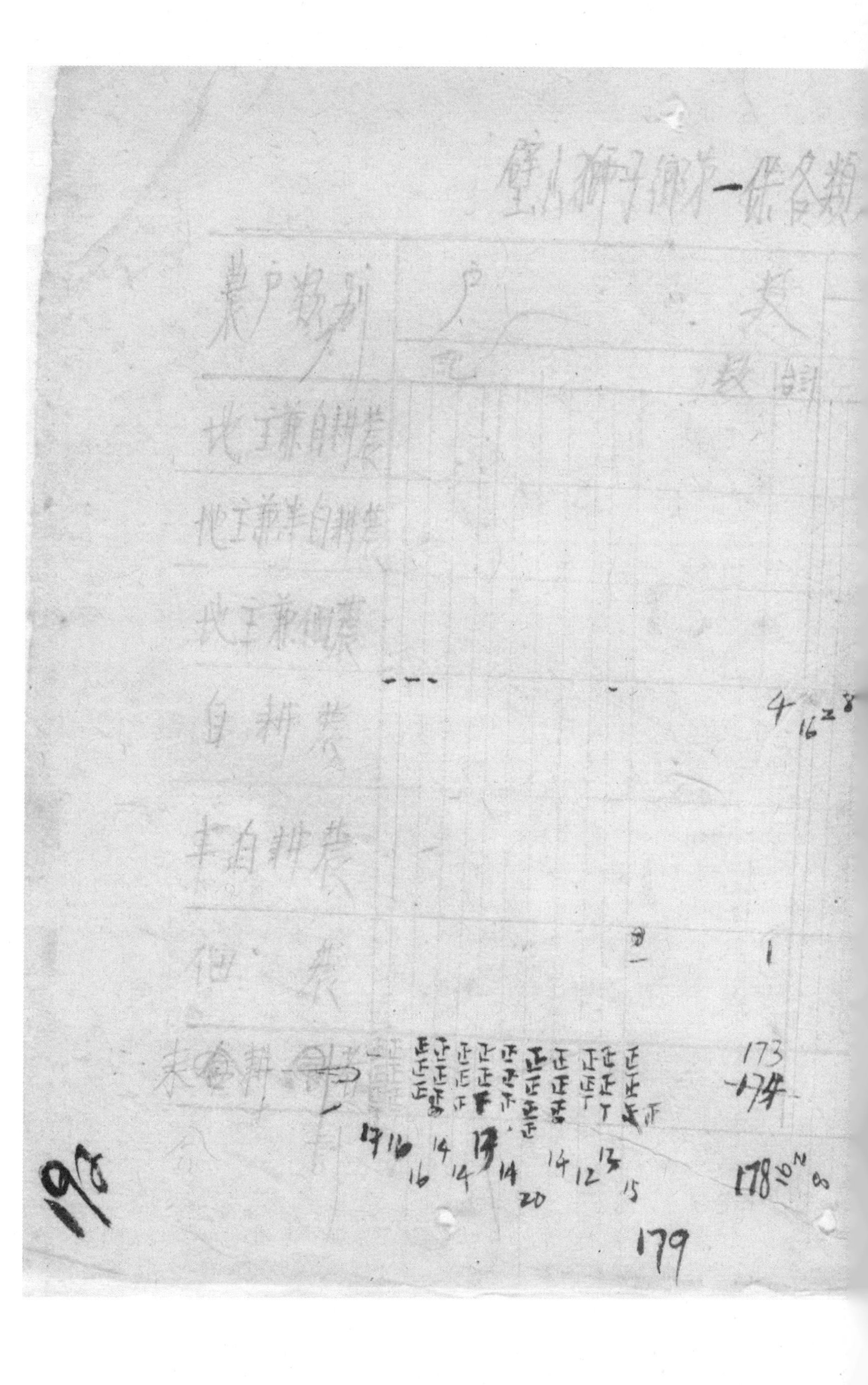

壁山狮子鄉第一保各類

農户類别	户　数
地主兼自耕農	
地主兼半自耕農	
地主兼佃農	
自耕農	
半自耕農	
佃農	1

璧山狮子乡各类农户自耕田地面积统计　9-1-126（398）

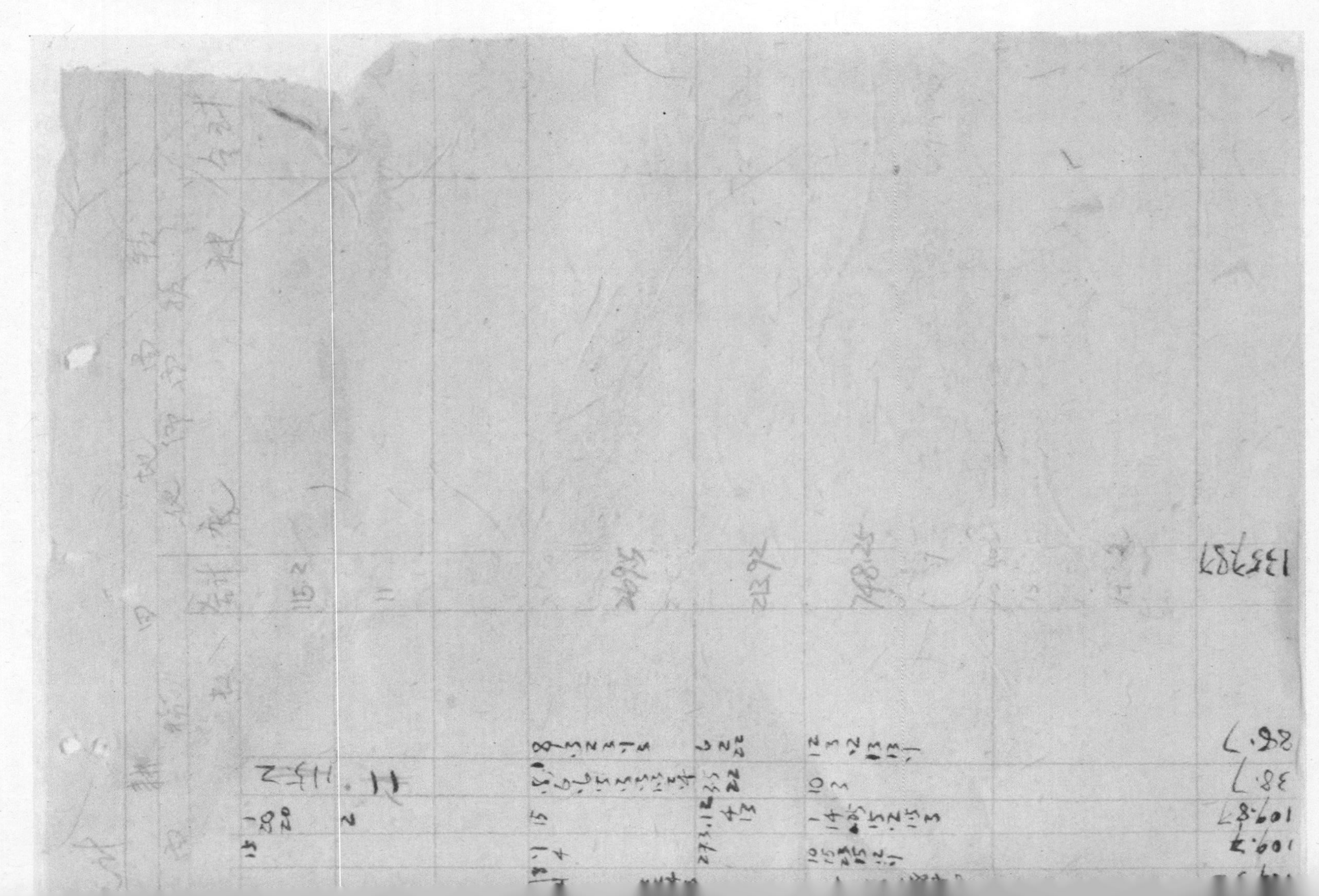

壁山狮子乡各类农户自耕田地面积统计　9-1-126（398）

农户类别	户数 合计
地主兼自耕农	11
地主兼半自耕农	1
地主兼佃农	2
自耕农	66
半自耕农	16
佃农	104
[illegible]	60
合计	260

193

…耕田地面積统計　记数單

自耕田地面積			
本鄉面積		他鄉面積	
记数	合計	记数	合
10 30 12 0.4 10 0.15 60 2.5 2.5			127.55
5 8 0.05 32 15 3			125.65
7 1 6 20 2 8 1.5 0.4 0.7 0.2 0.2 2.4 11 4.2 20 4 10 0.2	0.6 1.2 2.5 1.3 1.4 0.6	6 10 6 0.5 6 3	162.9
5.5 22 5 5 26 30		20	119.5
22 8 20 30 18 12 15 24.35 15 0.4 0.2 6 50 0.02 1 28 10 25 24 3 24 0.4 0.7 15 12.5 25 20 10 0.5 0.05 0.3 0.3 10 0.3 20 20 0.3 2 30 0.2 0.8 25 30 20 0.3 2 0.1 0.12 9 30 20 25 12 0.2 0.12 9 25 0.25 40 0.4 18 0.35 0.1 0.6 0.1 0.6 0.65 15	0.15 0.6 0.2 0.2 4 5 0.5 0.8	1 5 5 1 4 7 12 1	905.11
195.4 2283.2 21?.6 175.35 12?.5 158.3 12.64 58	20.05	87.5	1434.71

璧山狮子乡各类农户自耕田地面积统计　9-1-126（399）

璧山狮子乡各类农户自耕田地面积统计　9-1-126（399）

璧山獅子鄉第三保各類農户

農户類别	户数	
	記数	合
地主兼自耕農	TT — — T—	9
地主兼半自耕農		
地主兼佃農	正T — — —	1
自耕農	T正— 正— T— T T正— 正—	3
半自耕農	TT— —	[illegible]
佃農	正下 正 正 正正 正正 正正— 正T 正正 正正 正下 正下	9
合計	— 正正 T T正正下 正正— — —	3

16 16 14 9 17 15 16 188
17 17 18 16 17

璧山狮子乡各类农户自耕田地面积统计 9-1-126（400）

自耕田地面積統計　　汇数单

自耕田地面積

本鄉面積												他鄉面積 ①②③④(5)(6)(7)(8)(9)(10)(11) 合計
(1)	(2)	(3)	(4)	(5)	(6)	(7)	(8)	(9)	(10)	(11)	合計	
		4			35 1	24	3	0.1	~~[illegible]~~ 3 2.3	3	73.5 ~~73.4~~ 73.4	
			30			10			1		~~11~~ 41	
	20 4 10 9	3 3	9 2 2 8 24	3 3 3 1.5 2	15 4 0.2 6		10	2.5 0.2 0.6	0.1	0.05 24 4 7 5 4 20	290.15	
	15 15 21	18 10 10 13 22	13	15					12	10	214	
4	4 0.1 21	4 3 20 10 15	26 24 0.1 76 30	40 4 30 40 0.25 28 30 4 10	20 15 15 7 0.1 4 12 5	15 30 18 8 15 20	40 15 0.4 0.2 0.2 8 8 15 16 16 7	30 30 16 20 20 25 14 0.3 19	20 1 0.3 0.8 20	0.05 0.03 18 15 0.5 0.5 30 0.05	1060.28	
	124.1	140	~~204.1~~	218.75	139.3 140		138.5	177.7	~~[illegible]~~ 58.5	141.18	1678.83 ~~1648.43~~	

壁山狮子乡各类农户自耕田地面积统计　9-1-126（400）

璧山獅子鄉第四保各類農

農戶類別	戶											數	合
	(1)	(2)	(3)	(4)	(5)	(6)	(7)	(8)	(9)	(10)	(11)	數	合
地主兼自耕農			一			丅	一	一	一	下丅	一		十[illegible]
地主兼半自耕農													
地主兼佃農				一			一			一			[illegible]
自耕農	下	止	丅	正	正	止		一	下	一	正丅		35
半自耕農	丅	下	正	一	一					一	一		14
佃農	正	下	正	正	正止	正下	正一	正正一	正止	正	正下		74
兼耕積商	正	止	丅	正一	正一	止	正一	正一	止	正一	下		52
合計	15	14	15	17	21	18	14	19	17	17	20		18[illegible]

191

璧山狮子乡各类农户自耕田地面积统计　9-1-126（401）

自耕田地面积统计

耕田地面积	地亩面积合计
亩	亩
.05 30	36.15
9 4 5 12 / 4 8 6 / 6 16 6 / 13 4 18 / 6 20 / 11	362.85
11 15 10 30 / 14 6.4 13	284.1
[illegible]	817.08
[illegible]	1500.18

璧山狮子乡各类农户自耕田地面积统计　9-1-126（401）

农户类别	户数
地主兼自耕农	5
地主兼半自耕农	
地主兼佃农	
自耕农	48
半自耕农	23
佃农	77
雇耕农	60
总计	213

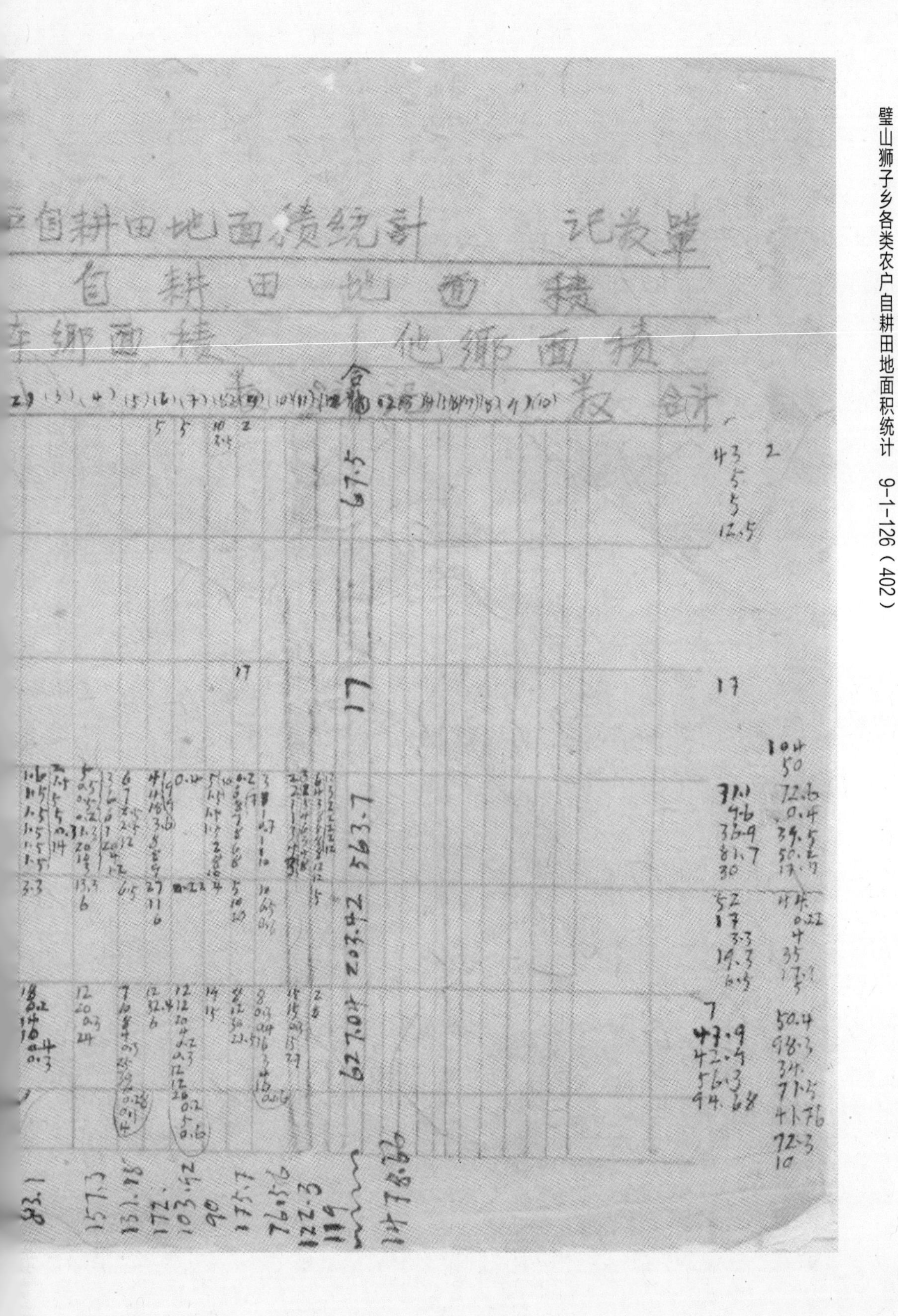
…户自耕田地面積統計 記錄單
自耕田地面積
本鄉面積 他鄉面積

璧山狮子乡各米农户自耕田地面积统计　9-1-126（402）

壁山狮子乡各类农户自耕田地面积统计　9-1-126（402）

璧山獅子鄉第六保各類

農戶類別	戶												數	
	(1)	(2)	(3)	(4)	(5)	(6)	(7)	(8)	(9)	(10)	(11)	(12)	數	合計
地主兼自耕農		下				一	一	T	一					8
地主兼半自耕農														
地主兼佃農									一					1
自耕農	正正一	正	正正T	正正正	正	正下	一	正下	正下	正T	正正正	正正正一		112
半自耕農	下	一	一	T	一	下	一	一	下	下		一		21
佃農	●	正下	正一	下	正正一	下	正正正T	T	正	正下	正	T		68
委耕種者	[illegible]		T	下	T	一	下	T	正	正	一	一		25
	16	17	21	24	14	17	18	15	22	23	21	20	233户	

197

130.1

……自耕田地面积统计　记数单

自耕田地面积			
本乡面积		他乡面积	
……数	合计	记数	合计
[illegible]	87.48 / 145.48		
40	40		
4 30	46.4 / 30.4		
[illegible]	278.8		
[illegible]	452.25		
[illegible]	448.39	12	12
99.2 107.8 [illegible] 201.5 153.8 155.08 [illegible]	[illegible]	12	12

璧山狮子乡各类农户自耕田地面积统计　9-1-126（403）

璧山狮子乡各类农户自耕田地面积统计　9-1-126（403）

璧山獅子鄉第七保各類

農戶類別	戶數	
	記數	合計
地主兼自耕農	丅 一 丅 一 丅 一 一 一	27
地主兼半自耕農	一	1
地主兼佃農	一 一 一	3
自耕農	下 正 正 正 正 一 丅 正 正正 正正丅 正 正下	54
半自耕農	正丅 丅 一 一 一 下 一 下 丅 一 丅	24
佃農	正 正 正 正正下 正正正 正正一 正正 正一 正正 丅	64
佃耕計	一 正正 下 正 下 一 一 下 下 正 正	34
	14 13 19 19 24 17 13 17 20 17 13 16	207

198

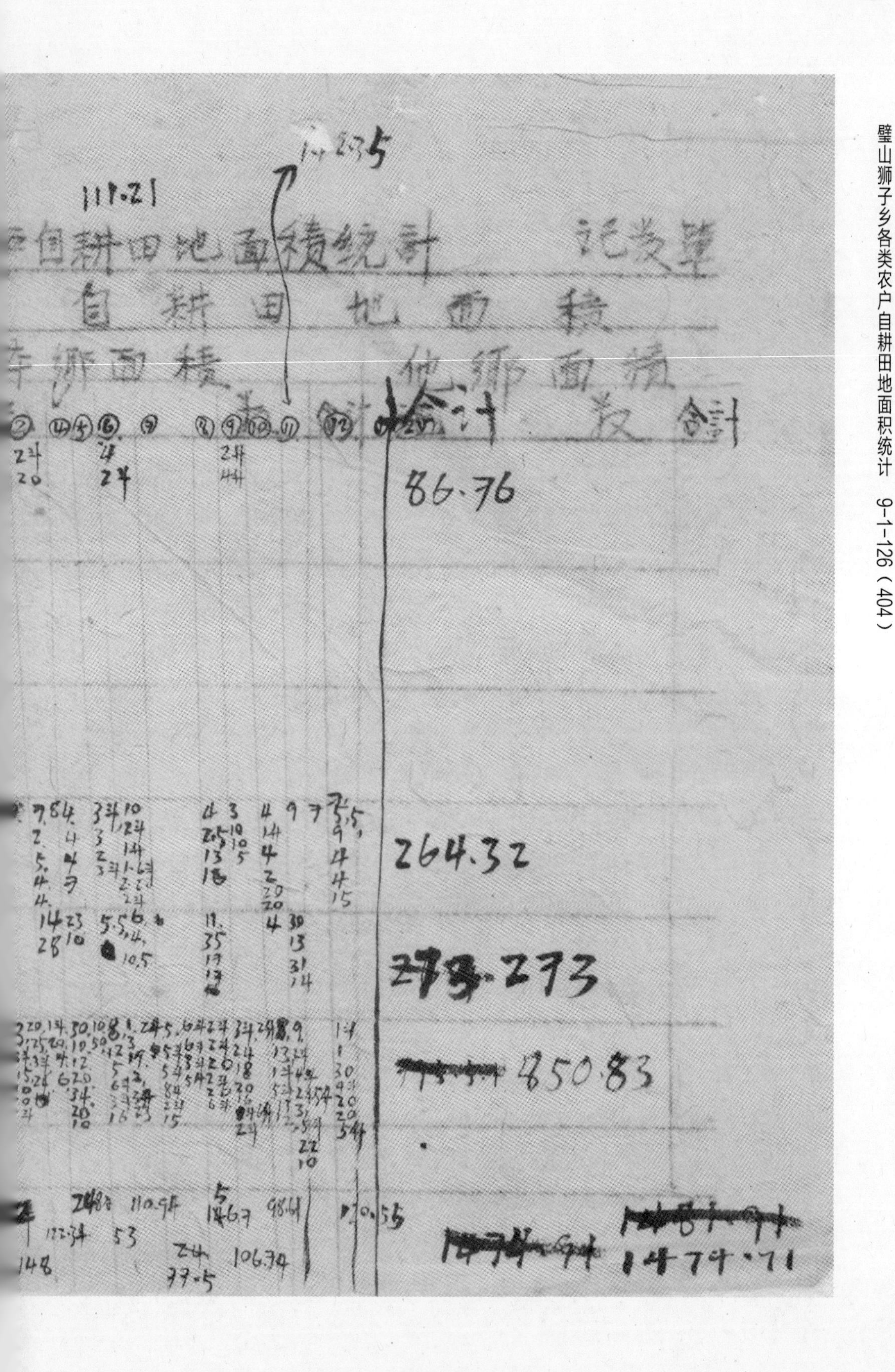
111.21

自耕田地面積統計

自耕田地面積

本鄉面積 他鄉面積

合計 畝 合計

86.76

264.32

273

850.83

1479.71

璧山狮子乡各类农户自耕田地面积统计 9-1-126（404）

璧山狮子乡各类农户自耕田地面积统计　9-1-126（404）

璧山獅子鄉第八保各類

農户類别	户數（①②③④⑤⑥⑦⑧⑨⑩⑪⑫）	數合計
地主兼自耕農		10
地主兼半自耕農		
地主兼佃農		
自耕農		47
半自耕農		17
佃農		90
未耕農		19
合計	16 13 16 17 15 21 10 15 15 15 14 16	183

199

璧山狮子乡各米农户自耕田地面积统计　9-1-126（405）

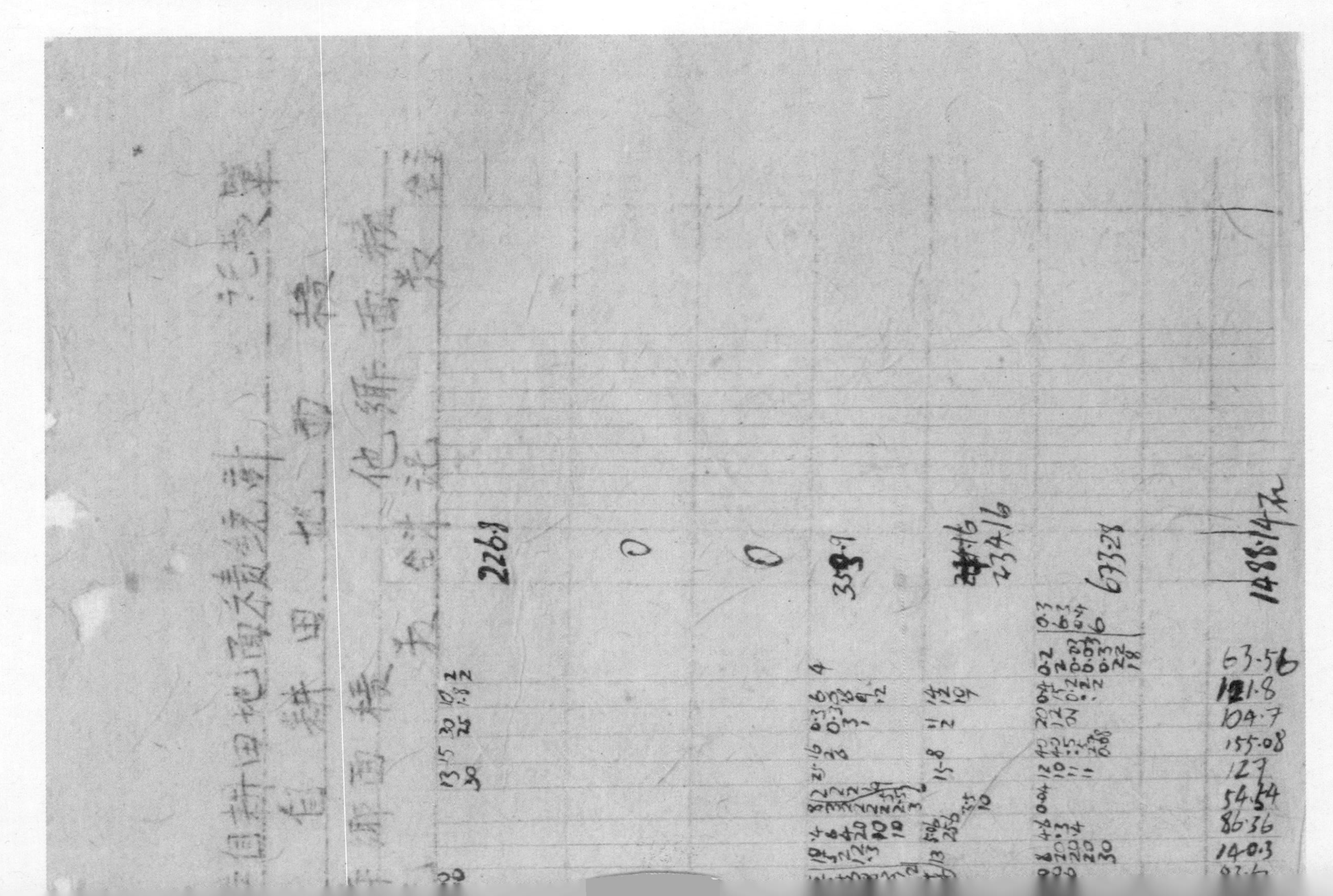

璧山狮子乡各类农户自耕田地面积统计　9-1-126（405）

璧山獅子鄉第九保各類……

農戶類別	戶數 記	數總計
地主兼自耕農		15
地主兼半自耕農		0
地主兼佃農		0
自耕農		59
半自耕農		16
佃農		58
無耕地者		30
合計	16 13 11 15 12 12 18 10 20 16 17 18	178

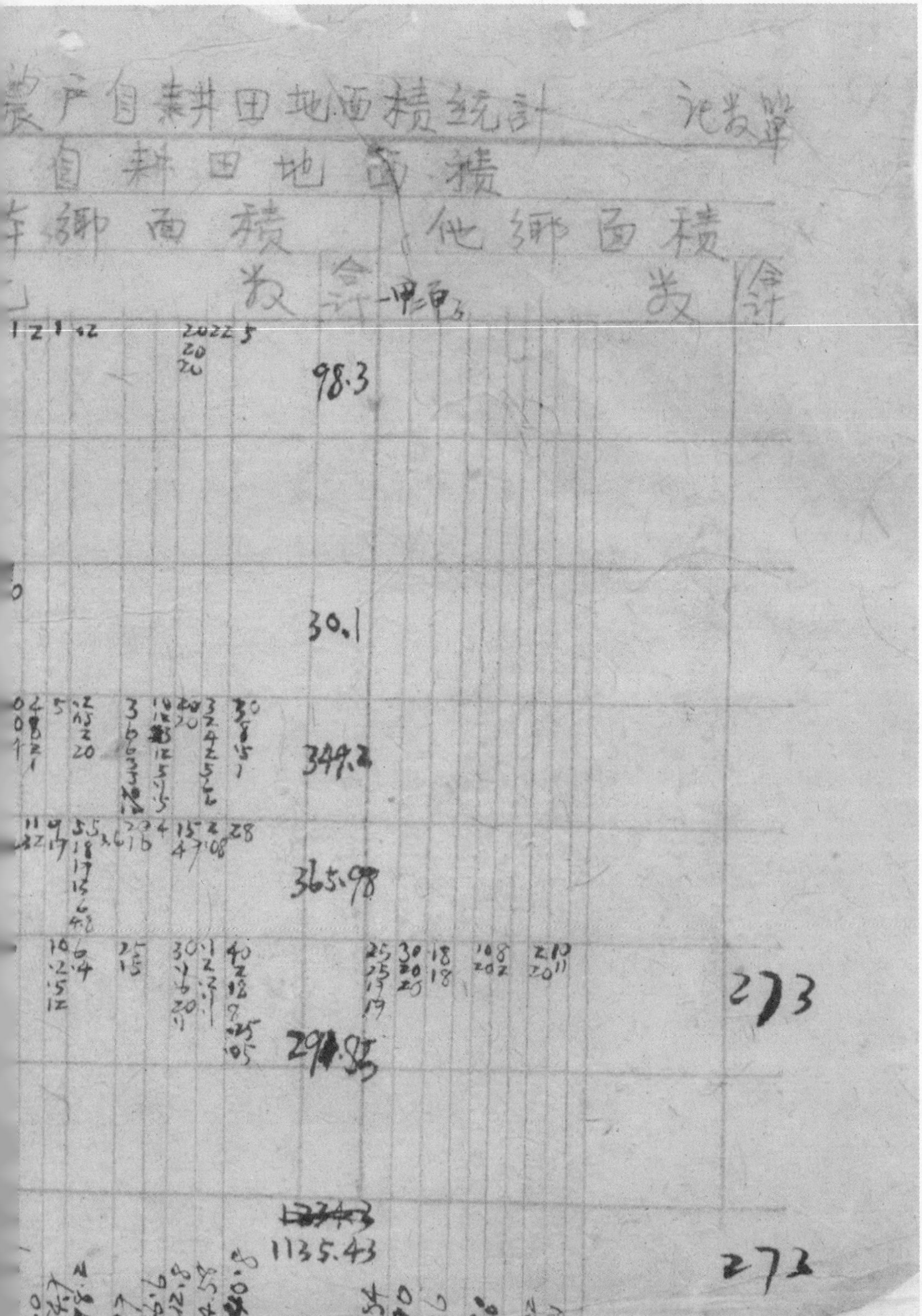

農户自耕田地面積統計

自耕田地面積

本鄉面積　他鄉面積

数　合計　数　合計

98.3

30.1

349.2

365.98

273

29[illegible].85

1135.43

273

璧山狮子乡各类农户自耕田地面积统计　9-1-126（406）

璧山狮子乡各类农户自耕田地面积统计　9-1-126（406）

璧山狮子鄉第十保各类

農户類別	户数		
	记	数	合计
地主兼自耕農		10	
地主兼半自耕農			
地主兼佃農		2	
自耕農		41	3 10 47
半自耕農		24	23 22 18
佃農		50	6 15 40
未耕者		63	
	17 15 15 20 18 17 15 18 17 18	190	

201

璧山狮子乡各类农户自耕田地面积统计　9-1-126（407）

[农]户自耕田地面積統計　汜发贤

自耕田地面積

本鄉面積							合計	他鄉面積	合計	备注
			0.1		2	3.6	7.7			2 0.1 2 3.6
8				2		30 36	76			8 2 66
2 5 4 12	5 3 3.05 3 5 3 3	5 5 2 2.5 2	2 0.2			0.5 8	40.73			6 1.5 23 34.03 15.5 2.2 8.5
8 22 8	11	3 10 16 5 4.5 3 2.18	6 1.6			52 17 30.3	236.75			11 0.5 23.05 38 11 46.3 7.6 99.3
1 3 14 3	20 22	7 0.1	16 5 10 10 2 6 1.5 4	30 3 0.2 28 2 2.5 30 0.2	1 0.4 23 0.3 12.5 1.1	1 16 8 3.6	408.57			18.25 2.12 66.5 21 42 7.1 55.5 45.4 38.6 28.6
90	87.05	64	45.3	47.4	106.6	140.	819.75			

璧山狮子乡各类农户自耕田地面积统计　9-1-126（407）

璧山獅子鄉第十保各类

農户類别	户数											
	正記 ①	②	③	④	⑤	⑥	⑦	⑧	⑨	⑩	合計	①
地主兼自耕農		一				一			一	一	4	
地主兼半自耕農												
地主兼佃農				一				一	丅		4	
自耕農		一	一	下	正正	正	丅			丅	24	
半自耕農	一	一	丅	下	一	正丅	丅			下	20	11
佃農	正正	正丅	正下	下	丅	丅一	正下	正下	正一	下	61	[illegible]
雇耕農		一	一			下	丅	正一	一	一	15	[illegible]
合計	11	11	13	12	12	18	15	15	10	11	128	[illegible]

…户自耕田地面積統計

本鄉面積 數	本鄉面積 合計	他鄉面積 數	他鄉面積 合計
3 15 78	51.5		
·2 3	3.2		
	124.07		
	39.5		
	21 466.90	20 3 3	26
	685.17	206	26

璧山狮子乡各类农户自耕田地面积统计　9-1-126（408）

璧山狮子乡各类农户自耕田地面积统计　9-1-126（408）

璧山狮子乡第十二保各类

农户类别	户数 记	户数 合计
地主兼自耕农		5
地主兼半自耕农		
地主兼佃农		2
自耕农	正 下 正下 下 正正 正正 一 丁 下	38
半自耕农	丁 一 一 正	8
佃农	正 下 正正下 正正正正 正一 正正正 正丁 正 正正正 正正正	85
雇耕者	正正 正 一 正正正 一 正 正正丁 正丁 正正 一	65
		203

15　20　26　17　15　22

12　16　14　19　27

203

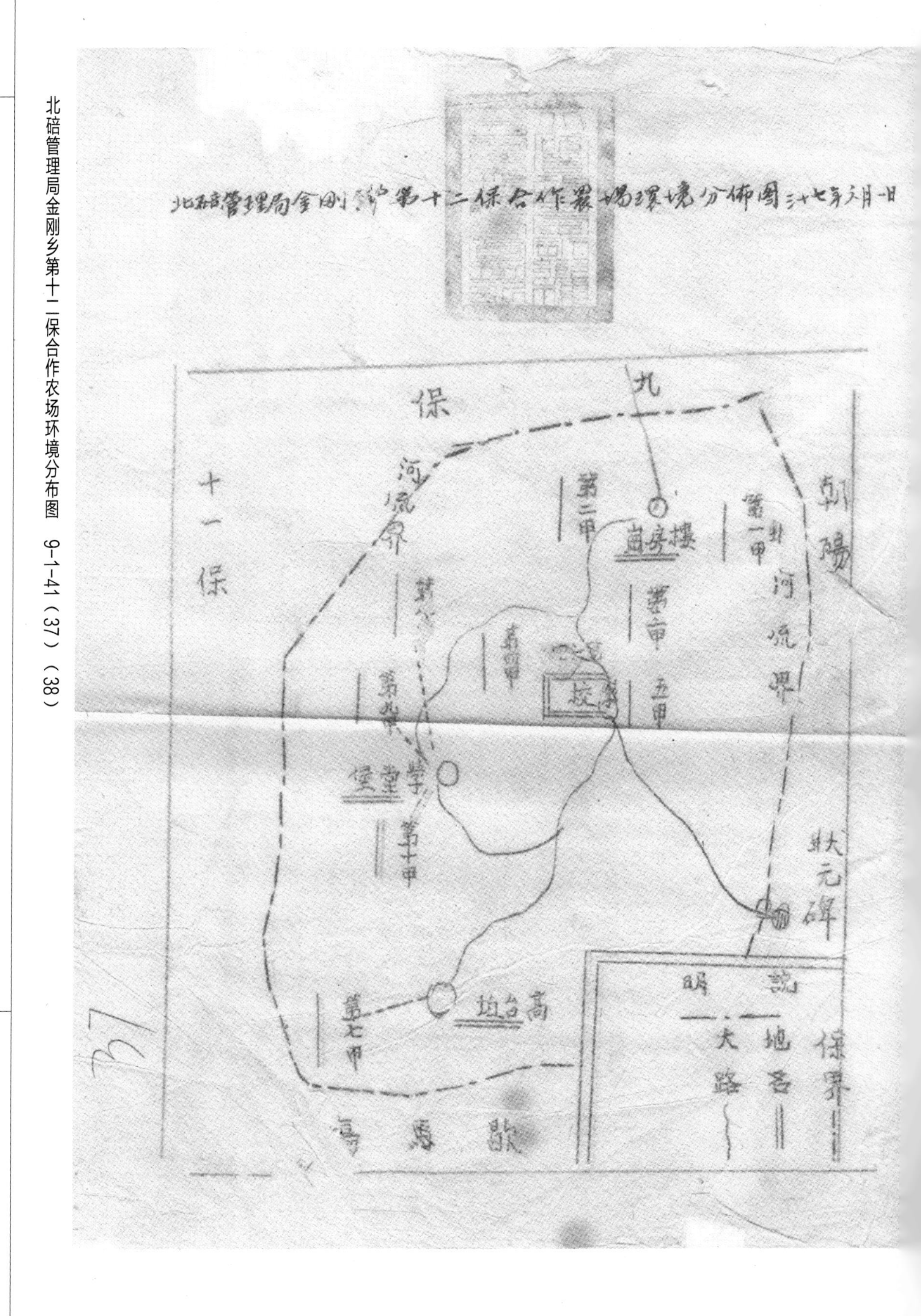

北碚管理局金刚乡第十二保合作农场环境分布图 9-1-41（37）（38）

北碚管理局黄桷镇第十九保农场面积土地分类农地所有权统计表 9-1-51（121）

79

北碚管理局黃桷鎮第十九保農場面積土地分類農地所有權統計表

保甲別	戶長姓名	農場面積 田	農場面積 土	農場面積 合計	土地分類 水田	旱田土	宅地	林地	坟地	池沼	荒地	農地所有權 田	農地所有權 土	備考
19甲1	龔自清	50	7	57										
	胡炳云	40	5	45										
	辛炳臣	40	5	45										
	張吉臣		1.2	1.2										
	江海云		4	4										
	劉萬全		2	2										
	王俊德		3.4	3.4										
	王炳臣		3	3										
	王德全		3.6	3.6										
	郜茂軒		1.2	1.2										
	余方成		0.6	0.6										
	艾俊德	40	6	46										
19甲2	鄧興發	30	4	34										
	王興發	30	4	34										
	李華友	30	5.5	35.5										
	張火益	40	5	45										

註：農場面積以畝為單位，農地所有權包括田，田土面積以石為單位

北碚管理局黄桷镇第十九保农场面积土地分类农地所有权统计表 9-1-51（122）

编号	姓名	1	2	3	4	5	6	7	8	9	合计
19 2	張述雲	20	2.5	22.5							
	王德軒	20	2.5	22.5	[illegible]	[illegible]	[illegible]	[illegible]	[illegible]		
19 3	張大成	7.5	3	10.5	2.55	1.2	1.5	0.8	1.5	0.02	10.5
	張永亨	7.5	3	10.5	2.55	0.2	1.5	0.08	1.5	0.02	10.5
	張述成	3	1.2	4.2	0.5	1.0	0.6	0.15			4.2
	張良成	3	1.2	4.2	0.5	1.0	0.6	0.15			4.2
	張炳成	3.2	1	4.2	0.5	1.1	0.5	0.25			4.2
	張金山	1	1	2		0.5	0.5	0.2	0.1		2
	張永才	1	1	2		0.5	0.5	0.2	0.1		2
	張炳雲	1	1	2		0.5	0.5	0.2	0.1		2
19 4	張裕清	1	1.2	2.2		0.5	0.6	0.2	0.1	0.05	2.2
	張餘順		2	2			1.0	0.25	0.05		2
	周炳樹		2	2							
	胡紹成	5	2.4	7.4	2.0	0.5	1.2	0.5	0.2		7.4
	張福安	6	1	7	2.25	0.75	1.1	0.4	0.1		8.2
	張漢臣		2	2			1.0	0.4	0.1		2
	張理三	4	1	5	2.0		0.5	0.25	0.5		5
	李洪臣		1.6	1.6							
	張永祥	25	4	29							
	張吉臣	20	2	22	3.0	1.0	0.5	0.2			9

北碚管理局黄桷镇第十九保农场面积土地分类农地所有权统计表 9-1-51（123）

80

保甲别	户长姓名	农场面积 田	农场面积 土	农场面积 合计	土地分类 水田	土地分类 旱田	土地分类 土	土地分类 宅地	土地分类 林地	土地分类 坟地	土地分类 池沼	土地分类 荒地	农地所有权 十畝以上	农地所有权 [illegible]
19 4	謝復興		3.2	3.2										
19 4	朋海泉		1.2	1.2										
5	李炳雲	25	4	29										
	段洪春	25	4	29										
	吳三星	50	8	58										
	邰雲成	0.5	1.2	1.7	0.25		0.6	0.1	0.1	0.3			1.7	
	邰吉富	0.6	1	1.6	0.3		0.5	0.1	0.1				1.6	
	邰劉氏		1	1			0.5	0.2					1	
	嚴紹泉	50	8	58										
	邰吉貴	0.6	1	1.6	0.3		0.5	0.1	0.1				1.6	
	邰青雲	0.6	1	1.6	0.3		0.5	0.1	0.1	0.2			1.6	
	邰昌發	0.6	1	1.6	0.3		0.5	0.1	0.1				1.6	
	邰丁氏	0.6	1	1.6	0.3		0.5	0.1	0.1				1.6	
19 6	張順成	40	4	44										
	王楚佛		3.6	3.6	22	3.0	4.3	0.7	2.5	0.1				58.6
	潘合良	10	1	11										
	江述全	40	2	42										
	江炳雲	30	2	32										

保别	甲别	户长姓名	農場面積 田	農場面積 土	農場面積 合計	土地分類 水田	土地分類 旱田	土地分類 土	土地分類 宅地	土地分類 林地	土地分類 池沼	土地分類 荒地	土地分類 坟地	農地所有權 十五畝上	農地所有權 三十畝上
19	6	李明之	30	3	33										
		王皓如		2	2	21.75	7.5	3	1.75	5	0.2	0.02			76
		涂海清		1	1										
		艾銀臣	8	3	11										
		胡漢清	10	1	11	3.75	1.25	0.5	0.3	1.2			1.2	11	
		胡澤之		2	2		–	1	0.3	1.2				2	
19	7	涂紹青		5	5										
		李永吉	20	4	24										
		胡紹雲	2	1	3	0.5	0.5	0.5	0.2	0.5			0.2	3	
		胡紹周	3	3	6	1	0.5	1.5	0.2	1				6	
		唐雙雲		2	2										
		李良山	12.5	2	14.5	12.25	4	3.5	0.5	0.8			0.1		37.5
		李朝六	12.5	2	14.5	5.5	0.75	1	0.5	0.4				14.5	
		李青碧	8	2	10	3	1	1	0.3	0.5				10	
		李約三		1	1									[illegible]	
		張良成	24	3	27	1.5	0.5	0.5	0.1					5	
		楊海元		1.6	1.6										
		李興臣		1.2	1.2										

北碚管理局黄桷镇第十九保农场面积土地分类农地所有权统计表 9-1-51（125）

81

198	諶合清	10	4	14							
8	余興發		1	1							
	諶绪高	40	6	46							
	劉長清		1	1							
	李朝仲		1	1	21	4	6.5	28	115		63
	諶榮成	.	1	1	17	3	3.5	15	125		47
	諶夕光		1	1	22	3	5.5	18	125		61
	鄧國福	30	3	33							
	諶漢清	20	4	24							
	江仁田	x	1	1							
	諶興順		1	1							
	袁樹林	20	5	25							
	唐興順		1	1							
199	李炳成	40	4	44							
	李朝安		1	1							
	張青宣		1	1							
	王慎輝	15	4	19							
	鄧義昌	15	4	19							
	邵國雲	15	4	19							
	劉治民	5	1	6			0.5	0.5	1	1	

北碚管理局黄桷镇第十九保农场面积土地分类农地所有权统计表　9-1-51（126）

保别	甲别	户長姓名	農場面積 田	農場面積 土	農場面積 合計	土地分類 水田	土地分類 旱田	土地分類 土	土地分類 宅地	土地分類 林地	土地分類 牧地	土地分類 池沼	土地分類 荒地	農地所有權 十五石以上	農地所有權 三十石以上
19	9	張興成	5	1	6	2	0.5	0.5	0.6	0.05				6	
		張紹良	5	1	6	2	0.5	1.5	0.75	0.05	0.125			8	
		張江氏	7	1	8	2.5	1	0.5	0.6	0.15				8	
		明安吉	20	2	22	8.5	1.5	1	0.5	0.25	0.125				22
19	2	鄧金偉				49	6	13.55	2.38	1.75	0.3	0.4			137.1
		王俊達				56	4	13.6	1.27	10	0.65		0.05		149.2
		劉大龍				34	3.5	9	2.3		0.25				103
		印慶餘				39	1	5	1		0.5				90
		王訓能				5.5	0.5	1.3	0.65					14.6	
		童厚培				22.5	2.5	4.6	0.9	1	0.5	0.6			59.2
		陳春和				45	5	8	1.25	2.5					116
		王運寧				13.5	1.5	1	1.2	0.1					33
		胡維高				4		2	0.4					12	
		吳遂林				8.5	1.5	4.5	0.3						29
		劉濟川				7	3	2.5	0.5	0.2	0.25		0.05		25
		劉光前				5	2.5	2	0.8	0.5	0.05				19